◆ 高等学校工程管理系列经典教材 ◆

土木工程

施工技术

（第四版）

CONSTRUCTION TECHNOLOGY OF CIVIL ENGINEERING

U0244664

李惠玲 ◎ 主编

赵 亮 刘光忱 ◎ 副主编

大连理工大学出版社
Dalian University of Technology Press

图书在版编目(CIP)数据

土木工程施工技术 / 李惠玲主编. -- 4 版. -- 大连：
大连理工大学出版社，2023.2
高等学校工程管理系列经典教材
ISBN 978-7-5685-4207-4

Ⅰ. ①土… Ⅱ. ①李… Ⅲ. ①土木工程－工程施工－
高等学校－教材 Ⅳ. ①TU74

中国国家版本馆 CIP 数据核字(2023)第 011101 号

TUMU GONGCHENG SHIGONG JISHU

大连理工大学出版社出版

地址：大连市软件园路 80 号　邮政编码：116023
发行：0411-84708842　邮购：0411-84703636　传真：0411-84701466
E-mail：dutp@dutp.cn　URL：https://www.dutp.cn
辽宁虎驰科技传媒有限公司印刷　　　　大连理工大学出版社发行

幅面尺寸：185mm×260mm　　　　印张：18.25　　　字数：433 千字
2009 年 4 月第 1 版　　　　　　　　　　　　　　2023 年 2 月第 4 版
2023 年 2 月第 1 次印刷

责任编辑：邵　婉　朱诗宇　　　　　　　　责任校对：时　雨
封面设计：奇景创意

ISBN 978-7-5685-4207-4　　　　　　　　　　定　价：58.00 元

序 言 Foreword

　　高等学校工程管理系列教材自 1998 年问世已经走过了 24 年,根据建筑行业发展和企业岗位技能的需求,历经了六次升级整合。新一版"高等学校工程管理系列经典教材"基于我们新的教学实践和理论更新,依据工程管理专业规范中规定的土木工程专业知识体系及其中的知识领域、单元和知识点的相关要求,根据学生掌握土木工程、工程管理、工程经济和建设法律法规等基本方法的需要,把建设工程管理的基础内容和学科前沿成果进行有机融合,使得基础理论不断丰富,知识重点更加突出,专业内涵进一步拓展。此系列教材有如下特点:

　　一是定位于应用型高层次专业人才培养,面向高等学校工程管理专业教育的基础和实践。高等学校工程管理学科领域肩负着培养和造就大批具备工程技术、经济与法律的基本知识,掌握现代管理科学理论、方法和手段,能够在现代工程建设领域从事工程项目决策和工程项目全过程及重要节点管理的高级管理人才的艰巨任务。在工程管理人才专业素质和终身学习观的导向下,系列教材在补充应用知识、强化建设工程宏观角度的理解与把握等方面,为学生最大限度掌握提高建设工程整体效益的技术和方法方面进行了更新。

　　二是侧重于工程建设领域的新发展和新要求。特别是党的十八大以来,发展绿色低碳技术,建筑信息模型(BIM)技术应用,城市治理数字化、智能化,建设领域碳达峰等都对建设工程领域提出了新的要求,我国基本建设投资和工程建设管理体制发生了深刻的变化。因此,建筑业转型升级的支撑带动作用使得工程建设领域对具有完善知识结构、较高业务素质和优秀管理能力的高级管理人才的需求越来越大,也使得我们有责任创新工程管理高层次人才培养,满足社会对工程管理专业人才的需要。

三是着眼于迈向高质量发展的建设工程领域。随着人民对日益增长的美好生活需要不断深化,建设领域围绕建设宜居、创新、智慧、绿色、人文、韧性城市和美丽乡村的重大需求,统筹城市规划建设管理,实施城市更新行动,推动城市空间结构优化和品质提升,加快建筑领域绿色转型等成为城市品质提升的新要求,建设周期短、投资效益高、品牌价值突出、使用舒适度强等高水平建设工程产品越来越受到欢迎,也越来越需要高等级的专业监督和管理。因此,本系列教材从对建筑工程领域涉及的新内容进行合理取舍整合,既保持知识系统化,又在整体结构和内容上体现新时代的教材特点。

新一版"高等学校工程管理系列经典教材"共包括《土木建筑工程概论》《土木工程施工技术》《工程经济学》《工程项目融资》《工程估价》《工程建设法学》《工程招投标与合同管理》《工程项目管理》《国际工程管理》《工程管理信息系统》《工程项目咨询概论》《建筑企业管理》《房地产开发与经营》《工程管理概论》《建设监理概论》《工程伦理学》等 16 本教材。其中部分教材为国家规划教材和省部级精品教材。

本系列教材可作为高等院校土木工程等相关本专科专业的学生用教材,并可以作为注册建造师、注册造价工程师、注册监理工程师、注册咨询工程师、注册房地产估价师等执业资格考试参考书,也可供土木工程技术人员参考使用。

新系列教材的编写,再次得到辽宁省建设主管部门、建筑行业相关企业的领导、专家和大连理工大学出版社的大力支持,在此深表谢意。教材在写作过程中参阅了大量专业资料、著作和论文,在此向这些专家学者表示诚挚的谢意。但新一版系列教材不妥之处仍在所难免,恳请各位同行和读者提出宝贵意见。

高等学校工程管理系列经典教材编写组

2022 年 9 月于沈阳建筑大学

第四版前言

本书第三版自 2017 年出版以来,得到广大师生及读者的关注和广泛使用,对"土木工程施工技术"课程的教学及企业人员培训起到了良好的促进作用,销量稳步上升。近年来,随着工程建设水平不断提高,国家新标准、新规范进行了不断的修改和调整,教学改革与时俱进,教材内容的修订也刻不容缓。

第四版修订,变动较大,更加突出教材的实用性、可操作性和时代特征,综合土木工程施工技术发展的特点,将工程理论与实践相结合,与新技术、新材料、新工艺、新方法相结合。全书各章的内容随着规范的调整进行了局部修改和完善,突出建筑行业的通用施工技术,将临时安全设施模板和脚手架工程单独作为第 7 章编写,将道路与桥梁工程做了删减,合并为第 8 章,将第 9、10 章的内容做了较大的删减,突出常用的施工技术与方法,并与新规范衔接。各章章后复习思考题做了全新的修改,将思考题与计算题紧密围绕各章知识点练习、理解和巩固,并进行重要知识点综合应用的训练,适合学生在信息时代的线上、线下与自学相结合。各章篇头梳理了本章的学习要求,阐述了相应的学习重点。

"土木工程施工技术"是土建类工程管理专业的一门主干专业课,其教学目的是通过本课程的系统学习,掌握土木工程各主要工种工程施工材料、工艺原理、工序操作要点和施工方法,学会如何将建筑材料、地基基础、建筑结构理论等知识综合应用于施工现场中,了解施工新技术、新材料、新工艺和新方法的发展动态,初步掌握处理现场施工技术问题的方法和手段,初步具备从事现场施工技术和组织管理的能力。

本书(第四版)由沈阳建筑大学李惠玲主编,赵亮、刘光忱任副主编,具体写作分工如下:李惠玲(第1章、第4章、第7章和第10章),赵亮(第2章),战松(第3章),刘光忱、薄剀月(第5章),薛立、段立娇(第6章),刘彤、张铎(第8章),徐晓晴(第9章)。全书由李惠玲统稿和定稿。

本书(第四版)在编写过程中,参考了国家标准、规范及许多专家的相关资料,结合了本书(第三版)教材使用院校同行们的修改意见,在此表示诚挚的感谢。

由于编写水平有限,本书难免存在不足之处,敬请读者批评指正。

编　者

2023年1月

第一版前言

进入 21 世纪,社会经济、科技、文化的迅速发展和时代进步,对高校培养出来的人才质量和素质提出了更高的要求。建筑类院校应如何培养市场需求的高素质应用型人才是当前尤为重要的课题。为了配合教育部高等教育专业调整,满足所确定的工程管理本科专业教育及对广大工程管理专业人员培训的需要,特编写了《土木工程施工技术》。

土木工程施工技术是研究房屋建造过程中所涉及的各主要工种的施工工艺、施工顺序和施工方法的学科,是土木工程或工程管理本科专业的一门重要专业课,也是一门实践性、综合性较强的应用学科。通过本课程的学习,培养学生学会综合应用所学的基础理论知识,善于发现问题、分析问题、解决问题的能力,从而提高专业知识水平和实际工作能力,以适应市场经济条件下用人单位对大学生知识结构的需求。

编者结合多年从事理论教学及工程实践经验,力求编写内容精炼、体系完整、理论与实践紧密结合,规范应用与教学需求紧密结合,取材上力图反映当前土木工程施工新技术、新工艺、新材料,以拓宽学生专业知识面和相关学科的综合应用能力为目标,以适应社会发展需要。为便于组织教学,根据本课程教学特点,各章附有复习思考题。

本书共分 11 章,由李惠玲主编,并编写第 1 章、第 3 章、第 4 章和第 8 章,第 2 章由刘光忱编写,第 5 章、第 6 章由刘嘣、黄昌铁编写,第 7 章由战松编写,第 9 章由薛立编写,第 10 章由马学东编写,第 11 章由赵亮编写。

全书由李惠玲统稿,齐宝库教授主审。

在编写过程中,参阅和引用了相关专家学者的著作及相关资料,在此仅向他们表示忠心的感谢。

由于编写时间和编写水平有限,书中不足和错误在所难免,敬请各位专家和广大读者批评指正。

编　者

2009 年 1 月

目 录

Contents

第1章

土方工程

本章学习要求:掌握土方工程施工的主要内容和土的工程性质;掌握场地设计标高的确定方法和土方工程量计算;了解边坡稳定的条件、影响因素,掌握边坡防护方法、支护方法及适用范围;了解施工降排水的方法、适用范围,掌握轻型井点降水设计;了解土方工程机械化施工、土方填筑技术要求和土方回填压实的基本方法,填土压实质量检验标准。

本章学习重点:土方工程的主要内容和土的可松性,场地设计标高的确定与土方量计算,基坑支护方法,井点降水方法与轻型井点设计,土方工程机械化施工特点与适用范围,土方填筑压实方法。

1.1　概　述

1.1.1　土方工程及施工特点

在土木工程施工中,首先进行的是土方工程,它包括场地平整、基坑及沟槽的开挖、运输、填筑与压实等主要施工过程,同时还包括基坑降水、排水、土壁支护等辅助施工过程。

土方工程施工具有以下特点:

(1)土方量大、面广;

(2)劳动强度大,人力施工效率低、工期长;

(3)施工条件复杂,受地质、水文、气候影响大;

(4)不确定因素多。

　　根据土方工程的特点,在条件允许的情况下,应尽可能采用机械化施工,并保证机械发挥最大的使用效率;合理调配土方,使总的土方运输量最少;合理安排施工计划,尽量避开雨季施工;施工前应进行详细的现场调查,了解工程和水文地质资料,了解原有地下管线的走向,制订合理的施工方案和技术措施,以保证土方工程的顺利进行和安全施工。

1.1.2　土的工程分类

　　在土木建筑施工和土木建筑工程预算定额中,根据土方坚硬程度,即施工开挖难易程度不同,可将土方分为八类(表1-1),以便选择施工方法和确定劳动量,为计算劳动力、选择施工机具及确定工程费用提供依据。

表 1-1　　　　　　　　　　　　　　　　土的工程分类

类　别	土 的 名 称	开挖方法
一类土 (松软土)	砂、粉土、冲积砂土层、种植土、泥炭(淤泥)	用锹、锄头挖掘
二类土 (普通土)	粉质黏土、潮湿的黄土、夹有碎石、卵石的砂、种植土、填筑土和粉土	用锹、锄头挖掘,少许用锄头翻松
三类土 (坚土)	软质及中等密实黏土、重粉质黏土、粗砾石、干黄土及含碎石、卵石的黄土、粉质黏土、压实的填筑土	主要用镐,少许用锹、锄头,部分用撬棍
四类土 (砂砾坚土)	重黏土及含碎石、卵石的黏土、粗卵石、密实的黄土、天然级配砂石、软泥灰岩及蛋白石	先用镐、撬棍,然后用锹,部分用楔子及大锤
五类土 (软石)	硬质黏土、中等密实的页岩、泥灰岩、胶结不紧的砾岩、软的石灰岩	用镐或撬棍、大锤,部分用爆破方法
六类土 (次坚石)	泥岩、砂岩、砾岩,坚实的页岩、泥灰岩、密实的石灰岩,风化的花岗岩、片麻岩	用爆破方法,部分用风镐
七类土 (坚石)	大理岩,辉绿岩,玢岩,粗、中粒花岗岩,坚实的白云岩、砂岩、砾岩、片麻岩、石灰岩,有风化痕迹的安山岩、玄武岩	用爆破方法
八类土 (特坚石)	安山岩、玄武岩,花岗片麻岩,坚实的细粒花岗岩、闪长岩、石英岩、辉长岩、辉绿岩、玢岩	用爆破方法

1.1.3　土的工程性质

　　土的性质是确定地基处理方案和制订施工方案的重要依据,对土方工程的稳定性、施工方法、工程量、劳动量和工程造价都有影响。下面对与施工有关的土的基本性质加以说明。

1. 土的天然含水率

　　天然状态下,土中所含水的质量与土的固体颗粒质量之比的百分率,称为土的天然含水率,用 ω 表示为

$$\omega = \frac{m_w}{m_s} \times 100\% \qquad (1\text{-}1)$$

式中　m_w——土中水的质量(g);

m_s —— 土中固体颗粒的质量(g)。

土的天然含水率对挖土的难易程度、土方边坡的稳定性、填土的压实等均有影响。所以在制订土方施工方案、选择土方机械和决定地基处理时,均应考虑土的天然含水率。

2. 土的天然密度和干密度

土在天然状态下单位体积的质量,称为土的天然密度,用 ρ 表示。土的天然密度随着土的颗粒组成、孔隙的多少和水分含量的变化而变化。不同的土,密度不同。

$$\rho = \frac{m}{V} \tag{1-2}$$

单位体积内土的固体颗粒质量与总体积的比值,称为土的干密度,用 ρ_d 表示。干密度越大,表明土越密实,在土方填筑时,常以土的干密度作为土体密实程度的标准,以控制填土压实的质量。

$$\rho_d = \frac{m_s}{V} \tag{1-3}$$

式中 m_s —— 土的固体颗粒的质量(105 ℃,烘干 3 h～4 h);

V —— 土的总体积。

3. 土的可松性

天然状态下的土经开挖后,其体积因松散而增大,以后虽经回填压实,仍不能恢复到原来的体积,这种性质称为土的可松性。土的可松性程度用可松性系数表示,K_s 表示最初可松性系数,K_s' 表示最后可松性系数,即

$$K_s = \frac{V_2}{V_1} \tag{1-4}$$

$$K_s' = \frac{V_3}{V_1} \tag{1-5}$$

式中 V_1 —— 土在天然状态下的体积;

V_2 —— 土挖出后在松散状态下的体积;

V_3 —— 土经回填压实后的体积。

在确定场地设计标高、土方量的平衡调配,计算运土机具的数量、留弃土量以及计算填方所需的挖方体积时,均应考虑土的可松性。各类土的可松性系数见表 1-2。

表 1-2　　　　　　　　　　各种土的可松性系数参考值

土的类别	体积增加百分数		可松性系数	
	最初	最后	K_s	K_s'
一类土	8～17	1～2.5	1.08～1.17	1.01～1.03
二类土	14～28	2.5～5	1.14～1.28	1.02～1.05
三类土	24～30	4～7	1.24～1.30	1.04～1.07
四类土(泥灰岩、蛋白石除外)	26～32	6～9	1.26～1.32	1.06～1.09
四类土(泥灰岩、蛋白石)	33～37	11～15	1.33～1.37	1.11～1.15
五至七类土	30～45	10～20	1.30～1.45	1.10～1.20
八类土	45～50	20～30	1.45～1.50	1.20～1.30

4. 土的渗透性

土的渗透性即指土体被水所透过的性质,也称土的透水性。一般用渗透系数 K 作为土的渗透性强弱的衡量指标,地下水在土中渗流速度可按达西定律计算,其公式如下:

$$v = \frac{\Delta H}{l}K = KI$$

$$K = \frac{v}{I} \tag{1-6}$$

式中　K——渗透系数(m/d);

　　　v——地下水渗流速度(m/d);

　　　ΔH——渗流路程两端的水头差(m);

　　　l——渗流路径长度(m);

　　　I——水力坡度。

渗透系数 K 的物理意义:当水力坡度 I 等于 1 时,水在土中的渗透速度,单位为 m/d。K 值的大小反映土的渗透性的强弱,影响施工降水与排水的速度。土的渗透系数可以通过室内渗透试验或现场抽水试验测定,一般土的渗透系数见表 1-3。

表 1-3　　　　　　　各类土的渗透系数　　　　　　m/d

土的类别	K	土的类别	K
漂　石	500~1 000	细　砂	1~5
卵　石	100~500	粉　砂	0.5~1
砾　石	50~150	黄　土	0.25~0.5
粗　砂	20~50	亚黏土	0.005~0.1
中　砂	5~20	黏　土	<0.001

1.1.4　土方工程施工准备

土方工程施工前应做好以下准备工作:制订施工方案;施工场地清理;排除地面水;修筑好临时设施;铺设供电与供水管线;做好材料、机具、物资及人员的准备工作;准备测量放线。

1. 制订施工方案

根据勘察文件、工程特点及现场条件等,确定场地平整、降水排水、土壁支护、开挖顺序与方法、土方调配与存放的方案,并绘制施工平面布置图,编制施工进度计划。

2. 施工场地清理

包括清理地面及地下各种障碍。在施工前应拆除旧房,拆除或改建通信、电力设备、地下管线及构筑物,迁移树木,做好古墓及文物的保护或处理,清除耕植土及河塘淤泥等。

3. 排除地面水

场地内低洼地区的积水必须排除,同时应注意对雨水的排除,使场地保持干燥,以利于土方工程施工。地面水的排除一般采用排水沟,必要时还需设置截水沟、挡水土坝等防洪设施。排水沟最好设置在施工区域的边缘或道路的两旁,其横断面和纵向坡度应根据最大流量确定。一般排水沟的横断面不小于 0.5 m×0.5 m,纵向坡度不小于 2‰。

4. 修筑临时设施

修筑好供水、供电等临时设施,做好材料、机具、物资及人员的准备工作。

5. 准备测量放线

场地平整后,设置测量控制网,打设方格网控制桩,然后进行建筑物、构筑物的定位放线等。

1.2 场地平整与土方量计算

场地平整是将施工现场平整成设计所要求的平面。场地平整前,首先必须确定场地平整的施工方案。包括确定场地设计标高,计算挖填土方量,确定挖填平衡调配方案,并选择施工机械,拟定施工方法。

1.2.1 场地设计标高的确定

1. 场地设计标高确定的原则

在对较大面积的场地平整中,正确地选择设计标高,对减少土方量和加速施工进度是十分重要的。选择设计标高时,应遵循以下原则:

(1)与已有建筑物的标高相适应,满足生产工艺和运输的要求;

(2)尽量利用地形,就近取土或弃土,以减少填、挖土方的数量;

(3)根据具体条件,争取施工场地内的挖填土方量的平衡,以降低土方运输费用;

(4)要有一定的泄水坡度,以满足泄水要求;

(5)考虑历史最高洪水水位,以防止洪水发生时可能造成的损失。

2. 场地设计标高的确定与调整

场地设计标高一般应在设计文件上规定,若设计文件对场地设计标高没有规定时,对中小型场地可采用方格网法,运用"挖填土方量平衡法"的原则,确定出方格各角点的标高。具体步骤如下:

(1)初始场地标高 H_0 的确定

计算场地设计标高时,首先将场地划分成有若干个方格的方格网,每格的大小根据要求的计算精度及场地平坦程度确定,一般边长为 10 m~40 m,如图 1-1(a)所示。然后找出各方格角点的地面标高。当地形平坦时,可根据地形图上相邻两条等高线的标高,用插入法求得。当地形起伏或无地形图时,可在地面用木桩打好方格网,然后用仪器直接测出。

按照场地内土方量平整前后相等,即挖填平衡的原则,如图 1-1(b)所示,场地设计标高即为各个方格角点标高的平均值。可按下式计算:

$$H_0 = \frac{\sum (H_{11} + H_{12} + H_{21} + H_{22})}{4N}$$

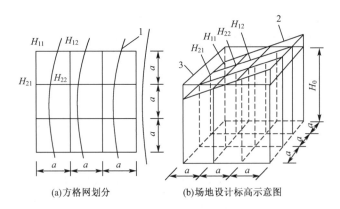

(a)方格网划分　　　　　(b)场地设计标高示意图

图 1-1　场地设计标高 H_0 计算示意图

1—等高线;2—自然地面;3—场地设计标高平面

式中　H_0——所计算的场地设计标高(m);

　　　　N——方格数;

　　　　H_{11}、H_{12},H_{21}、H_{22}——任意一个方格的四个角点的自然地面标高(m)。

从图 1-1 可以看出,H_{11} 系一个方格的角点标高,H_{12}、H_{21} 系相邻两个方格的公共角点标高,H_{22} 系相邻四个方格的公共角点标高。如果将所有方格的四个角点标高全部相加,则它们在上式中分别要加一次、两次、四次。

如令：H_1——一个方格仅有的角点自然地面标高;

　　　　H_2——两个方格共有的角点自然地面标高;

　　　　H_3——三个方格共有的角点自然地面标高;

　　　　H_4——四个方格共有的角点自然地面标高;

　　　　N——方格数量。

则场地设计标高 H_0 可改写成下列形式

$$H_0 = \frac{\sum H_1 + 2\sum H_2 + 3\sum H_3 + 4\sum H_4}{4N} \tag{1-7}$$

(2)场地设计标高的调整

按上述公式计算的场地设计标高仅为一个理论值,在实际运用中还需考虑以下因素对其进行调整。

①土的可松性影响

由于土具有可松性,如按挖填平衡计算得到的场地设计标高进行挖填施工,填土多少有富余,特别是当土的最后可松性系数较大时更不容忽视。如图 1-2 所示,设 Δh 为土的可松性引起设计标高的增加值,则设计标高调整后的总挖方体积 V'_w 应为

$$V'_w = V_w - F_w \times \Delta h$$

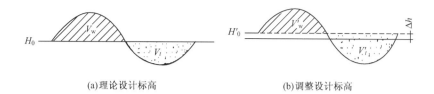

(a)理论设计标高 (b)调整设计标高

图 1-2　设计标高调整计算示意

总填方体积 V_t' 应为

$$V_t' = V_w' K_s' = (V_w - F_w \times \Delta h) K_s'$$

此时,填方区的标高也应与挖方区一样提高 Δh,即

$$\Delta h = \frac{V_t' - V_t}{F_t} = \frac{(V_w - F_w \times \Delta h) K_s' - V_t}{F_t}$$

移项整理简化得(当 $V_t = V_w$ 时)

$$\Delta h = \frac{V_w(K_s' - 1)}{F_t + F_w K_s'} \tag{1-8}$$

故考虑土的可松性后,场地设计标高 H_0' 调整为

$$H_0' = H_0 + \Delta h$$

式中　V_w、V_t——按理论设计标高计算的总挖方、总填方体积;

　　　F_w、F_t——按理论设计标高计算的挖方区、填方区总面积;

　　　K_s'——土的最后可松性系数。

②场地泄水坡度的影响

计算出 H_0 后,若按此标高进行场地平整,场地将处于同一水平面,这样就无法满足泄水的要求。因此,还应根据场地泄水坡度的要求,计算确定各方格角点的具体标高。

a. 单向泄水时,场地内各方格角点标高的确定

当场地采用单向泄水时,以 H_0 作为与泄水方向垂直的场地中心线的标高(图 1-3(a)),则场地内任意方格角点的设计标高为

$$H_n = H_0 \pm l \times i \tag{1-9}$$

式中　H_n——场地内任意方格角点的设计标高;

　　　l——计算角点至场地中心线的垂直距离;

　　　i——场地泄水坡度。

b. 双向泄水时,场地内各方格角点标高的确定

当场地采用双向泄水时,以 H_0 作为场地对称中心点的标高(图 1-3(b)),则场地内任意方格角点的设计标高为

$$H_n = H_0 \pm l_x \times i_x \pm l_y \times i_y \tag{1-10}$$

式中　l_x,l_y——分别为计算角点至场地 y 轴和 x 轴的垂直距离;

　　　i_x,i_y——分别为场地 x 轴方向和 y 轴方向的泄水坡度。

【例 1】　某建筑场地方格网的地面标高如图 1-4 所示,方格边长 $a = 20$ m,泄水坡度 $i_x = 2‰$,$i_y = 3‰$,不考虑土的可松性的影响,确定方格各角点的设计标高。

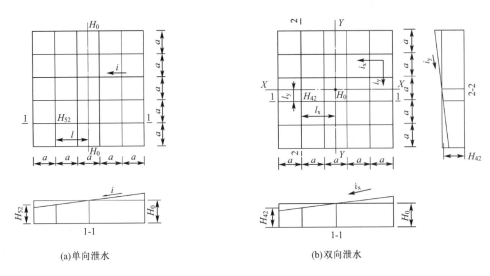

图 1-3　场地泄水坡度示意图

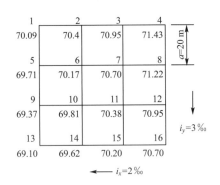

图 1-4　某场地方格网的地面标高

解　(1)初步设计标高(场地平均标高)

$$H_0 = \left(\sum H_1 + 2\sum H_2 + 3\sum H_3 + 4\sum H_4 \right)/4N$$

$$= [70.09 + 71.43 + 69.10 + 70.70 + 2 \times (70.40 + 70.95 + 69.71 + \cdots) + 4 \times (70.17 + 70.70 + 69.81 + 70.38)]/(4 \times 9)$$

$$= 70.29 \text{ m}$$

(2)按泄水坡度调整设计标高

$$H_n = H_0 \pm l_x i_x \pm l_y i_y$$

$$H_1 = 70.29 - 30 \times 2\text{‰} + 30 \times 3\text{‰} = 70.32$$

$$H_2 = 70.29 - 10 \times 2\text{‰} + 30 \times 3\text{‰} = 70.36$$

$$H_3 = 70.29 + 10 \times 2\text{‰} + 30 \times 3\text{‰} = 70.40$$

其他角点设计标高施工高度如图 1-5 所示。

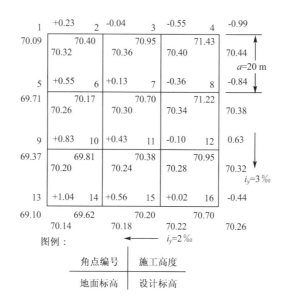

图例：

角点编号	施工高度
地面标高	设计标高

图 1-5　方格网角点设计标高及施工高度

1.2.2　场地平整土方量计算

场地平整土方量的计算方法通常有方格网法和断面法两种。方格网法适用于地形较为平坦、面积较大的场地；断面法多用于地形起伏变化较大或地形狭长的地区。

用方格网控制整个场地，应根据地形变化程度确定方格边长，一般方格边长为 10 m、20 m、30 m 或 40 m 等。根据每个方格角点的自然地面标高和实际采用的设计标高，算出相应的角点填挖高度，然后计算每一个方格的土方量，并算出场地边坡的土方量，这样即可得到整个场地的挖、填土方量。其具体步骤如下：

1. 计算场地各方格角点的施工高度

各方格角点的施工高度为：

$$h_n = H_n - H \tag{1-11}$$

式中　h_n——角点施工高度，即挖填高度。"＋"为填，"－"为挖。

H——角点的自然地面标高。

2. 确定"零线"

当一个方格中一部分角点施工高度为"＋"，而一部分为"－"时，说明此方格中的土方一部分为填，一部分为挖，而在变号角点边线的中间必有一个既不填也不挖的点，这个点称为"零点"，将相邻的"零点"用线段连接即为"零线"，也就是场地土方的挖填分界线。

"零点"的位置可利用相似三角形的方法将其求出，如图 1-6 所示。

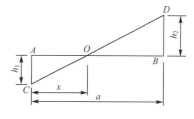

图 1-6　零点计算简图

$$X = \frac{ah_1}{h_1 + h_2} \quad (h_1、h_2 \text{ 均用绝对值}) \tag{1-12}$$

3.计算方格土方工程量

按方格网底面积图形和表 1-4 所列公式,计算每个方格内的填方或挖方量。

表 1-4 常用方格网计算公式

项　目	图　示	计算公式
一点填方或挖方量(三角形)		$V = \frac{1}{2}bc\frac{\sum h}{3} = \frac{bch_3}{6}$ 当 $b = c = a$ 时,$V = \frac{a^2 h_3}{6}$
两点填方或挖方量(梯形)		$V+ = \frac{b+c}{2}a\frac{\sum h}{4}$ $\quad = \frac{a}{8}(b+c)(h_1 + h_3)$ $V- = \frac{d+e}{2}a\frac{\sum h}{4}$ $\quad = \frac{a}{8}(d+e)(h_2 + h_4)$
三点填方或挖方量(五角形)		$V = \left(a^2 - \frac{bc}{2}\right)\frac{\sum h}{5}$ $\quad = \left(a^2 - \frac{bc}{2}\right)\frac{h_1 + h_2 + h_4}{5}$
四点填方或挖方量(正方形)		$V = \frac{a^2}{4}\sum h = \frac{a^2}{4}(h_1 + h_2 + h_3 + h_4)$

注:a——方格网的边长(m);

$\quad b、c$——零点到一角的边长(m);

$\quad h_1、h_2、h_3、h_4$——方格网四角点的施工高程(m),用绝对值代入;

$\quad \sum h$——填方或挖方施工高程的总和(m),用绝对值代入。

分别按方格求出各方格挖、填土方量后,再求整个场地总挖方量、总填方量。

1.2.3 土方调配

土方工程量计算完成后,即可对土方进行平衡与调配。土方的平衡与调配是土方规划设计中的一项重要内容,是对挖土的利用、堆砌和填土的取得这三者之间的关系进行综合平衡处理,达到使土方运输费用最小而又能方便施工的目的。土方调配原则主要有:

(1)应力求达到挖、填平衡和运输量最小的原则。这样可以降低土方工程的成本。然而,仅限于场地范围的平衡,往往很难满足运输量最小的要求。因此还需根据场地和其周围地形条件综合考虑,必要时可在填方区周围就近借土,或在挖方区周围就近弃土,而不是只局限于场地以内的挖、填平衡,这样才能做到经济合理。

(2)应考虑先期施工与后期利用相结合的原则。当工程分期分批施工时,先期工程的土方余额应结合后期工程的需要而考虑其利用数量与堆放位置,以便就近调配。堆放位置的选择应为后期工程创造良好的工作面和施工条件,力求避免重复挖运。如先期工程有土方欠额时,可由后期工程地点挖取。

(3)尽可能与大型地下建筑物的施工相结合。当大型建筑物位于填土区而其基坑开挖的土方量又较大时,为了避免土方的重复挖、填和运输,该填土区暂时不予填土,待地下建筑物施工之后再行填土。为此,在填方保留区附近应有相应的挖方保留区,或将附近挖方工程的余土按需要合理堆放,以便就近调配。

(4)调配区大小的划分应满足主要土方施工机械工作面大小(如铲运机铲土长度)的要求,使土方机械和运输车辆的效率能得到充分发挥。总之,进行土方调配,必须根据现场的具体情况、有关技术资料、工期要求、土方机械与施工方法,结合上述原则,予以综合考虑,从而做出经济合理的调配方案。

1.3 基坑支护

基坑边坡的稳定,主要是依靠土体内颗粒间存在的内摩擦力和内聚力来保持平衡的。一旦土体在外力作用下产生的剪应力大于土体本身的抗剪强度,就会失去平衡,边坡就会坍塌,影响基础施工,当与原有建筑较近时还会危及临近建筑。为防止边坡坍塌,应采取基坑放坡开挖,保持土体稳定;当场地受限制不能放坡时,则应设置基坑支护结构,确保基坑安全施工。

1.3.1 基坑边坡要求

1.基坑直壁开挖

当无地下水时,在天然湿度的土中开挖基坑,可做成直壁而不放坡,但开挖深度不得超过下列数值:

密实、中密的砂土和碎石类土(充填物为砂土)	1 m
硬塑、可塑的轻亚黏土及亚黏土	1.25 m
硬塑、可塑的黏土和碎石类土(充填物为黏土)	1.5 m
坚硬的黏土	2 m

2. 基坑放坡开挖

当基坑深度大于以上数值时,则应放坡。现行《建筑地基基础工程施工质量验收标准》(GB 50202—2018)中规定了临时性挖方边坡值(坡度系数)(表1-5)。

表 1-5 临时性挖方边坡值

土的类别		边坡值(高:宽)
砂土(不包括细砂、粉砂)		1:1.25~1:1.50
一般性黏土	坚硬	1:0.75~1:1.00
	硬塑、可塑	1:1.00~1:1.25
	软塑	1:1.50 或更缓
碎石类土	充填坚硬、硬塑黏土	1:0.50~1:1.00
	充填砂土	1:1.00~1:1.50

注:①设计有要求时,应符合设计标准。
   ②如采用降水或其他加固措施,可不受本表限制,但应计算复核。
   ③开挖深度,对软土不应超过 4 m,对硬土不应超过 8 m。

施工中,应综合考虑影响边坡稳定的各种因素,根据经验确定土方边坡坡度,黏土的边坡可陡些,砂土则应平缓些。井点降水时边坡可陡些(1:0.33~1:0.7),明沟排水时则应平缓些。如果开挖深度大、施工时间长、坑边有停放机械等情况,边坡应平缓些。总之,土方边坡的留设应考虑土质、开挖深度、开挖方法、施工工期、地下水位、坡顶荷载及气候条件等因素。

基坑边坡坡度以其高度 H 与其底宽 B 之比表示,基坑边坡坡度 $=H/B=1/m$,$m=B/H$,称为坡度系数。

基坑边坡可以是直线形或台阶形,挖方经过不同类别土层时,其边坡可挖成折线形,如图1-7所示。

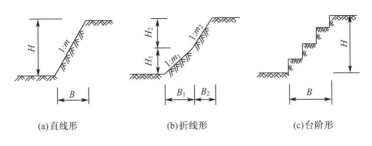

(a)直线形   (b)折线形   (c)台阶形

图 1-7 基坑边坡

3. 边坡防护

当基坑放坡开挖时,考虑到施工期间,基坑边坡受到气候变化和降雨、渗水、冲刷等作用,会使边坡土质变松,含水量增加,导致土体抗剪强度降低,造成边坡坍塌。为保护边坡坡面稳定与坚固,通常采用以下措施对边坡坡面加以防护,如图1-8所示。

（1）薄膜覆盖法

在已开挖的边坡上铺设塑料薄膜，在坡顶、坡脚处用编织袋装土（砂）压边，并在坡脚处设置排水沟。此方法可用于防止雨水对边坡冲刷引起的塌方，如图1-8(a)所示。

（2）砂浆覆盖法

在已开挖的边坡上钉土钉，然后铺设水泥砂浆，土钉锚于水泥砂浆中，在坡脚处设置排水沟。此方法可以阻止边坡滑移失稳，如图1-8(b)所示。

（3）堆砌土（砂）袋护坡

当各种土质有可能发生滑移失稳时，可采用装土（砂）的编织袋（或草袋）堆置于坡脚或坡面上，加强边坡抗滑能力，增加边坡稳定性，如图1-8(d)所示。

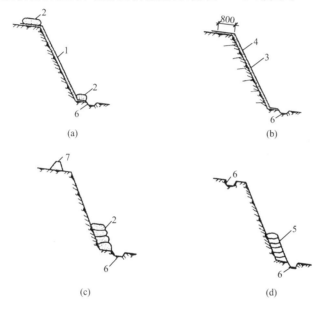

图1-8　边坡防护

1—薄膜；2—土袋；3—土钉；4—砂浆；5—砂浆砌石；6—排水沟；7—土堤

（4）浆砌片石压坡护面

当采用浆砌片石压坡护面时，坡度应小于1：0.5。基坑高度不大、坡度较大时，可用浆砌砖、石压坡护面，如图1-8(d)所示。

另外还有挂网或挂网抹砂浆护面、钢丝网混凝土或钢筋混凝土护面、土钉墙等。

1.3.2　基坑支护方法

1. 基坑支护结构分类与选择

根据工程特点、土质条件、开挖深度、地下水位和施工方法等不同，基坑支护可以选择横撑、板桩、灌注桩、深层搅拌桩、地下连续墙等。

《建筑地基基础工程施工质量验收标准》（GB 50202—2018）中规定：土方开挖的顺序、方法必须与设计工况一致并遵循"开槽支撑，先撑后挖，分层开挖，严禁超挖"的原则。所以深基坑开挖采用放坡而无法保证施工安全或现场无放坡条件时，一般根据基坑侧壁安全等级采用支护结构临时支挡,以保证基坑土壁的稳定。基坑支护结构选择,应根据上述基本要求,综合考虑基坑实际开挖深度、基坑平面形状尺寸、地基土层的工程地质和水文地质条件、施工作业设备和开挖方案、邻近建筑物的重要程度、地下管线的限制要求、工期及造价等因素,经比较后确定。

基坑支护结构设计可根据基坑侧壁的安全等级参照表 1-6 选择。

表 1-6　　　　　　　　　　基坑支护结构选择参考表

支护结构形式	适 用 条 件
排桩或地下连续墙	1.适用于基坑侧壁安全等级为一、二、三级; 2.悬臂式结构在软土场地中不宜大于 5 m; 3.当地下水位高于基坑底面时,宜采用降水、排桩加截水帷幕或地下连续墙。
水泥土墙	1.基坑侧壁安全等级为二、三级; 2.水泥土墙施工范围内地基土承载力不宜大于 150 kPa; 3.开挖深度不宜大于 6 m。
土钉墙	1.基坑侧壁安全等级为二、三级; 2.基坑深度不宜大于 12 m; 3.当地下水位高于基坑底面时,宜采取降水或截(止)水措施。
放坡	1.基坑侧壁安全等级为三级; 2.施工场地应满足放坡条件; 3.可独立或与其他结构结合作用; 4.当地下水位高于坡脚时,应采取降水措施。

基坑支护结构按其作用可分为:透水挡土结构支护、止水挡土结构支护。按其受力状况可分为:重力式支护结构(图 1-9)和非重力式支护结构。

重力式支护结构即刚性支护。常用深层水泥搅拌桩组成的格栅形坝体作为支护墙体,依靠其自重维持土体的平衡。

非重力式支护结构即柔性支护,支护墙体一般挡土宽度较小,承受弯曲作用,由撑锚体系

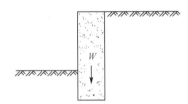

图 1-9　重力式支护结构

(支撑或拉锚体系)与支护墙体共同受力。包括钢板桩、H 型钢(工字钢)桩、混凝土灌注桩、地下连续墙等。

非重力式支护结构根据基坑开挖深度和不同的工程地质、水文地质条件,可选用悬臂式支护、斜撑式支撑、水平支撑式支护、锚拉式支护、锚杆式支护,如图 1-10 所示。

2.透水挡土结构

透水挡土结构又可分为:H 形钢(工字钢)桩加横插板挡土;混凝土灌注桩(间隔式疏排)加钢丝网水泥抹面护壁;连续式密排混凝土灌注桩(或预制桩);双排灌注桩;旋喷桩、土钉墙支护、锚杆支护等。

(1)混凝土灌注桩挡墙

其平面布置形式分为连续式排列、间隔式排列、交错式排列,如图 1-11 所示。

(2)土钉墙

土钉墙是近几年发展起来的一种新型挡土结构。它是在土体内设置一定长度的钢筋(称为土钉)并与坡面的钢筋网喷射混凝土面板相结合,形成加筋土重力式挡墙,起到挡土

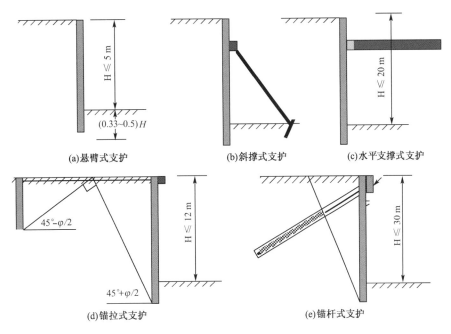

图 1-10 非重力式支护结构示意图

图 1-11 混凝土灌注桩挡墙平面布置形式

作用。土钉墙构造如图 1-12 所示。由许多土钉组成的土钉群与土体共同作用,形成了能大大提高原土体强度和刚度的复合土体,土钉在复合土体中具有制约土体变形并使复合土体构成一个整体的作用。而土钉之间土体的变形则通过钢筋网喷射混凝土面板进行约束。土钉与土体的相互作用还能改变土坡的变形与形态的破坏,显著提高土坡整体稳定性。

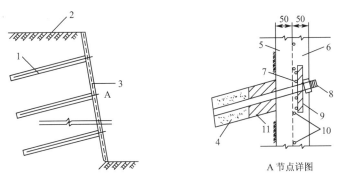

图 1-12 土钉墙构造示意图

1—土钉(钢筋);2—被加固土体;3—喷射混凝土面板;4—水泥砂浆;5—第一层喷射混凝土;6—第二层喷射混凝土;7—4φ12 增强筋;8—钢筋(土钉);9—200 mm ×200 mm × 12 mm 钢垫板;10—φ8@150 钢筋网;11—塞入填土(约 100 mm 长)

①土钉墙构造要求

土钉墙由土钉和面层组成。

土钉墙高度由基坑开挖深度决定，土钉墙墙面坡度不宜大于 1∶0.1，与水平夹角一般为 70°～80°；土钉一般采用直径Φ16～32 mm 的螺纹钢筋，与水平夹角一般为 5°～20°；在非饱和土中长度宜为 0.6～1.2 倍的基坑深度；在软塑黏土中长度宜为 1.0 倍的基坑深度。

土钉间距：水平间距与垂直间距之积不大于 6 m²；在非饱和土中宜为 1.2 m～1.5 m；在坚硬黏土中宜为 2 m；在软土中宜为 1 m。土钉孔径宜为 70 mm～120 mm，注浆强度不低于 10 MPa。

土钉必须和面层有效地连接成整体，钢筋混凝土面层应深入基坑底部不小于 0.2 m，并应设置承压板（钢垫板）或加强钢筋等构造措施。

混凝土面层强度等级不应低于 C20，厚度为 80 mm～200 mm，钢筋网宜采用Φ6～10 mm，间距为 150 mm～300 mm。

②土钉支护的特点与适用范围

工料少、速度快；设备简单、操作方便；操作场地小且对环境干扰小；土钉与土体形成的复合土体可提高边坡整体性、稳定性及承受荷载的能力；并对相邻建筑影响较小。适用于淤泥、淤泥质土、黏土、粉质黏土、粉土等土质，且地下水位较低，开挖深度在 15 m 以内的基坑。

③土钉支护施工

a.施工工艺：定位→转机就位→成孔→插钢筋→注浆→喷射混凝土

b.技术要求：上层作业面土钉、喷射混凝土未完不得开挖下一层土；土钉采用 HRB335 级以上钢筋，且应除锈并保持平直；注浆采用低压（0.4 MPa～0.6 MPa）方法，或高压（1 MPa～2 MPa）方法；注浆用砂浆采用 1∶1 或 1∶2 的配合比；水泥浆水灰比为 0.45～0.5；喷射混凝土的强度等级不得低于 C20，水灰比为 0.4～0.45，砂率为 45%～55%；喷射混凝土分两次进行，混凝土终凝 2 h 后，浇水养护 7 天。

（3）土层锚杆

开挖深基坑时，为减小土压力对支护结构挡墙所产生的较大弯矩，常采用单层或多层土层锚杆（土锚）来拉固支护结构挡墙，这样基坑内部无支撑，便于挖土和地下结构施工，在我国北方地区应用广泛。

土锚根据主动滑动面，分为自由段（非锚固段）和锚固段。自由段处于不稳定土层中，拉杆与土层脱离，一旦土层滑动，可以自由伸缩，其作用是将锚头承受的荷载传到锚固段。锚固段处于稳定土层中，它与周围土层牢固结合，将锚杆所受荷载分布到周围土层中去。

土锚的承载能力取决于拉杆强度、拉杆与锚固体之间的握裹力、锚固体与土壁之间的摩阻力等因素。要增大单根锚杆的承载力，不能依靠增大锚固体的直径，而应增加锚固体的长度，或者采取技术措施把锚固段做成扩体并采用二次灌浆。

土层锚杆按承载方式分为摩擦承载锚杆和支压承载锚杆；按施工方法分为钻孔灌浆锚杆和预应力锚杆。

①土层锚杆构造

土层锚杆由锚头(锚具、承压板、横梁和台座)、拉杆和锚固体组成,如图 1-13 所示。土层锚杆是锚固在土层中的受拉杆体,由设置在钻孔内的钢筋或钢绞线与注浆体组成。钢筋或钢绞线一端伸入稳定土层中,另一端与支护结构用横梁相连接。

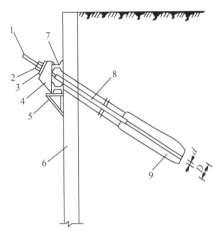

图 1-13　土层锚杆构造图

d—拉杆直径;D—锚固体直径

1—拉杆;2—锚具;3—垫板;4—台座;5—支架;6—挡墙;7—横梁;8—套管;9—锚固体

②土层锚杆施工

土层锚杆施工工艺为:定位→钻孔→安放拉杆→注浆→张拉锚固

钻孔常用螺旋循环钻机,要求孔壁顺直,不坍塌、不松动。

拉杆安放前应先进行防腐处理。拉杆要平直,安放时应防止扭曲、扰动孔壁。

注浆分一次注浆法和二次注浆法。一次注浆法宜选用 1:1~1:2,水灰比为 0.38~0.45 的水泥砂浆,或水灰比为 0.45~0.5 的水泥浆。二次注浆法宜选用水灰比为 0.45~0.55 的水泥浆,用压力为 2.5 MPa~5.0 MPa 高压注浆。

预应力锚杆的张拉应在锚固段的混凝土强度大于 15 MPa 并达到混凝土设计强度的 75% 后进行。张拉控制应力不应大于拉杆强度标准值的 75%。

3. 止水挡土结构

止水挡土结构包括灌注桩加搅拌水泥土桩(或水泥旋喷桩)、灌注桩加压密注浆桩、平板形钢板桩、波浪形钢板桩(图 1-14),以及地下连续墙。

(1)地下连续墙

开挖一定长度(一个单元槽段)的沟槽,在槽内放置钢筋笼,利用导管法水下浇筑混凝土,即完成一个单元槽段施工 (图 1-15)。施工时,每个单元槽段之间,通过接头管等方法处理后,形成一道连续的地下钢筋混凝土墙,简称地下连续墙。

基坑土方开挖时,地下连续墙既可挡土,又可挡水。其整体性好、刚度大、变形小、施工时噪音低、振动小、无挤土,对周围环境影响小,比其他类型挡墙具有更多优点。但成槽需专用设备,施工或基坑开挖深度大,对于与邻近的建筑物、道路等市政设施相距较近的深基坑支护的难度较大,工程造价高,适用于土质差、地下水位高、降水效果不好的软土地基。

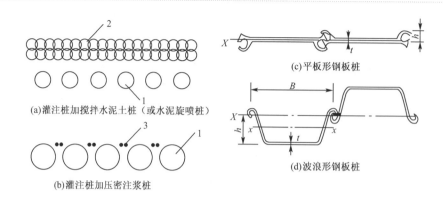

图 1-14　止水挡土结构
1—灌注桩;2—水泥土桩(或水泥旋喷桩);3—压密注浆

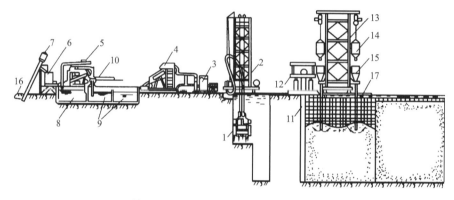

图 1-15　地下连续墙多头钻成槽施工工艺

1—多头钻;2—机架;3—吸泥浆泵;4—振动筛;5—水力旋流器;6—泥浆搅拌机;7—螺旋输送机;8—泥浆池;9—泥浆沉淀池;10—补浆用输浆管;11—接头管;12—接头管顶升架;13—混凝土浇筑机;14—混凝土吊斗;15—混凝土导管上的料斗;16—膨润土;17—轨道

(2)深层搅拌水泥土墙

深层搅拌法是利用深层搅拌机在边坡土体需要加固的范围内,将软土与固化剂强制拌和,使软土硬结成具有整体性、水稳性和足够强度的水泥加固土,称为水泥土搅拌桩。

深层搅拌法由于将固化剂和原地基土搅拌混合,不存在水对周围地基的影响,不会使地基侧向挤出,故对临近已有的建筑影响较小,施工时无振动和噪声,不污染环境。加固后土体重量不变,使软弱下卧层不产生附加沉降。它适用于淤泥、淤泥质土、粉土和含水量较高且地基承载力标准值不大于 150 kPa 的黏性土等软土地基加固,开挖深度不大于6 m。深层搅拌法利用的固化剂为水泥,掺入量为加固土重量的 7%~15%。

①深层搅拌法加固机理。深层搅拌法加固软土地基的过程,是水泥加固土的物理化学反应过程。由于水泥掺入量仅占加固土重量的 7%~15%,水泥的水解和水化反应是在具有一定活性的土层中进行的,其硬化速度缓慢而且复杂。水泥水解和水化反应生成不溶的呈细分散状态的凝胶体;发生离子交换和团粒化作用,使大量土颗粒形成较大的土团粒,又由于凝胶体强烈的吸附活性,将土团粒进一步结合起来,形成坚固的连接,发生硬

凝反应生成不溶于水的稳定结晶矿物,增大了土的强度和稳定性。

土中拌入水泥使土粒间的孔隙大部分为水泥和水化物填充,并不断向周围扩散,相互连接,从而形成具有一定强度的空间蜂窝结构。

②深层搅拌法施工。深层搅拌法施工流程:深层搅拌机械定位→预搅下沉→提升喷浆搅拌→重复下沉搅拌→重复提升搅拌→成桩结束,如图 1-16 所示。

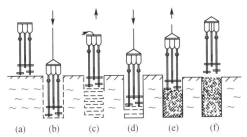

(a) 深层搅拌机械定位 (b) 预搅下沉 (c) 提升喷浆搅拌 (d) 重复下沉搅拌 (e) 重复提升搅拌 (f) 成桩结束

图 1-16 深层搅拌法施工流程

a.定位时调整搅拌机机架的垂直度,搅拌机运转正常后,放松起重机钢丝绳,使搅拌机沿导向架切土搅拌下沉,下沉速度控制在 0.8 m/min 左右,如遇硬黏土等下沉太慢,用输浆系统适当补给清水以利钻入。搅拌机预搅下沉到一定设计深度后,开启灰浆泵,此后边喷浆、边旋转、边提升深层搅拌机,直至设计桩顶标高。注意喷浆速度与提升速度协调及水泥浆沿桩长均匀分布,并使其提升至桩顶后集料斗中的水泥浆正好排空。提升速度一般应控制在 0.5 m/min。深层搅拌单桩的施工应采用搅拌头上下各两次的搅拌工艺,即沉钻复搅。

b.施工中固化剂应严格按预定的配比拌制,并应有防离析措施。起吊应保证起吊设备的平整度和导向架的垂直度。成桩要控制搅拌机的提升速度和次数,使其连续均匀,以控制注浆量,保证搅拌均匀,同时泵送必须连续。

c.搅拌机预搅下沉时,不宜冲水,当遇到较硬土层下沉太慢时,方可适量冲水,但应考虑冲水成桩对桩身强度的影响。

d.每天加固完毕,应用水清洗贮料罐、砂浆泵、深层搅拌机及相应管道,以备再用。

③技术要求:

a.水泥土墙支护的置换率、宽度与插入深度的确定。水泥土墙截面多采用连续式和格栅形,当采用格栅形时水泥土的置换率(即水泥土面积 A_0 与水泥挡土结构面积 A 的比值)对于淤泥不宜小于 0.8,淤泥质土不宜小于 0.7,一般黏土及砂土不宜小于 0.6,格栅长宽比不宜大于 2。墙体宽度 B 和插入深度 D,应根据基坑深度、土质情况及其物理力学性能、周围环境、地面荷载程度等计算确定。在软土地区,当基坑开挖深度 $h_0 \leqslant 5$ m 时,可按经验取 $B=(0.6-0.8)h_0$,$D=(0.8-1.2)h_0$。插入深度前后排可稍不一致。

b.水泥掺入比。深层搅拌水泥土墙施工前,应进行成桩工艺及水泥掺入量或水泥浆的配合比试验,以确定相应的水泥掺入比或水泥浆水灰比,浆喷深层搅拌的水泥掺入量宜为被加固土密度的 15%～18%;粉喷深层搅拌的水泥掺入量宜为被加固土密度的 13%～16%。为提高水泥土墙的刚性,亦可在水泥土搅拌桩内插入 H 型钢,使之成为既能受力,又能抗渗的支护结构围护墙,可用于较深(8 m～10 m)的基坑支护,水泥掺入比为被加固土密度的 20%,亦称加筋或劲性水泥土搅拌桩法。H 型钢应在桩顶搅拌或旋喷完成后靠自重下插至设计标高,插入长度和出露长度等均应按计算和构造要求确定。

采用高压喷射注浆桩,施工前应通过试喷试验,确定不同土层旋喷固结体的最小直径,高压喷射施工技术参数等,高压喷射水泥水灰比宜为 1.0～1.5。

c.水泥土墙应采取切割搭接法施工。即在前桩水泥土尚未固化时,进行后序搭接桩施工,相邻桩的搭接长度不宜小于 200 mm。相邻桩喷浆工艺的施工时间间隔不宜大于10 h。施工开始和结束的头尾搭接处,应采取加强措施,消除搭接勾缝。

④水泥土墙应有 28 d 以上的龄期,达到设计强度要求时,方可进行基坑开挖。

1.4　基坑排水与降水施工

为了保证土方施工顺利进行,应做到施工场地排水通畅。

现行《建筑地基基础工程施工质量验收标准》(GB 50202—2018)中规定:土方工程在挖方前应做好地面排水和降低地下水位的工作。平整场地的表面坡度应符合设计要求,如无设计要求时,排水沟方向的坡度不宜小于 2‰。一般排水沟的横断面尺寸不宜小于0.5 m×0.5 m,纵向坡度应根据地形确定,山坡地区不宜小于 3‰,平坦地区不宜小于2‰,沼泽地区可降至 1‰。

在山坡地区施工,应在较高一面的山坡上,先做好临时(永久)性的截水沟,阻止山坡水流入施工现场。

人工降低地下水的方法一般分为重力降水(集水井降水、明渠降水)和强制降水(井点降水)。

1.4.1　集水井降水

1.集水井的设置

集水井降水法是指在基坑逐层开挖过程中,沿每层坑底四周设置排水沟和集水井,使水在重力作用下流入集水井内,通过水泵将集水井的积水抽走。如图 1-17 所示,排水沟沿基坑底四周设置,底宽应不小于 300 mm,沟底应始终低于基坑底 500 mm,坡度宜控制在 1‰～2‰。

集水井每隔 20 m～40 m 设置一个;直径或宽度一般为 0.6 m～0.8 m,其深度随着基坑的加深而加深,井底低于挖土面 0.7 m～1.0 m。当基坑挖至设计标高后,井底应低于基坑底 1 m～2 m,并铺设碎石滤水层。

集水井降水法简单、经济,对周围影响小,因而可用于降水深度较小且上层为粗粒土层或渗水量小的黏土层降水;基坑开挖较深,但采用刚性土壁支护结构挡土并形成止水帷幕时的基坑内也可用此方法降水。采用井点降水法降水但仍有局部区域降水深度不足

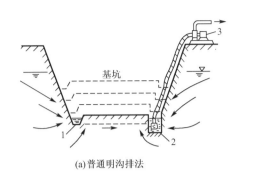 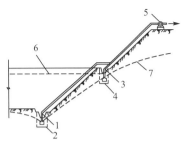

(a)普通明沟排法　　　　　　　　　(b)分层明沟排水法

图 1-17　集水井降水法

(a)1—排水沟；2—集水井；3—水泵

(b)1—底层排水沟；2—底层集水井；3—二层排水沟；4—二层集水井；5—水泵；6—原地下水位线；7—降低后地下水位线

时，可用其作辅助措施。

当基坑挖土到达地下水位以下，而土质是细砂或粉砂，采用集水井降水时，则会发生流砂，引起边坡塌方等现象，使施工条件恶化，无法继续施工。

2. 流砂及其防治

当基坑在地下水位以下，土质是粉细砂，又采用集水井降水时，在一定动水压力作用下，坑底下的土就会形成流动状态，随地下水一起流动涌进坑内，这种现象称为流砂。发生流砂现象时，土完全丧失承载力，工人难以立足，坑底凸起，施工条件恶化，边挖砂边冒出，很难挖到设计深度。流砂严重时，会引起基坑边坡坍塌，如果附近有建筑物，就会使建筑物下沉、倾斜，甚至倒塌。总之，流砂现象对土方施工和附近建筑物都有很大的危害。

（1）流砂产生的原因

水在土中渗流时受到土颗粒的阻力，根据作用与反作用原理可知，水对土颗粒也作用一个压力，如图 1-18 所示，水由高水位的左端（水头为 h_1）经过长度为 L、截面为 F 的土体，流向低水位的右端（水头为 h_2），水在土中渗流时受到土颗粒的阻力 T，同时水对土颗粒作用一个压力 G_D（动水压力），二者大小相等，方向相反。

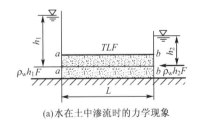 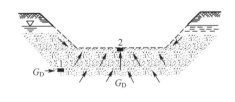

(a)水在土中渗流时的力学现象　　　　　(b)动水压力对土的影响

图 1-18　动水压力原理图

1、2—土颗粒

图 1-18(a)中，作用在土体左端 a-a 截面处的静水压力 $\rho_w h_1 F$（ρ_w 为水的密度），其方向与水流方向一致；作用在土体右端 b-b 截面处的静水压力 $\rho_w h_2 F$，其方向与水流方向相反；水渗流时受到土颗粒的阻力 TLF（T 为单位土体阻力）。

根据静力平衡条件得：

$$\rho_w h_1 F - \rho_w h_2 F - TLF = 0$$

$$T = \frac{h_1 - h_2}{L}\rho_w \qquad (1\text{-}13)$$

式中　$\dfrac{h_1 - h_2}{L}$——水头差与渗透路程长度之比,称为水力坡度,以 I 表示,则上式可写成：$T = I\rho_w$。

由于单位土体阻力 T 与水在土中渗流时对单位土体的动水压力 G_D 大小相等,方向相反,即 $G_D = -T$,所以可得到下式：

$$G_D = -I\rho_w \qquad (1\text{-}14)$$

由上式可知：动水压力 G_D 与水力坡度 I 成正比,水位差愈大,则 G_D 愈大,而渗透路程 L 愈大,则动水压力 G_D 愈小。

又由于动水压力与水流方向一致,所以当水在土中渗流的方向改变时,动水压力对土就会产生不同的影响,如水流从下向上,则动水压力与重力作用方向相反,则减小土颗粒间的压力,即土颗粒除了受水的浮力外,还受到动水压力的举托作用。如果单位土体的动水压力等于或大于土的浸水密度 ρ_w(即 $G_D \geqslant \rho_w$),则此时土粒失去自重处于悬浮状态,并随着渗流的水一起流动,带入基坑,便发生流砂现象。

(2)流砂的防治

由于发生流砂现象的重要条件是动水压力的大小与方向。因此,在基坑开挖中,防止流砂的途径是减小或平衡动水压力及改变动水压力的方向。其具体措施如下：

①在枯水期施工。因地下水位低,坑内外水位差小,动水压力小,不易发生流砂。

②水下挖土。即采用不排水施工,使基坑内水压与坑外水压平衡,消除动水压力,阻止流砂现象发生。

③打板桩。将板桩打入基坑底下面一定深度,增加地下水从坑外流入坑内的渗流路线,从而减少水力坡度,降低动水压力,防止流砂发生。

④井点降低地下水位。如采用轻型井点降水方法,可改变动水压力的方向,且有效地防止流砂现象,并增大了土粒间压力。此法是防止流砂的有效措施。

此外,还可以采用地下连续墙法、压密注浆法、土壤冻结法等,阻截地下水流入基坑内,以防止流砂现象。

当涌水量较大、水位差较大或土质为粉细砂时,应采用强制降水的方法降低地下水。

1.4.2　井点降水

井点降水是预先在基坑四周埋设一定数量的井点管,利用抽水设备,在基坑开挖前和开挖过程中不断地抽出地下水,使地下水位降低到坑底以下,直至基础工程施工完毕为止。人工降低地下水位不仅是一种施工措施,也是一种加固地基的方法。

1. 井点降水分类

井点降低地下水位的方法有：轻型井点、喷射井点、电渗井点、管井井点及深井井点等。施工时可根据土的渗透系数、要求降低水位的深度、工程特点、设备条件及经济性等具体条件选择(表1-7)。其中轻型井点降水应用最广泛,应重点掌握。

表1-7　　　　　　　　　　各类井点适用范围及主要原理

井点类型	土层渗透系数/(m/天)	降低水位深度/m	最大井距/m	主要原理
单级轻型井点	0.1~20	3~6	1.6~2	地上真空泵或喷射嘴真空吸水
多级轻型井点		6~20		
喷射井点	0.1~20	8~20	2~3	水下喷射嘴真空吸水
电渗井点	<0.1	5~6	极距1	钢筋阳极加速渗流
管井井点	20~200	3~5	20~50	单井真空泵、离心泵
深井井点	10~250	25~30	30~50	单井潜水泵排水

2. 轻型井点降水

轻型井点降低地下水位,是沿基坑周围以一定间距埋入井点管(下端为滤管)至含水层内,井点管上端通过弯连管与地面上水平铺设的集水总管相连接,利用真空原理,通过抽水设备将地下水从井点管内不断抽出,使原有地下水位降至坑底以下。

轻型井点设备是由管路系统和抽水设备组成的。管路系统包括:井点管(由井管和滤管连接而成)、弯连管及集水总管等。

滤管是井点设备的一个重要部分,其构造是否合理,对抽水效果影响较大。滤管的直径为38 mm或50 mm,长度为1.0~1.5 m。管壁上钻有直径为12~19 mm的按梅花状排列的滤孔,滤孔面积为滤管表面积的20%~25%。滤管外包以两层滤网。内层采用30~50孔/cm^{2}的铜丝或尼龙丝布细滤网,外层采用5~10孔/m^{2}塑料纱布粗滤网或棕皮。为使水流畅通,避免滤孔淤塞时影响水流进入滤管,在管壁与滤网间缠绕塑料管或铁丝使其隔开。滤网的外边再用粗铁丝网保护。滤管的下端为一铸铁堵头,滤管的上端用管箍与井管连接。在任何情况下,滤管必须埋在含水层内。

井点管宜采用直径为38 mm或50 mm的无缝钢管,其长度为5~7 m;井点管的上端通常需露出地面0.2 m,用弯连管与集水总管相连;井点管布置应离坑边一定距离(0.7~1.2 m)以防止边坡塌土引起局部漏气。弯连管常用带钢丝衬的橡胶管;用钢管时可装有阀门,以便检修井点;也可用塑料管。

集水总管宜采用直径为100 mm或127 mm的钢管,每节长度为4 m,其上每隔0.8 m、1 m或1.2 m设有一个与井点管连接的短接头。

抽水设备常用的有真空泵、射流泵和隔膜泵井点设备。

轻型井点系统的布置,应根据基坑或沟槽的平面形状和尺寸、深度、土质、地下水位高低与流向、降水深度要求等综合因素确定。

(1)平面布置

①当基坑或沟槽宽度小于6 m,且降水深度不大于5 m时,可用单排井点,布置在地下水流的上游一侧,两端延伸长度一般以不小于坑(槽)宽度为宜(图1-19(a))。

②如宽度大于6 m,或土质不良,渗透系数较大时,则宜采用双排井点。

③面积较大的基坑宜用环状井点(图1-19(b)),有时也可布置为U形,以利挖土机械和运输车辆出入基坑。

(2)高程布置

井点管的埋设深度H_A按下式计算。

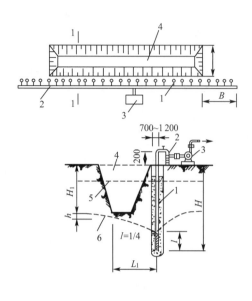

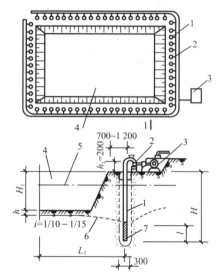

(a)单排井点平面及高程布置　　　　(b)环状井点平面及高程布置

图1-19　轻型井点平面及高程布置简图

1—井点管；2—总管；3—抽水设备；4—基坑；5—原地下水位线；6—降低后的地下水位线

$$H_A \geqslant H_1 + h + IL_1 \qquad (1\text{-}15)$$

式中　H_1——井管埋设面至基坑底的距离(m)。

　　　h——基坑中心处基坑底面至降低后地下水位的距离，一般为0.5 m～1.0 m(根据工程性质和水文地质情况确定)。

　　　I——地下水降落坡度(水力坡度)，其取值为：

　　　　　当单排布置时 $I=1/4\sim1/5$；

　　　　　当双排布置时 $I=1/7$；

　　　　　当环形布置时 $I=1/10$。

　　　L_1——井点管至基坑中心的水平距离(m)，当基坑井点管为环形布置时，L取短边长度；当基坑井点管为单排布置时，L为井点管至基坑另一侧的水平距离。

　　轻型井点的降水深度在考虑设备水头损失后，不超过6 m。

　　若计算出的 H_A 值大于井点管长度，达不到降水深度要求，可根据具体情况，采用其他方法降水(如上层土的土质较好时，先用集水井排水法挖去一层土，再布置井点系统)或采用二级井点(即先挖去第一级井点所疏干的土，然后再在其底部装设第二级井点)，使降水深度增加(图1-20)。

　　(3)轻型井点计算

　　轻型井点计算包括：涌水量计算、井点管数量与间距的确定等。

　　①井点类型判定

　　井点系统的涌水量按水井理论计算。根据地下水有无压力，水井分为承压井和无压井。根据井底是否到达不透水层，水井又分为完整井与非完整井。因此水井的类型大致分为下列四种。

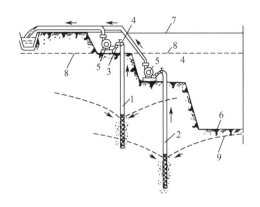

图1-20　二级轻型井点降水

1—第一级轻型井点;2—第二级轻型井点;3—集水总管;4—连接管;5—水泵;6—基坑;7—原地面线;

8—原地下水位线;9—降低后地下水位线

无压完整井:地下水上部为透水层,地下水无压力,井底到达不透水层(图1-21(a))。

无压非完整井:地下水上部为透水层,地下水无压力,井底未到达不透水层(图1-21(b))。

承压完整井:地下水面承受不透水性土层的压力,井底到达不透水层(图1-21(c))。

承压非完整井:地下水面承受不透水性土层的压力,井底未到达不透水层(图1-21(d))。

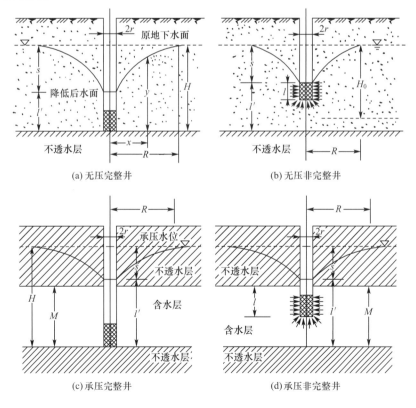

(a) 无压完整井　　　　　　　　　　(b) 无压非完整井

(c) 承压完整井　　　　　　　　　　(d) 承压非完整井

图1-21　水井的类型

各类水井涌水量计算方法都不同,其中以无压完整井的理论较为完善。

②涌水量计算

a.无压完整井涌水量计算

无压完整井抽水时的水位变化,如图1-22所示。当抽水一定时间后,井周围的水面最后将会降落成渐趋稳定的漏斗状曲面,称之为降落漏斗。水井轴至漏斗外缘的水平距离称为抽水影响半径 R。

根据达西直线渗透定律,无压完整井的涌水量 Q 为

$$Q = \omega \cdot v = \omega K I \qquad (1\text{-}16)$$

式中　v——渗透速度;

　　　K——渗透系数;

　　　I——水力坡度,距井轴 x 处为

$$I = \frac{\mathrm{d}y}{\mathrm{d}x};$$

　　　ω——距井轴 x 处的地下水流的过水断面面积(铅直圆柱面面积):

$$\omega = 2\pi x y$$

式中　x——井中心至计算过水断面处的距离;

　　　y——由不透水层到距中心距离为 x 处的曲线上的高度。

则

$$Q = \omega K I = 2\pi x y K \frac{\mathrm{d}y}{\mathrm{d}x} \qquad (1\text{-}17)$$

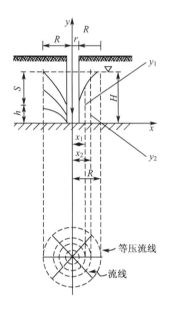

图 1-22　无压完整井水位降落曲线

分离变量、两边积分:

$$\int_h^H 2y\,\mathrm{d}y = \int_r^R \frac{Q}{\pi \cdot K} \cdot \frac{\mathrm{d}x}{x}$$

得

$$H^2 - h^2 = \frac{Q}{\pi K} \ln \frac{R}{r}$$

移项,并用常用对数代替自然对数,得

$$Q = 1.366K \frac{H^2 - h^2}{\lg \frac{R}{r}} = 1.366K \frac{H^2 - h^2}{\lg R - \lg r} \qquad (1\text{-}18)$$

式中　H——含水层厚度(m);

　　　R——环状井点系统抽水影响半径(m);

　　　r——水井半径(m)。

上式即为无压完整井单井涌水量计算公式。井点系统是多个井点同时抽水,各井点的水位降落漏斗相互影响,每个井的涌水量比单独抽水时小,但总涌水量并不等于各单

井涌水量之和。考虑群井的相互影响，井点系统的总涌水量为

$$Q = 1.366K \frac{(2H-S)S}{\lg R - \lg X_0} \tag{1-19}$$

式中 Q——无压完整井井点系统总涌水量（m^3/d）。

H——含水层厚度（m）。

K——土层渗透系数（m/d）。

S——水位降低值（m）。

R——环状井点系统抽水影响半径（m），近似按公式（1-20）计算：

$$R = 1.95S\sqrt{HK} \tag{1-20}$$

X_0——环状井点系统的假想半径（m）。当矩形基坑长宽比不大于 5 时，环状井点可看成近似圆形布置。此圆的假想半径 X_0 可按下式计算：

$$X_0 = \sqrt{\frac{F}{\pi}} \tag{1-21}$$

式中 F——井点系统所包围的面积（m^2）。

b. 无压非完整井井点系统涌水量计算

在实际工程中，经常会遇到无压非完整井的井点系统，这时地下水不仅从井的侧面流入，还从井底渗入。因此涌水量要比完整井大，但精确计算较复杂，可近似按下式计算：

$$Q = 1.366K \frac{(2H_0-S)S}{\lg R - \lg X_0} \tag{1-22}$$

式中 H_0——抽水影响深度（m），按表 1-8 计算。当计算的 H_0 大于 H 时，取 $H_0 = H$。

表 1-8　　　　　　　　　抽水影响深度 H_0 　　　　　　　　　m

$S'/(S'+l)$	0.2	0.3	0.5	0.8
H_0	$1.3(S'+l)$	$1.5(S'+l)$	$1.7(S'+l)$	$1.85(S'+l)$

注：S' 为井点管内水位降低深度；l 为滤管长。

③井点管的数量与间距

井点管的数量 n，根据井点系统涌水量 Q 和单根井点管最大出水量 q，按下式计算：

$$n = 1.1 \frac{Q}{q} \tag{1-23}$$

式中 q——单根井点管最大出水量（m^3/d）

$$q = 65\pi d l \sqrt[3]{K} \tag{1-24}$$

l——滤管长度（m）。

d——滤管直径（m）。

1.1——备用系数，考虑井点管堵塞等因素。

井点管间距按下式确定：

$$D = \frac{L}{n} \tag{1-25}$$

式中 L——总管长度（m）。

实际采用的井点管间距应大于 15d，否则彼此影响，出水量会明显减少。同时还应

与总管接头间距相适应,即采用 0.8 m、1.2 m、1.6 m、2.4 m,转角处应适当加密。

根据实际采用的井点间距,最后确定所需的井点管根数。

【例2】　某工程基坑开挖(图 1-23),坑底平面尺寸为 30 m×15 m,天然地面标高为 -0.300 m,基坑底标高为 -4.500 m,基坑边坡坡度为 1:0.5;土质为:地面至 -1.800 m 为杂填土,-1.800 m~-7.200 m 为细砂层,细砂层以下为不透水层;地下水位标高为 -1.000 m,细砂层渗透系数 $K=18$ m/d,采用轻型井点降低地下水位。

　　试求 :(1)轻型井点系统的布置;

　　　　　(2)轻型井点的计算(计算涌水量、井点管数量和间距)。

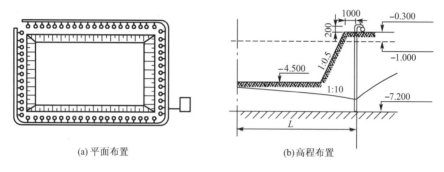

(a) 平面布置　　　　　　　　(b)高程布置

图 1-23　轻型井点系统布置

解　①轻型井点系统布置

总管的直径选用 0.127 m,布置在 -0.300 m 标高上(室外地坪);

基坑底平面尺寸为 30m×15m,上口平面尺寸为:

$$[30+(4.50-0.3)\times0.5\times2]\times[15+(4.5-0.3)\times0.5\times2]=34.2 \text{ m}\times19.2 \text{ m}$$

井点管布置距离基坑壁为 1.0 m,采用环形井点布置,则:

环形井点管围成的面积:

$$F=36.2\times21.2=767.44 \text{ (m}^2\text{)}$$

总管长度:

$$L=2(36.2+21.2)=114.8 \text{ (m)}$$

基坑中心降水深度:

$$S=4.5-1+0.5=4 \text{ (m)}$$

采用单级轻型井点,井点管所需埋设深度:

$$H_A \geqslant H_1+h+IL_1$$

式中

$$H_1=4.5-0.3=4.2 \text{ (m)}$$
$$h=0.5 \text{ m} \quad I=1/10$$
$$L_1=15/2+2.1+1=10.6 \text{ (m)}$$

则

$$H_A=4.2+0.5+1/10\times10.6=5.76 \text{ (m)}$$

根据计算结果,井点管埋设深度 5.8 m,外露地面 0.2 m(便于与总管连接),故井点管长 6 m,直径选用 50 mm,滤管长选用 1 m,则滤管底部标高－7.1 m,距离不透水层 0.1 m,可按无压完整井进行设计和计算。

②基坑涌水量计算

按无压完整井环形井点系统涌水量计算公式:

$$Q = 1.366K \frac{(2H-S)S}{\lg R - \lg X_0}$$

上式中:

含水层厚度 $\quad\quad\quad H = 7.2 - 1.0 = 6.2$ (m)

基坑中心降水深度 $\quad\quad\quad S = 4$ m

抽水影响半径 $\quad R = 1.95S\sqrt{HK} = 1.95 \times 4 \cdot \sqrt{6.2 \times 18} = 82.4$ (m)

基坑假想半径:基坑长宽比小于5,所以可简化为一个假想半径为 X_0 的圆井计算。

$$X_0 = \sqrt{\frac{F}{\pi}} = \sqrt{\frac{767.44}{3.14}} = 15.63 \text{ (m)}$$

故

$$Q = 1.366K \frac{(2H-S)S}{\lg R - \lg X_0} = 1.366 \times 18 \frac{(2 \times 6.2 - 4) \times 4}{\lg 82.4 - \lg 15.63} = 1\ 144.26 \text{ (m}^3\text{/d)}$$

③井点管数量与间距计算

单根井点出水量:

$$q = 65\pi dl \sqrt[3]{K} = 65 \times 3.14 \times 0.05 \times 1.0 \sqrt[3]{18} = 26.7 \text{ (m}^3\text{/d)}$$

井点管数量:

$$n = 1.1 \frac{Q}{q} = 1.1 \frac{1\ 144.26}{26.7} = 47.14 \text{ (根)}$$

井点管间距:

$$D = \frac{L}{n} = \frac{114.8}{47.14} = 2.43 \text{ m 取 } 2.4 \text{ m}$$

则实际井点管数量为

$$\frac{114.8}{2.4} \approx 48 \text{ (根)}$$

(4)轻型井点施工

井点管施工工艺程序是:放线定位→铺设总管→冲孔→安装井点管、填砂砾滤料、上部填黏土密封→用连接管将井点管与总管接通→安装集水箱和排水管→开动真空泵排气,再开动离心水泵抽水→测量观测井中地下水位变化。

井点管埋设有射水法、钻孔法及套管成孔法,孔径为 300 mm,井点管用机架吊起徐徐插入井孔中央,使其露出地面 200 mm,然后倒入粒径 5 mm～30 mm,500 mm 高的石子滤水层,再沿井点管四周均匀投放 2 mm～4 mm 粒径粗砂,上部 1.0 m 深度内,用黏土填实以防漏气。成孔时,如遇地下障碍物,可以空一井点,钻下一井点。

井点管埋设完毕应接通总管。总管设在井点管外侧 50 cm 处,铺前先挖沟槽,并将槽底整平,将配好的管子逐根放入沟内,在端头法兰穿上螺栓,垫上橡胶密封圈,然后拧紧法兰螺栓,总管端部,用法兰封牢。一组井点管部件连接完毕后,与抽水设备连通,进行试抽水,检查有无漏气、淤塞情况,出水是否正常,如压力表读数在 0.15 MPa～0.20 MPa,真空度在 93.3 kPa 以上,即可投入正常使用。

井点使用时,应保持连续不断抽水,一般抽水 3 d～5 d 后水位降落漏斗基本趋于稳定。基础和地下构筑物完成并回填土后,方可拆除井点系统。拔出井点管可借助于倒链或杠杆式起重机,所留孔洞用砂或土堵塞。

井点降水时,应对水位降低区域内的建筑物进行沉降观测,发现沉陷或水平位移过大时,应及时采取防护技术措施。

施工中应注意:井点降水时,正常出水规律是"先大后小,先混后清",如不上水,或水一直较混,应立即停闭,检查纠正。真空度一般应不低于 60 kPa,如真空度不够,表明管道漏气,应及时修好。井点管淤塞,可通过听管内水流声,手扶管壁感到振动等简便方法检查。如淤塞太多,严重影响降水效果时,应拔出重新埋设。

井点使用后,中途不得停泵,且应保持降低地下水位在基底 0.5m 以下,防止因停止抽水使地下水位上升,造成淹泡基坑事故。

3. 管井井点降水

管井井点(图 1-24)系沿基坑每隔一定距离设置一个管井,每个井装设一台小型水泵,不断抽水将地下水降低到要求水位。管井沿基坑外围四周呈环形布置,或沿基坑(或沟槽)两侧或单侧呈直线形布置。井中心距基坑(槽)边缘的距离,当用冲击钻时为 0.5 m～1.5 m;当用钻孔法成孔时不小于 3 m。管井埋设的深度最大可达 10 m,间距 10 m～15 m。

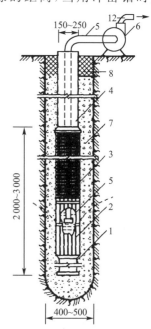

图 1-24　管井井点
1—沉砂管;2—钢筋焊接骨架;3—滤网;
4—管身;5—吸水管;6—离心泵;7—小砾
石过滤层;8—黏土封口

(1)管井埋设

管井埋设可采用泥浆护壁冲击钻成孔或泥浆护壁钻孔方法成孔。钻孔底部应比滤水井管深 200 mm 以上。井管下沉前应进行清洗滤水井,冲除沉渣,可灌入稀泥浆用吸水泵抽出置换,或用空压机洗井法将泥渣清出井外,并保持滤网的畅通,然后下管。滤水井管应置于孔中心,下端用圆木堵塞管口,井管与孔壁之间用 3 mm～15 mm 砾石填充做过滤层,地面以下 0.5m 内用黏土填充夯实。

水泵的标高设置应根据降水深度和选用水泵最大真空吸水高度而定,一般为 5 m～7 m,当吸程不够时,可将水泵设在基坑内。

(2)管井的使用

使用时,应经试抽水,检查出水是否正常,有无淤塞等现象,如情况异常,应检修好后方可转入正常使用。抽水过程中,应经常对抽水设备的电动机、传动机械、电流、电压等进行检查,并对井内水位下降和流量进行观测和记录。井管使用完毕,可用卷扬机将井管拔出,将滤水井管洗去泥砂后储存备用,所留孔洞用砂砾填实,上部 0.5 m 用黏性土填充夯实。

施工中应保证井管高出地面 0.2 m,管井降水应对称、同步进行,水位差控制在 0.5 m 以内。

4. 深井井点

当要求井内降水深度超过 15 m 时,可在管井中使用深井泵抽水。这种井点被称为深井井点(或深管井井点)。深井井点一般可降低水位 30 m~40 m,有的甚至可达百米以上。

常用的深井泵有两种类型。一种是深井潜水泵,泵体多级叶轮。如 JQ80 型深井潜水泵,其叶轮为 5、7、10 个,流量为 80 m³/h,扬程为 50 m~100 m,电动机功率 17 kW~34 kW。另一种是电动机安装在地面上,通过传动轴带动多级叶轮工作而排水。如 JD 型深井泵,其流量为 20 m³/h~1 000 m³/h,扬程 24 m~112 m,电动机功率 11 kW~225 kW。

5. 电渗井点

电渗井点是在轻型或喷射井点中增设电极而形成,主要用于渗透系数小于 0.1 m/d 的土层。这类土的含水量大,压缩性高,稳定性差。由于土粒间微小孔隙的毛细管作用,将水保持在孔隙内,单靠用真空吸力的一般降水方法效果不佳,此时须采用电渗井点降水。

电渗井点是以轻型或喷射井点的井点管作为阴极,在基坑一侧相应的插入 φ20~φ25 钢筋作为阳极(阳极数量必要时可多于阴极数量)。通入直流电后,土中的水会向阴极移动,从而加速水的渗流,尽快将土疏干。

电渗井点布置如图 1-25 所示,阳极的埋设深度较井点管约深 500 mm,露出地面为 200 mm~400 mm。阴阳极距离,当采用轻型井点时,一般为 800 mm~1 000 mm,采用喷射井点时为 1 200 mm~1 500 mm。施工时,工作电压不宜大于 60 V,土中的电流密度应为 0.5 A/m²~1.0 A/m²。

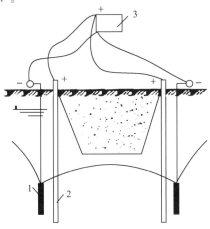

图 1-25　电渗井点
1—井点管;2—电极;3—直流电源

6.降水对周围地面的影响及预防措施

降低地下水位时,由于土颗粒流失或土体压缩固结,易引起周围地面沉降。由于土层的不均匀性和形成的水位呈漏斗状,地面沉降多为不均匀沉降,可能导致周围的建筑物倾斜、下沉、道路开裂或管线断裂。因此,井点降水时,必须采取相应措施,以防造成危害。

（1）回灌井点法

该方法是在降水井点与需保护的建筑物、构筑物间设置一排回灌井点。在降水的同时,通过回灌井点向土层内灌入适量的水,使原建筑物仍保持较高的地下水位,以减小其沉降程度,如图1-26（a）所示。

为确保基坑施工安全和回灌效果,回灌井点与降水井点之间应保持小于6 m的距离,且降水与回灌应同步进行。同时,在回灌井点两侧要设置水位观测井,监测水位变化,调节控制降水井点和回灌井点的运行以及回灌水量。

（2）设置止水帷幕法

在降水井点区域与原建筑物之间设置一道止水帷幕,使基坑外地下水的渗流路线延长,从而使原建筑物的地下水位基本保持不变。止水帷幕可结合挡土支护结构设置,也可单独设置,如图1-26（b）所示。

（3）减缓降水速度法

减缓井点的降水速度,可防止土颗粒随水流带出。具体措施包括:加长井点,调小离心泵阀门,根据土颗粒的粒径选择适当的滤网,加大砂滤层厚度等。

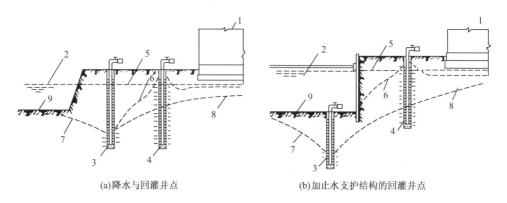

(a)降水与回灌井点　　　　　　　　(b)加止水支护结构的回灌井点

图1-26　回灌井点布置示意图

1—原有建筑物;2—开挖基坑;3—降水井点;4—回灌井点;5—原有地下水位线;6—降灌井点间水位线;7—降水后的水位线;8—不回灌时的水位线;9—基坑底

1.5　土方开挖

土方开挖与填筑是土方工程的主要施工过程。土方工程面广量大,因此,尽量采用机械化施工,以减轻繁重的体力劳动,提高生产效率,加快施工进度。

1.5.1　基坑测量放线

基坑(槽)放线根据房屋主轴线控制点,将外墙轴线的交点用木桩测定在地面上,即轴线桩,并在桩顶钉上小钉作为标志。房屋外墙轴线测定以后,再根据建筑物平面图,将内部开间所有轴线都一一测出。最后根据轴线用石灰在地面上撒出基槽开挖边线,以便开挖。

施工时,轴线桩要被挖除,为方便施工,常在基坑(槽)外设置龙门板。

(1)龙门板的设置

在房屋四周距基槽开挖边线外 1 m~1.5 m(由土质和挖槽深度确定)处钉设龙门桩,根据场地水准点,在每个龙门桩上测设±0.00 标高线,沿龙门桩上测设的高程线钉设龙门板,根据轴线桩,用经纬仪将墙、柱轴线投到龙门板顶面上,并钉小钉标明,即轴线钉,如图 1-27 所示。

(2)引桩(轴线控制桩)的测设

机械挖槽时龙门板不易保存,通常在基槽外各轴线的延长线上测设引桩,作为开槽后复核轴线位置的依据。即使采用龙门板,为了防止被碰动,也应测设引桩。在多层建筑施工中,引桩是向上层投测轴线的依据,为便于向上投点,应在较远的地方测定,如附近有固定建筑物,最好把轴线投测在建筑物上。引桩一般钉在基槽开挖边线 2 m~4 m 的地方,如引桩是房屋轴线的控制桩,在一般小型建筑物放线时,引桩多根据轴线桩测设。在大型建筑物放线时,为了保证引桩的精度,一般都先测设引桩,再根据引桩测设轴线桩。

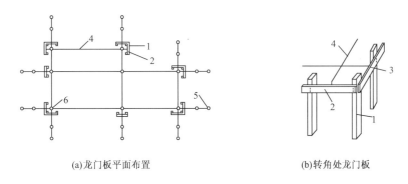

(a)龙门板平面布置　　　　　　(b)转角处龙门板

图 1-27　龙门板设置

1—龙门桩;2—龙门板;3—轴线钉;4—线绳;5—引桩;6—轴线桩

1.5.2　常用土方施工机械

基坑(槽)土方开挖可以采用人工挖土或机械挖土。根据基坑深度、与原建的距离可选择放坡开挖和支护开挖,以放坡开挖最经济。机械挖土系采用推土机、铲运机、挖掘机、装载机等机械设备以及配套的运土自卸汽车等进行土方开挖和运输。具有操作机动灵活、运转方便、生产效率高、施工速度快等优点。

土方工程施工机械的种类很多,有推土机、铲运机、平土机、松土机、单斗挖土机、多斗挖土机、装载机、各种碾压及夯实机械等。

1. 推土机

推土机由拖拉机和推土铲刀组成,按行走的方式分履带式和轮胎式,按铲刀的操作方式分为索式和液压式,按铲刀的安装方式又分为固定式和回转式。

推土机的特点是操作灵活、运转方便、所需工作面小、行驶速度快、易于转移,可爬30°缓坡,因此应用范围较广。

推土机适于开挖一至三类土,其作业以切土和推运土为主。多用于平整场地,开挖深度不大的基坑,移挖作填,回填土方,堆筑堤坝以及配合挖土机集中土方、修路开道等。

推土机经济运距在 100 m 以内,效率最高的运距为 30 m～60 m。为提高生产率,常用施工方法有下坡推土、并列推土、槽形推土、多铲集运和铲刀附加侧板等(图 1-28)。

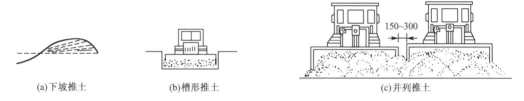

(a)下坡推土　　　　　　(b)槽形推土　　　　　　　　　(c)并列推土

图 1-28　推土机施工方法

推土机可以推挖一、二、三类土,四类土以上需经预松后才能作业。

常用施工方法有:下坡推土、并列推土、槽形推土、多铲集运和铲刀附加侧板等。

2. 铲运机

铲运机是一种能独立完成铲土、运土、卸土、填筑、整平的土方机械。在土方工程中常应用于平整大面积场地、开挖大型基坑、填筑堤坝和路基等。最适宜于开挖含水量不超过27%的松土和普通土,坚土(三类土)和砂砾坚土(四类土)需用松土机预松后才能开挖。

铲运机的开行路线有环形路线和"8"字形路线两种形式。

常用施工方法有:下坡铲土法、跨铲法和助铲法等(图 1-29)。

图 1-29　铲运机助铲、跨铲法作业示意图

A—铲刀宽;B—不大于拖拉机履带净宽

1—铲运机铲土;2—推土机助铲;3—沟槽;4—土埂

3. 正铲挖土机

正铲挖土机(图 1-30)的挖土特点是"前进向上,强制切土"。适用于开挖停机面以上的一至四类土和经爆破的岩石、冻土。与运土汽车配合能完成整个挖运任务,可用于开挖大型干燥基坑以及土丘等。正铲挖土机的技术性能见表 1-9。

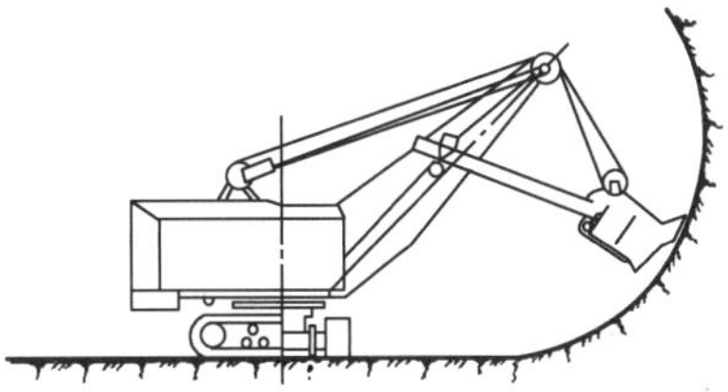

图 1-30　正铲挖土机

表 1-9　　　　　　　　　　　　正铲挖土机技术性能　　　　　　　　　　　　m

项次	工作项目	符号	W_1-50		W_1-100		WYL-60	WY-100	WY-160
1	动臂倾角	α	45°	60°	45°	60°	5.8	7.0	8.1
2	最大挖土深度	H	6.5	7.9	8.0	9.0	6.7	8.0	8.05
3	最大挖土半径	R	7.8	7.2	9.8	9.0	3.4	2.5	5.7
4	最大卸土高度	H_2	4.5	5.6	5.5	6.8			

(1)开挖方式

根据挖土机的开挖路线与运输工具的相对位置不同,可分为正向挖土侧向卸土和正向挖土后方卸土两种。

正向挖土侧向卸土,就是挖土机沿前进方向挖土,运输工具停在侧面装土。使用此法卸土时,动臂回转角度小,运输工具行驶方便,生产率高,采用较多(图 1-31(a))。

正向挖土后方卸土,就是挖土机沿前进方向挖土,运输工具停在挖土机后面装土。使用此法所挖的工作面较大,但动臂回转角度大,生产率低,运输工具倒车开入,一般只用来开挖施工区域的进口处以及工作面狭小且较深的基坑(图 1-31(b))。

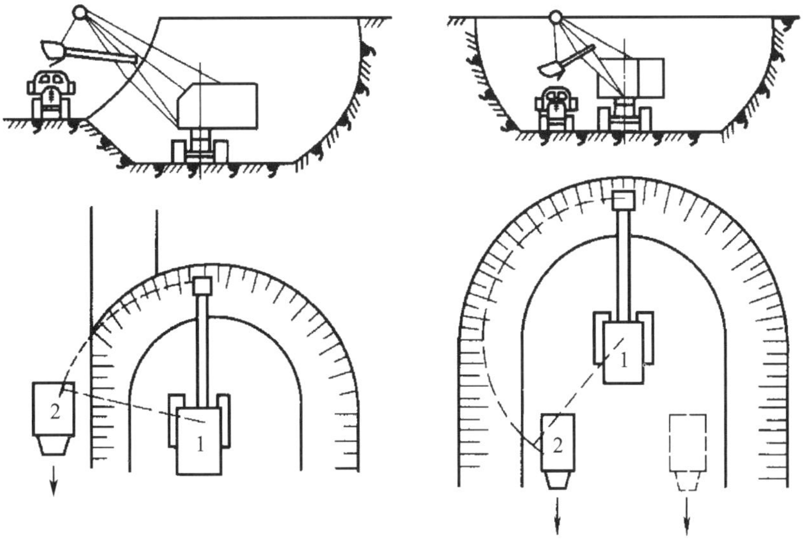

(a)正向挖土侧向卸土　　　　(b)正向挖土后方卸土

图 1-31　正铲挖土机开挖方式

1—正铲挖土机;2—自卸汽车

（2）开挖顺序

根据正铲挖土机的工作参数与基坑的横断面尺寸，可划分挖土机的开行通道与开挖顺序。

图 1-32 是某基坑开行通道与开挖顺序划分情况，共分三条开挖。第Ⅰ次开挖，采用正向挖土后方卸土方式，一次开挖到底；第Ⅱ、Ⅲ次开挖都用正向挖土侧向卸土方式，一次开挖到底。进出口坡道的坡度为 1∶8。开挖较深的基坑应划分开行通道，逐层下挖。

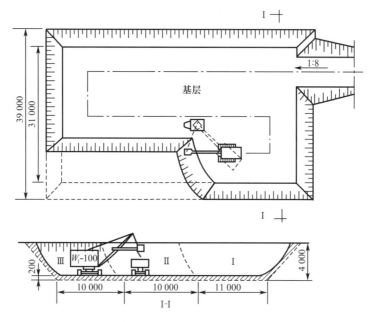

图 1-32　正铲挖土机开挖基坑（尺寸单位：mm）

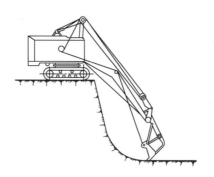

图 1-33　反铲挖土机

4. 反铲挖土机

反铲挖土机（图 1-33）的挖土特点是"后退向下，强制切土"。能开挖停机面以下的一至三类土，适用于开挖深度不大的基坑、基槽或管沟等及含水量大或地下水位较高的土方。正反铲挖土机的技术性能见表 1-10。

表 1-10　　　　　　　　　　反铲挖土机技术性能　　　　　　　　　　　　m

项次	工作项目	符号	W₁-50		W₁-40	WYL-60	WY-100	WY-160
1	动臂倾角	α	45°	60°	—	—	—	—
2	最大卸土高度	H_2	5.2	6.1	3.76	6.36	5.4	5.83
3	装卸车半径	R_3	5.6	4.4	—	—	—	—
4	最大挖土深度	H	5.56		4.0	6.36	5.4	5.83
5	最大挖土半径	R	9.2		7.19	8.2	9.0	10.6

开挖方式有沟端开挖和沟侧开挖两种。

（1）沟端开挖

挖土机停在沟端，向后倒退挖土，汽车停在两旁装土（图1-34(a)）。该方法因挖土方便，挖土深度和宽度较大，而较多采用。当开挖大面积的基坑时，可分段开挖；当开挖深基坑时，可分层开挖。

（2）沟侧开挖

挖土机沿沟一侧直线移动挖土（图1-34(b)）。此法能将土弃于距沟边较远处，但挖土宽度受限制（一般为0.5R～0.8R），且不能很好地控制边坡，机身停在沟边而稳定性较差。

常用施工方法有：分条开挖法、分层开挖法、沟角开挖法和多层接力开挖法。

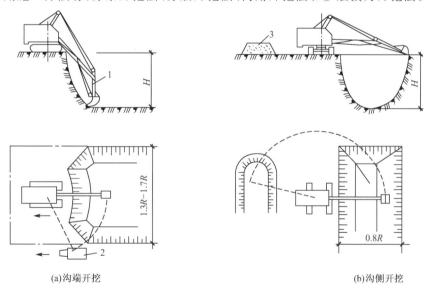

(a)沟端开挖　　　　　　　　　(b)沟侧开挖

图1-34　反铲挖土方式
1—反铲挖土机；2—自卸汽车；3—弃土堆

5. 拉铲挖土机

拉铲挖土机（图1-35）的挖土特点是"后退向下，自重切土"。能开挖停机面以下的一至二类土，适用于开挖较深、较大的基坑（槽）和沟渠，挖取水中泥土以及填筑路基、修筑堤坝等。

开挖方式有沟端开挖和沟侧开挖两种。

6.抓铲挖土机

抓铲挖土机(图 1-36)的挖土特点是"直上直下,自重切土"。适用于开挖停机面以下一、二类土,如挖窄而深的基坑、疏通原有渠道以及挖取水中淤泥等,或用于装卸碎石、矿渣等松散材料。在软土地基的地区,常用于开挖基坑、沉井等。

抓铲挖土时,通常立于基坑一侧进行,对较宽的基坑则在两侧或四周抓土。

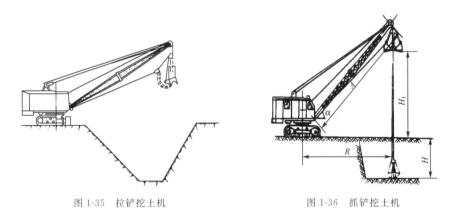

图 1-35　拉铲挖土机　　　　　　图 1-36　抓铲挖土机

1.5.3　机械化开挖基坑施工要点

(1)土方开挖应绘制土方开挖图,确定开挖路线、顺序、范围、基底标高、边坡坡度、排水沟、集水井位置以及挖出的土方堆放地点等。绘制土方开挖图应尽可能使机械多挖,减少机械超挖和人工挖方。

(2)大面积基础群基坑底标高不一,机械开挖顺序一般采取先整片挖至一平均标高,然后再挖个别较深部位。当一次开挖深度超过挖土机最大挖掘高度(5 m 以上)时,宜分2～3层开挖。并修筑 10%～15% 坡道,以便挖土及运输车辆进出。

(3)基坑边角部位,机械开挖不到之处,应用少量人工配合清坡,将松土清至机械作业半径范围内,再用机械掏取运走。大基坑宜另配一台推土机清土、送土、运土。

(4)挖掘机、运土汽车进出基坑的运输道路,应尽量利用一侧或两侧相邻的基础(以后需开挖的)部位,使它互相贯通作为车道,或利用提前挖除土方后的地下设施部位作为相邻的几个基坑开挖地下运输通道,以减少挖土量。

(5)机械开挖施工时,应保护井点、支撑等不受碰撞或损坏,同时应对平面控制桩、水准点、基坑平面位置、水平标高、边坡坡度等定期进行复测检查。

(6)机械开挖应由深而浅,基底及边坡应预留一层 150 mm～300 mm 厚土层用人工清底、修坡、找平,以保证基底标高和边坡坡度正确,避免超挖和土层遭受扰动。

(7)基坑土方开挖可能影响邻近建筑物、管线安全使用时,必须有可靠的保护措施。

(8)雨期开挖土方,应逐段分期完成。坑面、坑底排水系统应保持良好状态,防止雨水浸入基坑。

（9）当基坑开挖局部露头岩石,应先采用局部爆破方法,将基岩松动、爆破成碎块,其块度应小于铲斗宽的 2/3,再用挖土机挖出,可避免破坏邻近基础和地基。

基坑开挖安全措施

1.6　土方的填筑与压实

为了保证填土工程的质量,必须正确选择土料和填筑方法。

1.6.1　土料的选用与处理

碎石类土、砂土、爆破石渣及含水量符合压实要求的黏性土均可作为填方土料。冻土、淤泥、膨胀性土及有机物含量大于 8% 的土、可溶性硫酸盐含量大于 5% 的土均不能做填方土料。填方土料为黏性土时,应检验其含水量是否在控制范围内,含水量大的黏性土不宜做填方土料。

填方应尽量采用同类土填筑。当采用土料的透水性不同时,不得掺杂乱倒,应分层填筑,并将透水性较小的土料填在上层,以免填方内形成水囊或浸泡基础。

填方施工应接近水平地面分层填土、分层压实,每层铺填的厚度应根据土的种类及使用的压实机械而定。每层填土压实后,应检查压实质量,符合设计要求后,方能填筑上层。当填方位于倾斜的地面时,应先将斜坡挖成阶梯状,然后分层填筑,以防填土横向移动。

1.6.2　填土压实方法

填土的压实方法一般有:碾压法、夯实法和振动压实法以及利用运土工具压实法等。

填方施工前,应根据工程特点、施工条件、填方土料、设计要求的压实系数等,合理选择压实机械、压实方法。

平整场地、路基、堤坝压实等大面积土方工程宜采用碾压法,较小面积土方工程宜采用夯实法和振动压实法。

1. 碾压法

碾压法是利用机械滚轮的压力压实填土。碾压机械主要有平碾(光碾压路机)、羊足碾等。

平碾是以内燃机为动力的自行式压路机,碾轮重 30 kN～140 kN,适用于砂类土及黏性土。每次碾压要有 150 mm～200 mm 的重叠。

羊足碾一般无自行能力,靠拖拉机(推土机)牵引,由于羊足碾的"羊足"与土接触面积小,土颗粒所受单位面积的压力较大,因此压实效果好。但羊足碾只适用于黏性土。

2. 夯实法

夯实法是利用夯锤自由下落的冲击力夯实土壤。夯实法分机械夯实和人工夯实。常用夯实机械有蛙式打夯机、内燃夯土机和夯锤等。蛙式打夯机(图 1-37)结构简单,轻便灵活,适用各类土质,多用于小面积回填土的夯实工作,在作业面受限制时尤为适用。内燃夯土机和夯锤多用于地基加固。

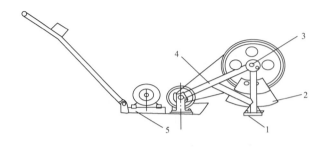

图 1-37　蛙式打夯机示意图

1—夯锤;2—偏心块;3—前轴装置;4—夯头架;5—托盘

3. 振动压实法

振动压实法是利用振动压实机的振动力振动土颗粒,使其产生相对位移而达到密实状态。振动压实机与一般平碾相比,可提高工效 1～2 倍,这种方法主要用于非黏性土的振实。

1.6.3　影响填土压实的因素

填土压实质量与许多因素有关,其中主要影响因素有:压实功、土的含水量及每层铺土厚度。

1. 压实功的影响

压实功与土的密度关系如图 1-38 所示。

从图中可看出二者并不成正比。当土的含水量一定,开始压实时,土的密度(重度)急剧增加,待接近土的最大密度时,压实功虽然增加很多,但土的密实度几乎没有变化。因此,在实际施工中,压实松土时,往往先用轻碾(压实功小)压实,再用重碾碾压,这样可取得较好的压实效果。

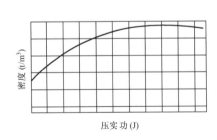

图 1-38　压实功与土的密度的关系示意图

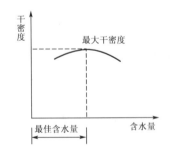

图 1-39　土的干密度与含水量的关系示意图

2. 土的含水量的影响

在压实功相同的条件下,土料的含水量对填土压实的质量有很大的影响(图 1-39)。较为干燥的土,由于土颗粒之间的摩阻力较大,因而不易压实,土的干密度小;可含水量超过一定限值时,土颗粒之间的孔隙全部由水填充而成饱和状态,压实功的一部分被水承受,土也不易被压实,土的干密度也较小,土的干密度也较小。只有土具有适当的含水量时,水起到了润滑作用,土颗粒之间的摩阻力减小,土才容易被压实。在使用同样的压实机械,且填土厚度、压实遍数相同的条件下,使填土压实获得最大密实度时土的含水量,称为最优含水量。土料的最优含水量和相应的最大干密度可由压实试验确定,如无试验条件,可查表1-11作为参考。

表1-11　各种土的最优含水量和最大干密度参考值

项次	土的种类	变动范围	
		最佳含水量/%	最大干密度/(g/cm³)
1	砂土	8~12	1.80~1.88
2	黏土	19~23	1.58~1.70
3	粉质黏土	12~15	1.85~1.95
4	粉土	16~22	1.61~1.80

为了保证填土在压实过程中获得最大干密度,则需土料具有最优含水量。当土的含水量过大,应采用翻松、晾晒、风干等方法降低含水量,或掺入干土、石灰等其他吸水材料等措施;如含水量过小可洒水湿润、增加压实功或压实遍数等措施,或使用大功率压实机械。

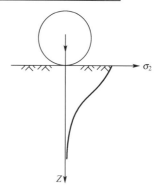

图1-40　压实作用沿深度的变化图

3. 铺土厚度的影响

铺土在压实机械的作用下,土中的应力随深度增加而逐渐减小,其压实作用也随土层深度的增加而逐渐减小(图1-40),超过一定深度后,虽经压实机械反复碾压,但土的密实度增加很小,甚至没有变化。各种压实机械的压实影响深度与土的性质和含水量等因素有关。回填方每层铺土厚度应根据土质、压实功及压实密度的要求等确定,并应小于压实机械压土时的压实影响深度。

对于重要填方工程,其达到规定密实度所需的压实遍数、铺土厚度等应根据土质和压实机械在施工现场的压实试验确定。若无试验依据应符合表1-12的规定。

表1-12　填土施工时的分层厚度及压实遍数

压实机具	每层需铺厚度/mm	压实遍数
平碾	250~300	6~8
振动压实机	250~350	3~4
柴油打夯机	200~250	3~4
人工打夯	<200	3~4

4. 填土压实注意事项

现行《建筑地基基础工程施工质量验收标准》(GB 50202—2018)中规定:填方施工过程中应检查排水措施、每层填筑厚度、含水量控制、压实程度。填筑厚度及压实遍数应根据土质、压实系数及所用机具确定。

填土应从最低处开始，由下向上整个宽度分层铺填碾压或夯实。填方应分层进行并尽量采用同类土填筑。填方应在相对两侧或四周同时进行回填与夯实。当天填土，应在当天压实。

1.6.4 填土压实的质量检验

填土压实后必须达到要求的密实度，密实度应按设计规定的压实系数 λ_c 作为控制标准。

压实系数 λ_c 为土的控制干密度与最大干密度之比（即 $\lambda_c = \rho_d / \rho_{max}$）。压实系数一般根据工程结构性质、使用要求以及土的性质确定，例如砌块承重结构和框架结构，在地基主要持力层范围内，压实系数 λ_c 应大于 0.96；在地基主要持力层范围以下，应为 0.93～0.96；一般场地平整压实系数应为 0.9 左右。

取样部位在每层压实后的下半部。试样取出后，测定其实际干密度 ρ_d'，应满足：

$$\rho_d' \geqslant \lambda_c \rho_{max} \tag{1-26}$$

式中　ρ_{max}——土的最大干密度（g/cm^3）；

　　　λ_c——要求的压实系数。

填土压实后的干密度（干重度）应有 90% 以上符合设计要求，其余 10% 的最低值与设计值的差，不得大于 0.088 g/cm^3，且应分散，不得集中于某一区域。

检验方法：采用环刀法测定土的实际干密度。其取样组数为：基坑回填每层按 20 m^3～50 m^3 取样一组（每个基坑不小于一组）；基槽或管沟回填每层按长度 20 m～50 m 取样一组；室内填土每层按 100 m^2～500 m^2 取样一组；场地平整填土每层按 400 m^2～900 m^2 取样一组。

复习思考题

1. 阐述土方工程的内容及施工工艺流程。

2. 解释土的可松性概念、土的可松性系数对土方施工及预算有何影响。

3. 试述土方工程施工方案包括哪些内容。

4. 场地设计标高确定的原则是什么？场地设计标高调整需要考虑哪些因素？

5. 场地施工高度的正、负有何意义？零点的意义是什么？

6. 什么是边坡坡度系数？基坑开挖方式有哪些？怎样做好边坡防护？

7. 基坑支护安全等级为二级的支护结构形式有哪些？

8. 土钉墙的构造组成与构造要求有哪些？其适用条件有哪些？阐述其施工工艺流程。

9. 阐述土层锚杆的组成与施工工艺流程。

10. 什么是水泥土搅拌桩？阐述其适用范围和加固原理。其工艺流程和技术要点有哪些？

11. 解释地下连续墙的概念及特点。

12. 解释集水井降水法及构造要求。其适用范围有哪些？

13. 分析流砂形成的原因以及防治流砂的方法。

14. 井点降水的方法有哪些？针对不同情况如何选用井点降水的方法？

15. 试述轻型井点的组成、平面布置方式，并阐述其施工工艺流程。

16. 降水对周围地面有何影响？预防的方法有哪些？

17. 阐述推土机、铲运机的特点及适用范围。

18. 阐述正铲、反铲挖土机的工作特点和适用范围。正铲、反铲挖土机开挖方式有哪几种？如何正确选择？

19. 阐述拉铲、抓铲挖土机的工作特点和适用范围。

20. 填方土料的选用有哪些要求？填方施工有哪些要求？

21. 填土压实有哪几种方法？各有什么特点？

22. 影响填土压实的主要因素有哪些？

23. 怎样检查填土压实的质量？

24. 当某基坑位于河岸，土层是砂卵石，涌水量较大，降水深度3.5m，试问适合选用何种井点降水方案？

25. 井点降水的基坑，降水深度达到多少可以开挖基坑？

26. 采用土钉墙施工，施工深度5.5m，应分为几个施工段施工？

27. 采用锚杆护坡桩施工的基坑，锚杆下的土方开挖应在土层锚杆施工到哪个阶段进行？

28. 在基坑开挖中，若可能产生流砂，应选择在哪个季节开挖，产生流砂的风险最小？

29. 基坑侧壁安全等级为一级时，支护结构应选择哪种更经济？

30. 土钉墙完成插钢筋注浆后的下道工序是什么？为什么？

31. 某沟槽宽度为8 m，拟采用轻型井点降水，水流量较大，其平面布置宜采用什么形式？

32. 什么样的土层容易产生流砂现象？

33. 房屋周围的散水坡发生开裂现象，请分析产生的原因。

34. 当开挖深度为8 m时，挖土机应分几层开挖？对于坡道坡度有何要求？

35. 机械开挖土方时，基底为何要预留150～300 mm厚的土层，用人工清底找平？

36. 土的含水量与密度有何关系？压实功与土的密度有何关系？

计算题

1. 要将自然状态下1 200 m³的二类土（$K_s = 1.2$）开挖后运走，所运土方量是多少？若是回填基坑1 000 m³的普通土（$K'_s = 1.04$），所需外运土方量是多少？

2. 建筑物外墙为毛石基础，基础平均截面积为5 m²，基坑深为2.5 m，底宽为2.0 m，地基为粉质黏土，计算120延米基槽自然状态土方量、预留土方量和弃土量（1：m＝1：0.3）$K_s = 1.25$。

3. 某工程基坑坑底尺寸20 m×30 m，基坑深4.2 m，边坡均按1：0.5放坡；基础和地下室完工后周围回填压实土方。已知回填用土压实体积185 m³，实测得土的最终可松

性系数 $K_s'=1.03$，场内多余土用 6 m³ 自卸车外运 528 车次（基坑开挖前场地已平整）。
试计算：

　　①该土的最初可松性系数（基础体积按四棱台体积计算）；

　　②基础在基坑内的体积。

　　4. 某建筑场地地形图和方格网（边长 $a=20$ m）布置如下图。土壤为二类土，地面泄水坡度 $i_x=0.3\%$，$i_y=0.3\%$。试确定场地设计标高（不考虑土的可松性影响）及各角点施工高度，标注在图中。

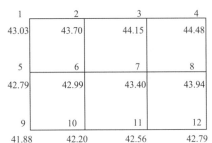

　　5. 下图中所示为方格角点的施工高度，方格边长为 30 米，试计算下图所示方格挖填土方量，并标注零点位置。

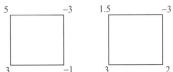

　　6. 某轻型井点采用环状布置，若基坑底的垂直距离为 3.5 m，井点管至基坑中心线的水平距离为 10 m，虑管长度为 1 m，则井点管的埋设深度（不包括滤管长）至少应为多少？若不透水层深度是 6 m，则该井点是无压完整井还是非完整井？若基坑涌水量是 405 m³/d，渗透系数为 27 m/d，则基坑降水需要多少根井点管？

　　7. 某工程基坑开挖，坑底平面尺寸为 18 m×36 m，基坑底标高为 −5.000 m，自然地面标高为 −0.200 m，地下水位标高为 −1.600 m，土质条件：地面至 −2.500 m 为杂填土，−2.500～−9.000 m 为细砂土，土的渗透系数 K 为 5 m/d。−9.000 m 以下为不透水层，土方边坡坡度为 1∶0.5，采用轻型井点降低地下水位。试求：(1)轻型井点的平面布置与高程布置；(2)计算涌水量、井点管数量和间距。

计算题答案

第2章

桩基础工程

本章学习要求：了解桩基础的组成和分类，掌握钢筋混凝土预制桩和灌注桩的常用施工方法，掌握预制桩锤击法和静力压桩法施工工艺，掌握泥浆护壁成孔灌注桩、套管成孔灌注桩、干作业成孔灌注桩、人工挖孔灌注桩施工工艺。

本章学习重点：钢筋混凝土预制桩锤击法和静力压桩法施工，泥浆护壁成孔灌注桩、套管成孔灌注桩施工、干作业成孔灌注桩、人工挖孔灌注桩施工。

随着高层建筑的快速发展，深基础工程得到了广泛应用。通常将独立基础、条形基础、筏板基础等称为浅基础，将桩基础、地下连续墙基础、沉井基础等称为深基础。在深基础中，桩基础因具有承载力高、沉降小、抗震性能好，施工容易操作、技术经济效果好等优点，得到广泛应用。

桩基础是由桩和桩顶的承台组成，当天然地基上的浅基础沉降量过大或基础稳定性不能满足建筑物的要求时，通常采用桩基础。

按桩的受力情况，桩分为摩擦桩和端承桩两类。端承桩桩上的荷载主要由桩端阻力承受；摩擦桩桩上的荷载主要由桩侧摩擦力承受，桩端阻力较小，不予考虑(图 2-1)。

按施工方式的不同，桩可分为预制桩和现场灌注桩(简称"灌注桩")。预制桩按沉桩方法的不同，又可分为锤击沉桩、静力压桩、振动沉桩和射水沉桩等。灌注桩按成孔方法的不同，又可分为钻、挖、冲孔灌注桩；套管成孔灌注桩和人工挖孔灌注桩等。

其中钻孔灌注桩又分为干作业成孔灌注桩和泥浆护壁成孔灌注桩。

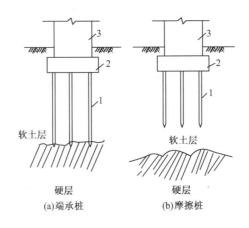

图 2-1　摩擦桩和端承桩
1—桩；2—桩承台；3—上部结构

2.1　钢筋混凝土预制桩施工

钢筋混凝土预制桩主要有实心桩和预应力管桩两种，沉桩方式有锤击式、振动式和静力压桩式。

2.1.1　钢筋混凝土预制桩制作、起吊、运输和堆放

1. 预制桩制作

预制桩较短的(10 m 内)可在预制厂制作，较长的桩一般在施工现场露天制作。方形桩边长通常为 200 mm～450 mm，在现场预制时采用重叠法预制，重叠层数不宜超过 4 层，预应力管桩在工厂内采用离心法制作，直径为 300 mm～550 mm。

预制桩钢筋骨架的主筋连接宜采用对焊，同一截面内主筋接头不得超过 50%，桩顶 1 m 内不应有接头，钢筋骨架的偏差应符合有关规定。

桩的混凝土强度等级应不低于 C30，浇筑时从桩顶向桩尖进行，应一次浇筑完毕，严禁中断。制作完成后应洒水养护不少于 7d，上层桩制作应待下层桩的混凝土强度达到设计强度的 30% 才可进行。

2. 预制桩起吊、运输和堆放

桩身强度达到设计强度的 70% 方可起吊，达到 100% 才能运输。桩在起吊和搬运时，必须做到吊点符合设计要求，如无吊环，且对设计又无要求时，则应符合最小弯矩原则，按图 2-2 所示的位置起吊。起吊时应保持平稳并不得损坏。桩的堆放场地应平整、坚实。垫木与吊点的位置应相同，并保持在同一平面内。同桩号的桩应堆放在一起，而桩尖均向一端。多层垫木上下对齐，最下层的垫木要适当加宽。堆放层数一般不宜超过 4 层。

打桩前应将桩运到现场或桩架处以备打桩，应根据打桩顺序随打随运，以免二次搬运。当在现场运距不大时，可用起重机吊运或在桩下垫一个滚筒，用卷扬机拖拉；当运距较远时，可采用汽车或平板车运输。

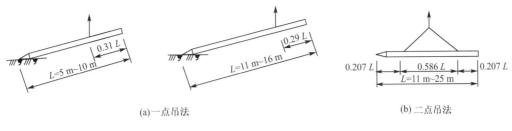

(a)一点吊法　　　　　　　　　　　　(b)二点吊法

图 2-2　预制桩吊点位置

2.1.2　锤击沉桩法施工

锤击沉桩法也称打桩法，它是利用桩锤下落产生的冲击能将桩沉入土中。该方法具有施工速度快，机械化程度高，适用范围广等优点。缺点是噪声及振动大，对桩身质量要求高。

1. 打桩机具

打桩用的机具主要包括桩锤、桩架和动力装置三部分。

（1）桩锤

桩锤是对桩施加冲击力，将桩打入土中的主要机具。施工中常用的桩锤有落锤、单动汽锤、双动汽锤、柴油桩锤和振动桩锤，桩锤的选用范围见表 2-1。用锤击法沉桩时，选择桩锤是关键。桩锤的选用应根据施工条件先确定桩锤的类型后，再确定桩锤的重量，桩锤的重量应大于或等于桩重；打桩时宜采用"重锤低击"，即锤的重量大而落距短，这样，桩锤不易产生回跳，桩头不容易被损坏，而且桩容易被打入土中。

表 2-1　　　　　　　　　　　　　　　　打桩机具

桩锤种类	使用范围	优缺点
落锤	（1）适宜打各种桩 （2）黏土、含砾土石的土和土层均可使用	构造简单，使用方便，冲击力大，能随意调整落距，但锤打速度慢，效率较低
单动汽锤	适于打各种桩	构造简单，落距短，对设备和桩头不宜打坏，打桩速度即冲击力较落锤大，效率较高
双动汽锤	（1）适宜打各种桩，便于打斜桩 （2）可在水下打桩 （3）可用于拔桩	冲击次数多，冲击力大，工作效率高，可不用桩架打桩，但设备笨重，移动较困难
柴油桩锤	（1）最适用于打木桩、钢板桩 （2）不适于在过硬或过软的土中打桩	附有桩架、动力等设备，机架轻、移动便利，打桩快，燃料消耗少
振动桩锤	（1）适宜于打钢板桩、钢管桩、钢筋混凝土桩和木桩 （2）适用于砂土、塑性黏土及松软砂黏土 （3）在卵石夹砂及紧密黏土中打桩效果较差	沉桩速度快，适应性强，施工操作简易安全，能打各种桩并帮助卷扬机拔桩

（2）桩架

桩架是将桩吊到打桩位置，并在打桩过程中引导桩的方向不致发生偏移，保证桩锤能沿要求方向冲击的主要设备。桩架种类和高度的选择，应根据桩锤的种类、桩的长度、施工地点的条件等确定。桩架目前应用最多的是多功能桩架和履带式桩架，如图 2-3 所示。

多功能桩架（图 2-3（a））的机动性和适应性较大，在水平方向可做 $360°$ 回转，导架可伸缩和前后倾斜。度盘下装有铁轮，可在轨道上行走。这种桩架可用于各种预制桩和灌注桩施工。缺点是机构较庞大，现场组装、拆卸、转运较困难。

履带式桩架(图 2-3(b))以履带式起重机为底盘,其行走、回转、起升的机动性好,使用方便,适用范围广,亦称履带式打桩机。可适应各种预制桩和灌注桩施工。

(3)动力装置

落锤以电源为动力,再配置电动卷扬机、变压器、电缆等。如蒸汽锤以高压蒸汽为动力,配以蒸汽锅炉、蒸汽绞盘等;汽锤以压缩空气为动力,配有空气压缩机、内燃机等;柴油桩锤本身有燃烧室,不需要外部动力。

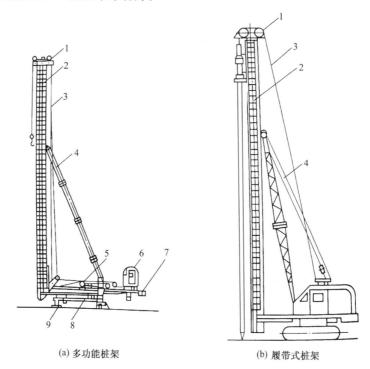

(a) 多功能桩架   (b) 履带式桩架

图 2-3 打桩机械

1—滑轮组;2—立柱;3—钢丝绳;4—斜撑;5—卷扬机;6—操作室;7—配重;8—底盘;9—轨道

2. 打桩施工

(1)打桩前的准备工作

测定桩的轴线位置和标高,并经过检查办理预检手续;当处理高空和地下的障碍物时,如影响邻近建筑物或构筑物的使用或安全,应会同有关单位采取有效措施,予以处理;根据轴线放出桩位线,用木橛或钢筋头钉好桩位,并用白灰做标志,以便于施打;场地应碾压平整,排水通畅,保证打桩机的移动和稳定垂直;施工前必须打试验桩,其数量不少于2根,确定贯入度并校验打桩设备、施工工艺以及技术措施是否适宜;选择和确定打桩机进出路线和打桩顺序,制订施工方案,做好技术交底;准备好桩基沉桩记录和隐蔽工程验收记录表格,并安排好记录和监理人员。

(2)打桩顺序

打桩顺序是否合理,直接影响打桩的进度和施工质量。确定打桩顺序时,要综合考虑桩的密集程度、桩的深度、现场地形条件、土质情况及打桩机移动是否方便等。

打桩顺序一般分为：由一侧开始向单一方向逐排打、自中部向边缘打、分段打等方式，如图 2-4 所示。

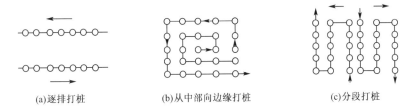

(a)逐排打桩　　　　　(b)从中部向边缘打桩　　　　　(c)分段打桩

图 2-4　打桩顺序

确定打桩顺序应遵循以下原则：根据基础的设计标高，打桩顺序宜先深后浅；不同规格的桩，宜先大后小，先长后短；当桩距大于或等于 4 倍桩径时，则与打桩顺序无关，只需从提高效率的角度出发，确定打桩顺序，选择倒行和拐弯次数最少的顺序；应避免自外向内进行打桩，以防止中间土体被挤密，桩难以打入，或虽勉强打入，但使邻桩侧移或上冒。

（3）打桩工艺

预制桩施工的工艺流程为：打桩机就位→起吊预制桩→稳桩→打桩→接桩→送桩→中间检查验收→移机至下一个桩位。

①打桩机就位时，应垂直平稳地架设在打桩部位，桩锤应对准桩位，确保施打时不发生歪斜或移动。

②起吊预制桩一般利用桩架上的吊索与卷扬机进行。起吊时，吊点必须正确，起吊速度应缓慢均匀。如桩架无起吊装置，则应另配起重机送桩就位。桩插入土中位置应准确，垂直偏差不得超过 0.5%。

③打桩时，应用导板夹具或桩箍将桩嵌固在桩架的两个导柱中，桩的位置及垂直度被校正后，才可将桩锤连同桩帽压在桩顶，桩帽与桩周边应有 5 mm～10 mm 间隙，桩锤与桩帽、桩帽与桩之间应加弹性衬垫，桩锤、桩帽与桩身中心线要一致。

④开始沉桩时，应起锤轻压并轻击数下，观测桩身、桩架、桩锤等垂直一致后，才可转入正常施打。开始落距应小，待入土达一定深度且桩稳定后，方可将落距提高到规定的高度施打。用落锤或单动汽锤打桩时，落距最大不宜超过 1 m。

⑤当桩长度不够时，采用焊接接桩，钢板宜采用 Q235 钢，使用 E43 焊条。预埋铁件的表面必须清理干净，并应将桩上下节之间的间隙用铁皮垫实焊牢。焊接时，先将四角点焊固定，然后对称焊接，焊缝应连续饱满，并应采取减少焊缝变形的措施。接桩时，一般在距地面 1 m 左右处进行，上下节桩的中心线偏差不得大于 10 mm，节点弯曲矢高不得大于 0.1% 桩长。接桩处应补刷防腐漆。

⑥当桩顶标高较低，必须送桩入土时，应用钢制送桩放于桩头上，锤击送桩将桩送入土中。

⑦当打桩的贯入度已达到要求，且桩的入土深度接近设计要求时，即可进行控制。一般要求以最后两次十锤的平均贯入度不大于设计规定的数值或以桩尖入土深度的规定进行控制；振动法沉桩是以最后三次振动（加压），每次 10 min 或 5 min，测出每分钟的平均

贯入度,以不大于设计规定的数值为合格。最后填好打桩施工记录,即可移机到新桩位。

(4)接桩方式

多节桩的接桩,可用焊接、法兰或硫黄胶泥锚接,前两种接桩方式适用于各类土层,硫黄胶泥锚接只适用于软弱土层。各类接桩均应严格按规范执行。

(5)送桩

当桩顶标高较低,需送桩入土时,应用钢制送桩放于桩顶上,锤击送桩将桩送入土中,钢送桩构造如图2-5所示。打桩过程中,遇见下列情况应暂停,并及时与有关单位研究处理。

①贯入度剧变。

②桩身突然发生倾斜、位移或有严重回弹的情况。

③桩顶或桩身出现严重裂缝或破碎的情况。

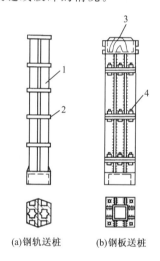

(a)钢轨送桩　　　(b)钢板送桩

图2-5　钢送桩构造

1—钢轨;2—15 mm厚钢板箍;3—硬木垫;4—连接螺栓

(6)打桩质量控制

摩擦桩位于一般土层时,以控制桩端设计标高为主,贯入度可作为参考;端承桩的入土深度以最后贯入度为主,桩端标高作为参考;当贯入度已达到,而桩端标高未达到时,应继续锤击三阵,按每阵10击的贯入度不大于设计规定的数值加以确定。合格的桩除满足灌入度和标高的要求外,还应保证桩插入时的垂直偏差不大于0.5%,水平位置偏差不大于100～150 mm;桩顶、桩身不打坏,桩顶下1/3桩长无水平裂缝。

(7)打桩常见质量问题及处理

打桩时,发生下沉量突然增大的情况,应对照资料进行检查,若桩尖进入软土层,应继续施打;若桩身被打断或桩身突然发生倾斜、位移,可经设计部门提出处理意见后在桩旁补桩;桩打到一定深度打不下去,或桩锤和桩身突然回弹,可能是桩遇孤石或硬土层,应减少桩锤落距,慢慢往下打,待桩尖穿过障碍物之后,再加大落距;施打过程中,如桩头已严重被破坏,不得再打,待采取措施后,方可继续施打。

2.1.3 静力压桩

静力压桩是用静力压桩机将预制钢筋混凝土桩分节压入地基土中的一种沉桩施工工艺。

1.静力压桩机具设备

静力压桩机分机械式和液压式两种。其中机械式由桩架、卷扬机、加压钢丝绳、滑轮组和活动压梁组成,如图 2-6 所示,施压部分在桩顶端部,施加静压力为 600 kN~2 000 kN,此种压桩机装配费用低,但设备高大笨重,行走移动不便,压桩速度较慢。液压式由压拔装置、行走机构及起吊装置等组成,如图 2-7 所示,采用液压操作,自动化程度高,结构紧凑,行走方便快速,施压部分在桩身侧面,它是当前在国内被较广泛采用的一种新型压桩机械。

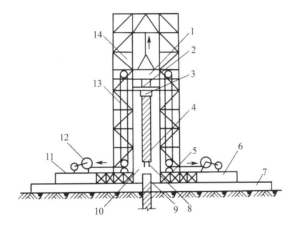

图 2-6 机械式静力压桩机示意图

1—活动压梁;2—油压表;3—桩帽;4—上段桩;5—压重;6—底盘;7—轨道;8—上节桩锚筋;9—已压入的下节桩;10—导笼口;11—操作平台;12—卷扬机;13—加压钢丝滑轮组;14—桩架导向笼

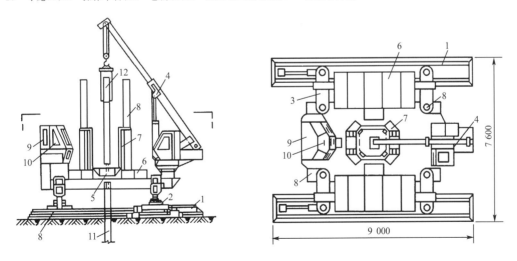

图 2-7 液压式静力压桩机示意图

1—长船行走结构;2—短船行走及回转结构;3—支腿式底盘结构;4—液压起重机;5—夹持及拔桩装置;6—配重铁块;7—导向架;8—液压系统;9—电控系统;10—操纵室;11—已压入下节桩;12—吊入上节桩

2. 施工工艺

静压预制桩的施工,一般采用分段压入,逐节接长的方法进行,其主要施工程序为:测量定位→压桩机就位→吊桩→插桩→桩身对中调直→静压沉桩→接桩→再静压沉桩→送桩→终止压桩→切割桩头,如图 2-8 所示。

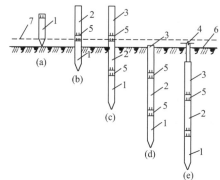

(a)准备压第一段桩;(b)接第二段桩;(c)接第三段桩;(d)整根桩压至地面;(e)送桩

图 2-8 静压预制桩施工工艺示意图

1—第一段桩;2—第二段桩;3—第三段桩;4—送桩;5—桩接头处;6—地面线;7—压桩机操作平台线

3. 压桩施工应注意的事项

(1)静力压桩机应根据设计和土质情况,配足额定重量。

(2)桩帽、桩身和送桩的中心线应重合。

(3)压同一根桩应缩短停歇时间。

(4)采取技术措施,减小静力压桩的挤土效应。

(5)注意限制压桩速度。

2.2 钢筋混凝土灌注桩施工

灌注桩是直接在施工现场的桩位上成孔,然后在孔内灌注混凝土或钢筋混凝土而成。与预制桩相比,具有施工噪声低、振动小、挤土效应小、无需接桩等优点。但成桩工艺复杂,施工速度较慢,影响质量因素较多。根据成孔工艺的不同,分为泥浆护壁钻孔灌注桩施工,套管成孔灌注桩施工,干作业成孔灌注桩施工和人工挖孔灌注桩施工等。

2.2.1 泥浆护壁钻孔灌注桩施工

用钻孔机械进行灌注桩成孔时,为防止塌孔,在孔内用相对密度大于1的泥浆进行护壁的一种成孔施工工艺,此种成孔方式对不论地下水位高低的土层都适用。

泥浆护壁钻孔灌注桩按成孔工艺和成孔机械的不同,可分为冲击成孔灌注桩、冲抓成孔灌注桩、回转钻成孔灌注桩和潜水钻成孔灌注桩。其中以回转钻成孔灌注桩应用最多,为国内应用范围较广的成孔方式。

　　泥浆具有排渣、护壁、冷却和润滑作用,根据泥浆循环方式,分为正循环和反循环两种施工方法,如图 2-9、图 2-10 所示。

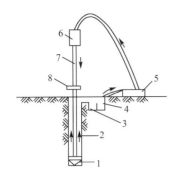

图 2-9　正循环回转钻机成孔工艺原理

1—钻头;2—泥浆循环方向;3—沉淀池;4—泥浆池;
5—循环泵;6—水龙头;7—钻杆;8—钻机回转装置

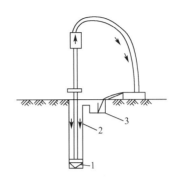

图 2-10　反循环回转钻机成孔工艺原理

1—钻头;2—新泥浆流向;3—沉淀池

　　正循环回转钻机成孔的工艺原理是向空心钻杆内部通入泥浆或高压水,从钻杆底部喷出,携带钻下的土渣,沿孔壁向上流动,由孔口将土渣带出,流入泥浆池。正循环具有设备简单,操作方便,费用较低等优点;适用于小直径孔 $D<0.8$ m,但排渣能力较弱。

　　从反循环回转钻机成孔的工艺原理中可以看出,泥浆带渣流动的方向与正循环回转钻机成孔的工艺原理中泥浆带渣流动的方向相反。反循环工艺泥浆上流的速度较高,能携带大量的土渣。反循环成孔是目前大直径桩成孔的一种有效的施工方法。适用于大直径孔 $D>0.8$ m。

　　1. 施工工艺流程

　　泥浆护壁钻孔灌注桩的施工工艺流程如图 2-11 所示。

　　2. 操作工艺

　　(1)施工平台

　　①场地内无水时,可稍做平整、碾压以满足机械行走移位的要求。

　　②场地为浅水且水流较平缓时,采用筑岛法施工。桩位处的筑岛材料优先使

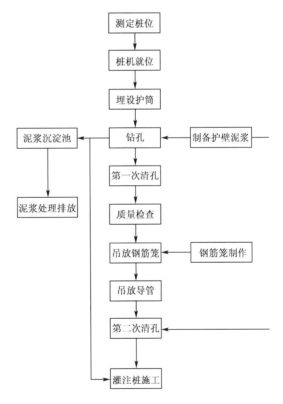

图 2-11　泥浆护壁钻孔灌注桩的施工工艺流程

用黏土或砂性土,不宜回填卵石、砾石土,禁止采用大粒径石块回填。筑岛高度应高于最高水位 1.5 m,筑岛面积应按采用的钻孔机械的类型、混凝土运输浇筑方式等要求决定。

③场地为深水时,可采用钢管桩施工平台、双壁钢围堰平台等固定式平台,也可采用浮式施工平台。平台须牢靠稳定,能承受工作时所有静、动荷载,并能满足机械施工、人员操作的空间要求。

(2)护筒

①护筒一般由钢板卷制而成,钢板厚度视孔径大小采用 4 mm～8 mm,护筒内径宜比设计桩径大 100 mm,其上部宜开设 1～2 个溢流孔。

②护筒埋置深度一般情况下,在黏性土中不宜小于 1 m;砂土中不宜小于 1.5 m;其高度应满足护筒内泥浆面高度大于地下水位高度的要求。淤泥等软弱土层应增加护筒埋置深度;护筒顶面宜高出地面 300 mm;护筒内径应比钻头直径大 100 mm。

③旱地、筑岛处护筒可采用挖坑埋设法,护筒底部和四周回填黏性土并分层夯实;水域护筒设置应严格注意平面位置、竖向倾斜,护筒沉入可采用压重、振动、锤击并辅以护筒内取土的方法。

④护筒埋设完毕后,护筒中心竖直线应与桩中心重合,除设计另有规定外,平面允许误差为 50 mm,竖直线倾斜不大于 1%。

⑤护筒连接处要求筒内无突出物,应耐拉、耐压、不漏水。应根据地下水位涨落情况,适当调整护筒的高度和深度,必要时应打入不透水层。

(3)护壁泥浆的调制和使用

护壁泥浆一般由水、黏土(或膨润土)和添加剂按一定比例配制而成,可通过机械在泥浆池、钻孔中搅拌均匀。泥浆池的容量宜不小于桩体积的 3 倍。泥浆的配置应根据钻孔的工程地质情况、孔位、钻机性能、循环方式等确定。泥浆的密度应控制在 1.1 t/m³ 左右。

(4)钻孔施工

钻孔前,使用适当的钻机类型、型号,并配备适应的钻头,调配合适的泥浆;钻机就位前,应调整好施工机械,对钻孔各项准备工作进行检查;钻机就位时,应采取措施保证钻具中心和护筒中心重合,其偏差不应大于 20 mm。钻机就位后应确保其平整稳固,并采取措施使其固定,保证在钻进过程中不发生位移和摇晃,否则应及时处理;钻孔作业应分班连续进行,认真填写钻孔施工记录,交接班时,应交代钻进情况及下一班须注意的事项。应经常对钻孔泥浆进行检测和试验,注入的泥浆密度控制在 1.1 t/m³ 左右,排出的泥浆密度宜为 1.2 t/m³～1.4 t/m³,不合要求时,应及时纠正。应经常注意土层变化,在土层变化处均应捞取渣样,判明后记入记录表中,并与地质剖面图核对;开钻时,在护筒下一定范围内应慢速钻进,待导向部位或钻头全部进入土层后,方可加速钻进;在钻孔、排渣或因故障停钻时,应始终保持孔内具有规定的水位和要求的泥浆的相对密度和黏度。

(5)清孔

清孔分两次进行。第一次清孔:在钻孔深度达到设计要求时,对孔深、孔径、孔的垂直度等进行检查,符合要求后进行第一次清孔。清孔根据设计要求,对施工机械采用换浆、抽浆、掏渣等方法进行。以原土造浆的钻孔,清孔可用射水法,同时钻机只钻不进,待泥浆相对密度降到 1.1 t/m³ 左右即认为清孔合格;如注入制备的泥浆,采用换浆法清孔,至换出的泥浆密度为 1.15 t/m³～1.25 t/m³ 时方为合格。第二次清孔:在钢筋骨架、导管安放完毕,混凝土浇筑之前,进行第二次清孔。第二次清孔根据孔径、孔深、设计要求采用正循环、泵吸反循环等方法进行。不论采用何种清孔方法,在清孔排渣时,必须保持孔内水头压力,防止塌孔。

(6)灌注水下混凝土

灌注水下混凝土相关内容见 8.2.2。

2.2.2　套管成孔灌注桩施工

套管成孔灌注桩有振动沉管灌注桩和锤击沉管灌注桩两种,是目前建筑工程常用的一种灌注桩。主要应用于黏性土、淤泥、淤泥质土、稍密的砂土及杂填土。图 2-12 为套管成孔灌注桩施工程序。

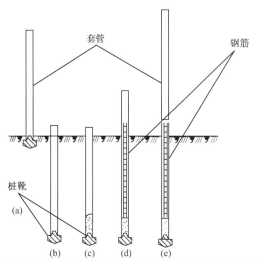

(a)就位;(b)沉套管;(c)开始灌混凝土;(d)安放钢筋笼;(e)拔套管成形

图 2-12　套管成孔灌注桩施工程序

1.振动沉管灌注桩

振动沉管灌注桩采用激振器或振动冲击锤沉管,其设备如图 2-13 所示。施工前先安装好桩机,将桩管下活瓣合起来,对准桩位,徐徐放下桩管压入土中,即可开动振动器沉管。桩管在激振力作用下,以一定的频率和振幅产生振动,减少桩管与周围土体间的摩擦阻力,钢管在加压作用下沉入土中。其施工过程如图 2-14 所示。

振动沉管灌注桩可采用单振法、复振法和反插法施工。

(1)单振法

即一次拔管法,在管内灌满混凝土后,先振动 5 s～10 s,再开始拔管,应边振边拔,每提升 0.5 m 停拔,振 5 s～10 s 后再拔管 0.5 m,再振 5 s～10 s,如此反复进行直至拔出地面。

(2)复振法

在同一桩孔内进行两次单打或根据需要进行局部复打。采用复打法施工必须在第一次浇筑的混凝土初凝之前完成,同时前后两次沉管的轴线必须重合。

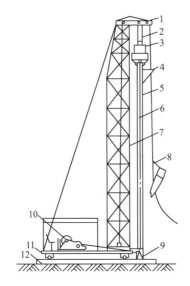

图 2-13 振动沉管灌注桩桩机设备

1—导向滑轮；2—滑轮组；3—振动桩锤；4—混凝土漏斗；5—桩管；6—加压钢丝绳；7—桩架；8—混凝土吊斗；
9—活瓣桩靴；10—卷扬机；11—行驶用钢管；12—枕木

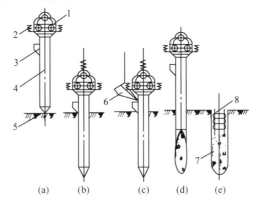

(a)桩机；(b)沉管；(c)上料；(d)边拔管边浇混凝土；(e)浇满混凝土并插入钢筋骨架

图 2-14 振动沉管灌注桩施工过程

1—振动锤；2—加压减振弹簧；3—加料口；4—桩管；5—活瓣桩尖；6—上料口；7—混凝土桩；
8—短钢筋骨架

（3）反插法

在套管内灌满混凝土后，先振动再拔管，每次拔管高度 0.5 m～1.0 m，再把钢管下沉 0.3 m～0.5 m。拔管时，分段添加混凝土，如此反复进行并始终保持振动，直到钢管被全部拔出地面。反插法能使桩的截面增大，从而提高桩的承载力，宜在较差的软土地基上应用。施工时应严格控制拔管速度不得大于 0.5 m/min。

2. 锤击沉管灌注桩

锤击沉管灌注桩是用锤击打桩机，如图 2-15 所示，将带活瓣桩靴或钢筋混凝土预制桩靴(图 2-16)的钢套管锤击沉入土中，然后边浇筑混凝土边用卷扬机拔管成桩，成桩过程如图 2-17 所示。

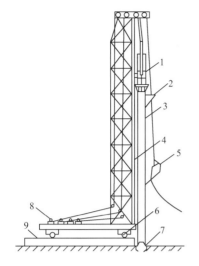

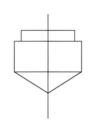

(a)钢筋混凝土预制桩靴

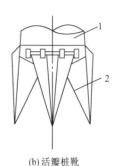

(b) 活瓣桩靴

图 2-15 锤击沉管灌注桩桩机设备
1—桩锤;2—混凝土漏斗;3—桩管;
4—桩架;5—混凝土吊斗;6—行驶用
钢管;7—预制桩靴;8—卷扬机;
9—枕木

图 2-16 桩靴示意图
1—桩管;2—活瓣

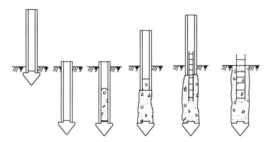

(a)就位 (b)沉入 (c)开始浇 (d)边锤击边拔 (e)下钢筋笼 (f)成型

图 2-17 锤击沉管灌注桩成桩过程

2.2.3 干作业成孔灌注桩施工

1. 工作原理

干作业成孔灌注桩是先用钻机在桩位处进行钻孔,然后将钢筋骨架放在桩孔内,再浇筑混凝土而成的桩,其一般采用螺旋钻机钻孔。干作业成孔灌注桩按成孔方法分为长螺旋钻孔灌注桩和短螺旋钻孔灌注桩。长螺旋钻机、短螺旋钻机的钻机示意分别如图 2-18、图 2-19 所示。

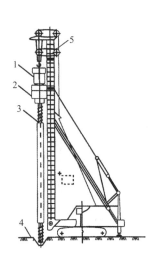

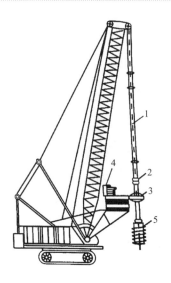

图 2-18　长螺旋钻孔机　　　　图 2-19　短螺旋钻孔机
1—电动机;2—减速器;3—钻　　1—钻杆;2—加压油缸;3—变速
杆;4—钻头;5—钻架　　　　箱;4—发动机;5—钻头

长螺旋钻机成孔是利用动力旋转钻杆,使钻头的螺旋叶片在桩位处旋转切削土块,被切削的土块随钻头旋转,沿着带有长螺旋叶片的钻杆上升排出孔外。短螺旋钻孔机的钻杆上只有一段叶片,钻孔时在桩位处就地切削土层,被切土块随钻头旋转,沿着带有数量不多的螺旋叶片的钻杆上升,积聚在短螺旋叶片上,形成“土柱”,此后靠提钻、反转、甩土,使其散落在孔周。

根据螺旋叶片不同,钻杆可分为密螺纹叶片和疏螺纹叶片。密螺纹叶片适用于可塑或硬塑黏土或含水量较小的砂土,钻孔时速度缓慢均匀;疏螺纹叶片适用于含水量大的软塑土层,由于钻杆在相同转速时,疏螺纹叶片较密螺纹叶片土渣向上推进快,所以可取得较快的钻进速度。

2. 适用范围及特点

干作业成孔灌注桩适用于地下水位以上的填土、黏性土、粉土、砂土和粒径不大的砂砾土;但不宜用于地下水位以下的上述各类土层及碎石土、淤泥土。对非均质碎砖、混凝土块、条块石的杂填土及大卵砾石土,成孔困难大。

干作业成孔灌注桩具有成孔时不用泥浆护壁,施工无震动,无噪声,对环境无泥浆污染,施工准备工作少,占地少,机具设备简单,技术较易掌握,装卸移动快速,施工速度较快,降低施工成本等优点。

3. 施工工艺

干作业成孔灌注桩成桩过程和施工工艺流程图分别如图 2-20、2-21 所示。

(1)场地清理应做到“三通一平”,施工场地内的地面、地下障碍物均应排除或处理,对影响施工机械运行的松软场地应进行适当处理,并有排水措施。

(2)测定桩位后应做好标志,施工前应检查复核,并经过预检签字。

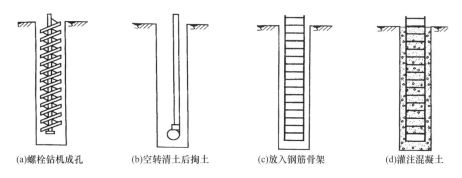

(a)螺栓钻机成孔   (b)空转清土后掏土   (c)放入钢筋骨架   (d)灌注混凝土

图 2-20   螺旋钻成孔灌注桩成桩过程

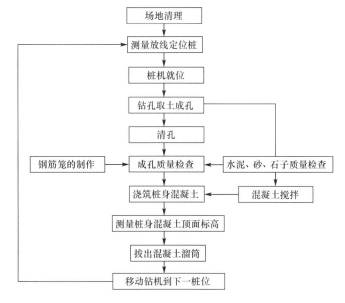

图 2-21   螺旋钻成孔灌注桩施工工艺

（3）钻机就位时必须保持平稳,不发生倾斜、移位。为准确控制钻孔深度,应在机架上或机管上做出深度控制标尺,以便在施工中进行观测、记录。

（4）钻进成孔。开始钻进前,应调整机架挺杆,对好桩位,达到控制深度后停钻、提钻。

（5）清孔。钻到预定深度后,必须在孔底处进行空转清土,然后停止转动提钻杆,不得曲转钻杆。钻进过程中散落在地面上的土,必须随时清除运走。

（6）成孔质量的检查、验收。成孔质量检查主要包括孔深、孔径和孔底虚土厚度的检查。孔深用测绳(锤)或手提灯测量。虚土厚度应满足设计和规范要求,虚土厚度一般不应超过 10 cm。

（7）吊放钢筋笼。钢筋笼吊放前应仔细检查钢筋笼的制作质量。在钢筋笼上绑好砂浆垫块或塑料卡,吊放时应对准桩位,吊直扶稳,缓慢下沉,避免碰撞孔壁,钢筋笼放到设计位置时,应立即固定。若需两段钢筋笼连接时,则应采取焊接,以确保钢筋的位置正确、保护层厚度符合要求。

（8）放置混凝土溜筒。在放混凝土溜筒前应再次检查和测量钻孔内虚土厚度。

（9）浇灌混凝土。混凝土坍落度一般宜为 8～10 cm,混凝土的浇灌应连续进行,分层捣实。浇筑到桩顶时,应适当超过桩顶设计标高,以便在凿掉桩顶浮浆层后标高符合设计要求。

（10）拔出溜筒和桩顶插筋。混凝土浇筑到距桩顶 1.5 m 时,可拔出溜筒,直接浇筑混凝土。桩顶的插筋一定要垂直插入,有足够的保护层和锚固长度,以防止插偏和插斜。

2.2.4 人工挖孔灌注桩施工

人工挖孔灌注桩是用人工挖孔成孔,然后安放钢筋笼,浇筑混凝土成桩。人工挖孔灌注桩的特点是施工的机具设备简单,操作工艺简便,作业时无振动、无噪声、无环境污染,对周围建筑物影响小;施工速度快（可多桩同时进行）;施工费用低;当土质复杂时,可直接观察或检验分析土质情况;桩端可以人工扩大,以获得较大的承载力,满足一柱一桩的要求;桩底沉渣能清除干净,施工质量可靠。是目前大直径灌注桩施工的一种主要工艺方式。其缺点是桩成孔工艺劳动强度较大,单桩施工速度较慢,安全性较低。

挖孔桩的直径一般为 0.8 m～2 m,最大直径可达 3.5 m;桩的长度一般在 20m 左右,最长可达 40 m。

1.挖孔灌注桩主要施工过程

（1）挖孔:国内主要采用人工挖土成孔,而国外一般为机械挖土。施工人员在保护圈内用常规挖土工具（短柄铁锹、镐、锤、钎）进行挖土,将土运出孔的提升机具主要有卷扬机或电动葫芦、活底吊桶。

（2）辅助工程:主要包括支护、通风、降水。为防止坍孔和保证操作安全,应根据桩径的大小和地质情况,采用可靠的支护孔壁的施工方法,支护方法有钢筋混凝土护圈、沉井护圈、钢套管护圈。钢筋混凝土护圈一般每节高 0.8 m～1 m,施工时护圈上下搭接 50 mm～75 mm,厚 8 cm～15 cm,采用 C20 或 C25 混凝土,中间配适量的钢筋,这种护圈应用最多,如图 2-22 所示。通风设备主要有鼓风机和送风管,用于向桩孔中强制送入新鲜空气。地下水渗出较少时,可将其随吊桶一起吊出;有大量渗水时,可设置集水井,用泵抽出井外;涌水量很大时,可选一桩提前开挖,用泵进行抽水,以起到深井降水的作用。

（3）钢筋混凝土工程:钢筋笼的制作与一般灌注桩的方法相同,钢筋就位用小型吊运机具进行;混凝土用强度等级 32.5 普通水泥或矿渣水泥,下料采用串桶或溜管,连续分层浇捣,每层厚度不超过 1.5 m,施工完后养护时间不少于 7 天。

2.挖孔桩的施工安全措施

人工挖孔桩应采取以下施工安全措施:

（1）桩孔内必须设置应急软爬梯供人员上下,不得使用麻绳和尼龙绳吊挂或脚踏井壁凸缘上下。

（2）每日开工前必须检测井下是否有有毒、有害气体,并应有足够的安全防护措施,桩孔开挖深度超过 10 m 时,应有专门向井下送风的设备,风量不宜少于 25 L/s。

（3）孔口四周必须设置不小于 0.8 m 高的围护护栏。

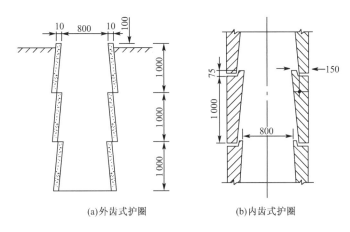

(a)外齿式护圈　　　　　　　　　(b)内齿式护圈

图 2-22　钢筋混凝土护圈示意图

（4）挖出的土石方应及时运离孔口，不得堆放在孔口四周 1 m 以内，机动车辆的通行不得对井壁的安全造成影响。

（5）孔内使用的电缆、电线必须有防磨损、防潮、防断等措施，照明应采用安全矿灯或 12 V 以下的安全灯，并遵守各项安全用电的规范和规章制度。

3. 挖孔桩常见问题及处理方法

挖孔桩常见的问题主要有塌孔、井涌（流泥）、护壁裂缝、淹井、截面变形和超量六种。

塌孔主要是由于地下水渗流比较严重，土层变化部位挖孔深度大于土体稳定极限高度和支护不及时所引起的。施工时要连续降水，使孔底不积水，防止偏位和超挖并及时支护。对塌方严重的孔壁，用砂、石子填塞并在护壁的相应部位增加泄水孔，用以排除孔洞内的积水。

井涌发生是由于土颗粒较细，当地下水位差很大时，土颗粒悬浮在水中成流态泥土从井底上涌所引起的。当出现流动性的涌土、涌砂时，可减少护壁高度（护壁的高度为 300 mm～500 mm），采取随挖随浇筑混凝土的方法进行施工。

护壁裂缝产生的主要原因是护壁过厚，其自重大于土体的极限摩擦力，因而导致下滑，引起裂缝，如过度抽水、塌方使护壁失去支撑，土体也可使护壁产生裂缝。因此护壁不宜太大，尽量减轻自重，在护壁内适当配 $\phi10@200$ mm 的竖向钢筋。裂缝一般可不处理，但要加强施工监察，发现问题及时处理。

淹井是由于井孔内遇到较大泉眼或渗透系数较大的砂砾层，附近的地下水在井孔内集中而引起的。处理方法是在群桩中设置深井，并用水泵抽水以降低地下水位。当施工完成后，该深井用砂砾封堵。

截面变形是由于在挖孔时，对桩的中心线与半径未及时量测，对护壁支护未严格控制尺寸而引起的。所以在挖孔时，每节支护都要量测桩的中心线和半径，遇松软土层要加强支护，严格控制支护尺寸。

超量产生往往是由于每层未控制好截面，孔壁坍落，遇有地下土洞、下水道、古墓和坑穴等均会出现超挖而引起的。要求在施工未出现特殊原因时尽量不要超挖，当遇有上述孔洞时，可用 3∶7 灰土或其他的地基加固材料填补夯实。

2.3   桩基检测与验收

2.3.1   成桩检测

成桩的质量检验有两种基本方法:一种是静载试验(或称破坏试验),另外一种是动测(或称无破坏试验)。

静载试验是对单根桩进行竖向抗压(抗拔或水平)试验,通过静载加压,确定单桩的极限承载力。在打桩后经过一定的时间,待桩身与土体的结合趋于稳定,才能进行试验。

桩的静载试验根数应不少于总桩数的 1%,且不少于 3 根。当总桩数少于 50 根时,应不少于 2 根。

对桩身质量完整性应进行检查,抽检数量不少于总桩数的 20%,且不应少于 10 根柱子,每根柱子承台下的桩不得少于 1 根。

一般静载试验可直观地反映桩的承载力和混凝土的浇筑质量,数据可靠。但其装置较复杂笨重,装卸操作费工费时,成本高,测试数量有限,并且易破坏桩基。

另一种检测方法是动测(也称无破坏试验),是检测桩基承载力及桩身质量的一项新技术,作为静载试验的补充。动测是相对于静载试验而言的,它是对桩土体系进行适当的简化处理,建立起数学—力学模型,借助现代电子技术与测量设备,采集桩土体系在给定的动荷载作用下所产生的振动系数,结合实际桩土条件进行计算,用所得结果与相应的静载试验结果进行比较,在积累一定数量的动静试验对比结果的基础上,找出两者之间的某种相关关系,并以此作为标准来确定桩基承载力。应用波在混凝土介质内的传播速度、传播时间和反射情况,检验、判定桩身是否存在断裂、夹层、颈缩、空洞等质量缺陷。

动测具有仪器轻便灵活,检测快速(单桩检测时间仅为静载试验的 1/50),不破坏桩基,相对也较准确,费用低,可进行普查。不足之处是需要做大量的测试数据,需要静载试验来充实完善,所测的极限承载力有时与静载荷值离散性较大等。

单桩承载力的动测方法很多,国内有代表性的方法有:动力参数法、锤击贯入法、水电效应法、共振法、机械阻抗法、波动方程法等,最常用的是动力参数法和锤击贯入法两种。

2.3.2   桩基验收

当桩顶设计标高与施工场地标高相同时,桩基工程的验收应在施工结束后进行。当桩顶设计标高低于施工场地标高时,可对护筒位置做中间验收,待承台或底板开挖到设计标高后,再做最终验收。

1.预制桩

预制桩(PHC桩、钢桩)桩位的允许偏差见表2-2。

表 2-2 预制桩(PHC桩、钢桩)桩位的允许偏差

项 次	项 目	允许偏差/mm
1	盖有基础梁的桩 1.垂直基础梁的中心线 2.沿基础梁的中心线	$100+0.01H$ $150+0.01H$
2	桩数为 1~3 根桩基中的桩	100
3	桩数为 4~16 根桩基中的桩	1/2 桩径或边长
4	桩数大于 16 根桩基中的桩 1.最外边的桩 2.中间桩	1/3 桩径或边长 1/2 桩径或边长

注:H 为施工现场地面标高与桩顶标高的距离。

2.灌注桩

灌注桩成桩后的桩位偏差应符合表2-3中的规定,桩顶标高至少要比设计标高高出500 mm。桩底清孔按规范要求进行。每浇筑 50 m³ 必须有一组试件,小于 50 m³ 的桩,每根桩必须有一组试件。

表 2-3　　　　　　　灌注桩的平面位置和垂直度的允许偏差表

序号	成孔方法		桩位允许偏差/mm	垂直度允许偏差/%	桩位允许偏差/mm	
					1~3 根桩、单排桩基垂直于中心线方向和群桩基础的边桩	条形桩基沿中心线方向和群桩基础的中间桩
1	泥浆护壁钻孔灌注桩	$D \leq 1\,000$ mm	±50	<1	$D/6$ 且不大于 100	$D/4$ 且不大于 150
		$D > 1\,000$ mm	±50		100+0.01H	150+0.01H
2	套管成孔灌注桩	$D \leq 500$ mm	−20	<1	70	150
		$D > 500$ mm	−20		100	150
3	人工挖孔灌注桩	混凝土护壁	+50	<0.5	50	150
		钢套管护壁	+50	<1	100	200

注:①桩径允许偏差的负值是指个别端面。
　　②采用复打法、反插法施工的桩,其桩径允许偏差不受上表限制。
　　③D 为设计桩径,H 施工现场地面标高与桩顶标高的距离。

3.桩基资料验收

桩基工程验收时应提交下列资料:
(1)工程地质勘查报告、桩基施工图、图纸会审纪要、设计变更及材料代用通知单等。
(2)经审定的施工组织设计、施工方案及执行中的变更情况。
(3)桩位测量放线图,包括工程桩位符合签证单。
(4)成桩质量检查报告。
(5)单桩承载力检测报告。
(6)基坑挖至设计标高的基桩竣工平面图及桩顶标高。

复习思考题

1.何为端承桩、摩擦桩? 预制桩基础包括哪些类型? 灌注桩基础包括哪些类型?

2.预制桩制作有哪些要求？预制桩起吊、运输、堆放有哪些要求？

3.预制桩吊点位置的确定原则是什么？

4.预制桩打桩顺序应遵循哪些原则？如何确定预制桩的打桩顺序？

5.简述预制桩打桩施工工艺流程。

6.何为预制桩的送桩？预制桩的接桩方法有哪些？

7.预制桩打桩常见质量问题有哪些？如何解决？

8.静力压桩的机具有哪些？简述其施工工艺流程及实施中应注意的问题。

9.泥浆护壁钻孔灌注桩按成孔工艺分为哪些类型？泥浆的作用有哪些？

10.正循环回转钻机成孔原理与反循环回转钻机成孔原理有何区别？适用范围有何不同？

11.简述泥浆护壁钻孔灌注桩的施工工艺流程。

12.套管成孔灌注桩施工中的成孔方法有哪些？

13.振动沉管灌注桩的施工方法有哪些？简述其施工工艺流程。

14.简述干作业成孔灌注桩的特点、适用范围及施工工艺流程。

15.何为人工挖孔灌注桩？人工挖孔灌注桩的施工机具有哪些？施工中应采取哪些安全措施？

16.简述人工挖孔灌注桩施工中常见问题及处理方式。

17.何为成桩的静载试验？静载试桩数量有何要求？

18.何为动测？动测的特点有哪些？

19.结合表2-3,说明泥浆护壁钻孔灌注桩的允许偏差有哪些要求？

20.桩基验收需要准备哪些资料？

21.拟采用现浇灌注桩基础,因场地道路无法进驻施工机械,应选用什么桩基础？

22.预制桩的主筋连接应采用什么方法？

23.预制桩的桩身完整性检查应包括哪些内容？

24.预制桩打桩桩锤的种类有哪些？

25.预制桩的打桩质量控制包括哪些内容？

26.泥浆护壁成孔灌注桩常用的钻孔机械有哪些？

27.预制桩的沉桩方法有哪些？

28.在预制桩打桩过程中,如发现贯入度骤减,试分析原因并简述处理方法。

29.城市建筑基础选择预制桩方案,应采用哪种沉桩方式？

30.如何提高振动沉管灌注桩单根桩的承载力？

第3章

砌体工程

本章学习要求:了解砌体材料的种类及砌筑砂浆的技术要求,掌握砖砌体、砌块砌体的施工方法、技术要求和质量控制标准,熟悉石砌体、填充墙的施工工艺,了解冬期施工方法及原理,熟悉垂直运输机械。

本章学习重点:砌体材料的种类,砌筑砂浆的技术要求,砖砌体、砌块砌体的施工方法、技术要求和质量控制标准。

3.1   砌体材料

砌体主要是由块材和砂浆组砌而成。砂浆作为胶结材料将块材结合成一体,以满足正常使用要求及承受结构的各种荷载。因此,块材与砂浆的质量是影响砌体质量的首要因素。

3.1.1 块材

块材包括砖、石与砌块三大类。

1. 砖

根据使用材料和制作方法的不同,砌筑用砖分为以下几种类型:

（1）烧结普通砖

烧结普通砖按原料分为黏土砖、页岩砖、煤矸石砖、粉煤灰砖。砖的标准尺寸为 240 mm×115 mm×53 mm。

烧结普通砖的强度等级可以分为 MU30、MU25、MU20、MU15、MU10。

（2）烧结多孔砖

烧结多孔砖是以黏土、页岩、煤矸石等为主要原料，经过焙烧而成，孔洞率不小于 15％，主要适用于墙体竖向承重部位，其规格有 190 mm×190 mm×90 mm 和 240 mm×115 mm×90 mm 两种。

烧结多孔砖根据抗压强度、抗折荷重分为 MU30、MU25、MU20、MU15、MU10 五个强度等级。

（3）烧结空心砖

烧结空心砖是以黏土、页岩、煤矸石等为主要材料，经焙烧而成，孔洞率不小于 35％。烧结空心砖的长度有 240 mm、290 mm；宽度有 140 mm、180 mm、190 mm；高度有 90 mm、115 mm。

烧结空心砖强度等级较低，分为 MU5、MU3、MU2，因而一般用于非承重墙体。

2. 砌块

砌块是以天然材料或工业废料为原材料制作的，包括混凝土小砌块和加气混凝土砌块。

（1）混凝土小砌块

混凝土小砌块属于非烧结性的块材，它是由胶凝材料、骨料按一定比例经机械成型、养护而成的块材，它是普通混凝土小型空心砌块和轻集料混凝土小型空心砌块的总称。

①普通混凝土小型空心砌块

普通混凝土小型空心砌块是以水泥、砂、碎石或卵石、水为原料制成的。

混凝土小型空心砌块按其尺寸不同又分为主规格砌块和辅助规格砌块，其规格尺寸见表 3-1。

表 3-1　　　　　　　混凝土小砌块规格尺寸表　　　　　　　　mm

项次	砌块名称	外形尺寸			最小壁、肋厚度
		长	宽	高	
1	主规格砌块	390	190	190	30
2	辅助规格砌块	290 190 90	190	190	30

普通混凝土小型空心砌块主规格尺寸为 390 mm×190 mm×190 mm，有两个方孔，空心率应不小于 25％。其外形如图 3-1 所示。

普通混凝土小型空心砌块按其强度分为 MU20、MU15、MU10、MU7.5、MU5、MU3.5 六个强度等级。

②轻集料混凝土小型空心砌块

轻集料混凝土小型空心砌块是以水泥、轻集料、砂、水等预制而成的。其中轻集料品种包括粉煤灰、煤矸石、浮石、火山渣以及各种陶粒等。

（2）加气混凝土砌块

加气混凝土砌块是以水泥、矿渣、砂、石灰等为主要原料，加入发气剂，经搅拌成型、蒸压养护而成的实心砌块。加气混凝土砌块长度为 600 mm；宽度有 240 mm、200 mm、150 mm；高度有 300 mm、250 mm、200 mm。其规格、尺寸比较灵活，可根据需要选用或加工。加气混凝土砌块不得用于建筑物室内地面以下；长期浸水、干湿交替部位和化学侵蚀环境。

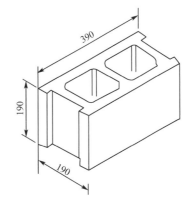

图 3-1 普通混凝土小型空心砌块

3. 石

砌筑用石有毛石和料石两类。

毛石又分为乱毛石和平毛石。乱毛石是指形状不规则的石块；平毛石是指形状不规则，但有两个平面大致平行的石块。毛石应呈块状，其中部厚度不宜小于 150 mm。料石的宽度、厚度均不宜小于 200 mm，长度不宜大于厚度的 4 倍。

石材的强度等级划分为 MU100、MU80、MU60、MU50、MU40、MU30、MU20、MU15 和 MU10。

3.1.2 砌筑砂浆

砌筑砂浆应符合设计规定的种类和强度等级。砌筑砂浆种类包括水泥砂浆、混合砂浆、石灰砂浆等。

1. 原材料要求

水泥进场使用前，应分批对其强度、安定性进行复验。如对水泥质量怀疑或水泥出厂期超过 3 个月，应经试验鉴定后方可使用。水泥应保存在干燥环境中，不同品种的水泥不得混用。

石灰须熟化，生石灰不少于 7 天，磨细生石灰粉熟化不少于 2 天，严禁使用脱水硬化的石灰膏，石灰膏不得干燥、冻结和污染。

砂宜用中砂，毛石砌体宜用粗砂；砂浆用砂应洁净、过筛；砂的含泥量要求：强度等级大于或等于 M5 的砂浆含泥量不应超过 5%；强度等级小于 M5 的砂浆含泥量不应超过 10%。

拌制砂浆用水，应采用不含有害物的洁净水，水质应符合国家现行标准《混凝土用水标准》（JGJ 63—2019）的规定。

凡在砂浆中掺入有机塑化剂、早强剂、缓凝剂和防冻剂等外加剂，应经检验和试配，符合要求后，方可使用。有机塑化剂应有砌体强度的型式检验报告，型式检验是为确认产品或过程应用结果适用性所进行的检验。

2. 砌筑砂浆的技术要求

新拌制的砂浆应具有良好的流动性和保水性。

（1）流动性（稠度）

新拌制的砂浆应具有适宜的流动性，以便于操作，使砌体灰缝均匀、密实，从而可以提高砌筑效率，保证砌筑质量。砂浆的流动性以稠度表示，不同砌体类别的稠度要求见表 3-2。当砌体材料为粗糙多孔且吸水量较大的块料时，应采用稠度值偏大的砂浆（上限）；反之，则宜选用稠度值偏小的砂浆（下限）。同样一种砌体材料，在不同的气候条件下施工，所用砂浆的稠度值也有差异。

表 3-2　　　　　　　　　　　砌筑砂浆的稠度　　　　　　　　　　　　　　mm

序号	砌体类别	砂浆稠度
1	烧结普通砖砌体	70~90
2	烧结多孔砖、空心砖砌体	60~80
3	轻集料混凝土小型空心砌块砌体	60~90
4	烧结普通砖平拱式过梁、空斗墙、筒拱、普通混凝土小型空心砌块砌体、加气混凝土砌块砌体	50~70
5	石砌体	30~50

稠度的测定是以标准圆锥体（稠度仪）在砂浆中沉入的深度来表示。沉入的深度越深，砂浆的流动性越大。

（2）保水性（分层度）

保水性是指当砂浆经搅拌后运送到使用地点后，砂浆中的水分与胶凝材料及集料分离的程度，即砂浆保持水分的性能。保水性差的砂浆，在运输过程中，容易产生泌水和离析现象从而降低其流动性，影响砌筑；在砌筑过程中，水分很快会被块材吸收，砂浆失水过多，不能保证砂浆的正常硬化，降低砂浆与块材的黏结力，从而会降低砌体的强度。砂浆的保水性测定值是以分层度来表示的，分层度不宜大于 20 mm。为改善砂浆的保水性，可加入无机塑化剂如石灰膏、黏土膏、粉煤灰及有机塑化剂或微沫剂等。

（3）强度

硬化后砂浆的强度，必须满足设计要求才能保证砌体强度。砂浆的强度是用边长 7.07 cm 的立方体试件，经 28d 标准养护，测得一组六块的抗压强度值来评定。砂浆强度等级划分为 M2.5、M5、M7.5、M10、M15、M20 六个等级。

（4）黏结力

砌筑砂浆必须具有足够的黏结力，才可使块状材料胶结为一个整体。其黏结力的大小，将影响砌体的抗剪强度、耐久性、稳定性及抗震能力等，因此，对砂浆的黏结力也有一定的要求。

砂浆的黏结力与砂浆强度有关，砂浆强度越高，其黏结力越大。砂浆的黏结力还与砂浆本身的抗拉强度、砌筑底面的潮湿程度、砖石表面的清洁程度及施工养护条件等因素有关。

3.砌筑砂浆的搅拌

砂浆应采用机械搅拌，搅拌机械包括活门卸料式、倾翻卸料式或立式砂浆搅拌机，其出料容量一般为 200 L。

拌制水泥砂浆，应先将砂与水泥干拌均匀，再加水拌和均匀；拌制水泥混合砂浆，应先将砂与水泥干拌均匀，再加外掺料（如石灰膏、黏土膏）和水拌和均匀；拌制粉煤灰水泥砂浆,应先将水泥、粉煤灰、砂干拌均匀,再加水拌和均匀;如掺用外加剂,应先将外加剂按规定浓度溶于水中,在加水拌和时投入外加剂溶液,外加剂不得直接投入拌制的砂浆中。

自投完料算起,搅拌时间应符合下列规定:

水泥砂浆和水泥混合砂浆不得少于 2 min;粉煤灰水泥砂浆和掺用外加剂的砂浆不得少于 3 min;掺用有机塑化剂的砂浆,应为 3～5 min。

4. 砂浆的使用

砂浆拌成后和使用时,均应盛入贮灰器中。如砂浆出现泌水现象,应在砌筑前再次拌和均匀。

砂浆应随拌随用,水泥砂浆和水泥混合砂浆应分别在拌成后 3 h 和 4 h 内使用完毕;当施工期间最高气温超过 30 ℃时,应分别在拌成后 2 h 和 3 h 内使用;对掺有缓凝剂的砂浆,使用时间可适当延长。

3.2 砖砌体施工

本节所述砖砌体施工适用于烧结普通砖砌体和多孔砖砌体。空心砖砌体施工见填充墙砌体施工。

3.2.1 施工准备

砖的品种、强度等级必须符合设计要求,规格应一致,有出厂合格证及试验报告。用于清水墙、清水柱表面的砖,应边角整齐、色泽均匀。在冻胀环境下,地面以下或防潮层以下的砌体,不宜采用烧结多孔砖。

砌筑砖砌体时,砖应提前 1～2 天浇水湿润,以免砖过多吸收砂浆中的水分而影响其黏结力,烧结普通砖的含水率应控制在 10%～15%;灰砂砖、煤渣砖的含水率应控制在 5%～8%。将砖砍断后砖心干燥部分的长度作为鉴别砖含水率的依据。

砌筑砂浆的品种、强度等级必须符合设计要求,其稠度也应符合规定。

砌筑前,按施工组织设计要求,组织垂直运输机械、水平运输机械、砂浆搅拌机械进场、安装与调试等工作;同时,还要准备好脚手架、砌筑工具等。

3.2.2 砖砌体砌筑工艺

1. 砖砌体的组砌形式

对于普通砖墙,常用的组砌形式有一顺一丁、三顺一丁、梅花丁、全顺(半砖墙)和全丁(圆弧墙)等。同一道墙体严禁有两种以上的组砌形式,并不得有通缝,如图 3-2 所示。

2. 砌筑工艺流程

砖墙的砌筑工序包括抄平、放线、排砖摆底、立皮数杆、盘角和挂线、砌砖、清理。

(1)抄平。在防潮层或楼面上,用水泥砂浆或 C10 细石混凝土按标高垫平。

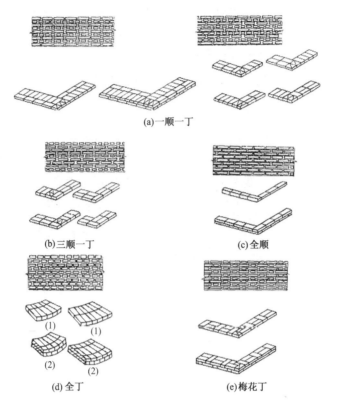

图 3-2　砖墙组砌形式

（2）放线。根据龙门板、外引桩或墙上标志，在基础或砌体表面弹出墙轴线、墙宽度线、门窗洞口位置线。

（3）排砖摆底。目的是搭接错缝合理，灰缝均匀，组砌有序，减少砍砖。要求清水墙面不许有小于丁头的砖块；门窗洞口两侧排砖一致；窗口上下、各楼层排法不随意变动，不游丁走缝。

（4）立皮数杆。皮数杆是指其上划有每皮砖的厚度及门窗洞口、灰缝厚、插铁埋件、过梁、楼板等标高位置的木制标杆（图 3-3）。皮数杆一般立于房屋的四大角、内外墙交接

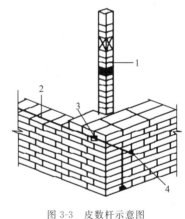

图 3-3　皮数杆示意图
1—皮数杆；2—准线；3—竹片；4—圆铁钉

处、楼梯间以及洞口比较多的地方，10 m～15 m 立一根。皮数杆需用锚钉或斜撑加以固定，以保证其牢固度与垂直度。

（5）盘角和挂线。砌筑时先盘角，每次不得超过五层砖，随盘随吊线，使砖的层数、灰缝厚度与皮数杆一致后，方可从墙角处挂线，作为墙身砌筑的依据，再砌中间的墙。一般240 mm 墙及以下墙体单面挂线，370 mm 墙及以上的墙体双面挂线。砌筑过程中应三皮一吊、五皮一靠，保证墙面垂直平整。

（6）砌砖。砌砖的常用方法有铺浆法和"三一"砌筑法两种。铺浆法是指把砂浆摊铺到要砌砖的位置,并用泥刀或铲刀刮均匀,然后放上砖并挤出砂浆的砌筑方法,铺浆的长度不得超过 750 mm,施工期间温度超过 30℃时,铺浆长度不得超过 500 mm;"三一"砌筑法是指一铲灰、一块砖、一揉压的砌筑方法。

（7）清理。当每一层砖砌体砌筑完毕后,应进行墙面、柱面及落地灰的清理。对于清水砖墙,在清理前还需进行勾缝。勾缝采用 1:1.5 或者 1:2 的水泥砂浆。勾缝要求横平竖直、深浅一致。缝的形式有凹缝和平缝等,其中凹缝深度一般为 4 mm~5 mm。

3.2.3 砖砌体施工技术要点

1. 楼层标高的控制

在砖砌体砌筑时,楼层或楼面标高由下往上传递常用的方法有以下几种:

（1）利用皮数杆传递;

（2）用钢尺沿某一墙角的±0.000 标高起向上直接丈量传递;

（3）在楼梯间吊钢尺,用水准仪直接读取传递。

每层楼的墙体砌到一定高度后,用水准仪在各内墙面分别进行抄平,并在墙面上弹出离室内地面高 500 mm 的水平线,俗称"500 线"。这条线是该楼层进行室内装修施工时,控制标高的依据。

2. 施工洞口的留设

砖砌体施工时,为了方便后续装修阶段的材料运输与人员通行,常常需要在外墙和内隔墙上留设临时性施工洞口。规范规定,洞口侧边距丁字相交的墙面不小于 500 mm,洞口净宽度不应超过 1 m,而且洞顶宜设置过梁。在抗震设防 9 度的建筑物留设洞口时,必须与结构设计人员研究决定。

对设计规定的设备管道、沟槽、脚手眼和预埋件,应在砌筑墙体时预留和预埋,不得事后随意打凿墙体。

3. 构造柱施工

构造柱生根于基础或基础圈梁中（图 3-4）,与砖墙连接处墙身应砌成马牙槎;每一个马牙槎沿高度方向的尺寸不应超过 300 mm,马牙槎应先退后进（60 mm）,必须先砌砖墙,后浇灌混凝土。

构造柱纵筋、水平筋位置要准确,使构造柱和每层圈梁、周围墙体可靠地连接成一体。浇灌混凝土前,模板及砖墙要浇水湿润,浇灌时先浇 3 cm~5 cm 厚与混凝土同强度无石子的水泥砂浆。

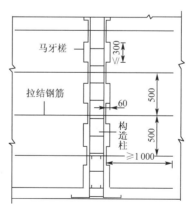

图 3-4　砖墙的马牙槎布置

4. 钢筋砖过梁施工

（1）钢筋砖过梁砌筑前,应先支设模板,模板中央应略有起拱,其模板应在砂浆强度不低于设计强度 50% 时,方可拆除;

（2）砌筑前先在模板上铺设 30 mm 厚 1∶3 水泥砂浆层，将 3ϕ6～8 钢筋置于砂浆层中，均匀摆开，接着逐层平砌砖层，最下一皮砖应丁砌。

（3）钢筋两端伸入墙内不应少于 250 mm，钢筋做 90°弯钩埋入墙的竖缝内。

（4）钢筋砖过梁截面计算高度内（过梁跨度的 1/4 高度范围内）的砂浆强度不宜低于 M5，钢筋砖过梁的跨度不应超过 1.5 m，如图 3-5 所示。

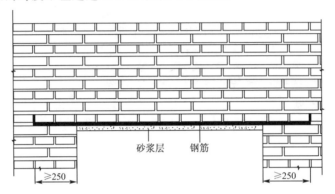

图 3-5　钢筋砖过梁

5. 减少不均匀沉降的砌筑要求

沉降不均匀将导致墙体开裂，对结构危害很大，砌体施工时要严加注意。当房屋相邻高差较大时，应先建高层部分；分段施工时，砌体相邻施工段的高差，不得超过一个楼层，也不得大于 4 m；柱和墙上严禁施加大的集中荷载（如架设起重机），以减少灰缝变形而导致砌体沉降。

现场施工时，砖墙每天砌筑的高度不宜超过 1.8 m，雨天施工时，每天砌筑高度不宜超过 1.2 m。

6. 保证砖砌体整体性的砌筑要求

（1）为保证砌筑墙体的整体性，240 mm 厚承重墙的每层最上一皮砖，砖砌体的挑出层应整砖丁砌；楼板、梁、梁垫及屋架的支承处应整砖丁砌。

（2）宽度小于 1 m 的窗间墙，应选用整砖砌筑，半砖和破损的砖，应分散使用于墙心或受力较小部位。

（3）墙体在下列部位不得留设脚手眼：设计不允许设置脚手眼的部位；过梁上与过梁成 60°角的三角形范围及过梁净跨度 1/2 的高度范围内；宽度小于 1 m 的窗间墙；梁或梁垫下及其左右 500 mm 范围内；砖砌体门窗洞口两侧 200 mm（其他砌体为 300 mm）和转角处 450 mm（其他砌体为 600 mm）范围内；独立或附墙砖柱。

3.2.4　砖砌体施工质量控制标准

烧结普通砖砌体的施工质量等级有合格与不合格。质量合格应达到以下规定：主控项目应全部符合规定；一般项目应有 80% 及以上的抽检处符合规定，且偏差值最大在允许偏差值的 150% 以内。

达不到上述规定，则被视为施工质量不合格。

1. 主控项目

(1)砖和砂浆的强度等级必须符合设计要求。

抽检数量:每一生产厂家的砖到现场后,按烧结普通砖 15 万块、多孔砖 5 万块、灰砂砖及粉煤灰砖 10 万块各为一验收批,抽检数量为一组。对砂浆试块每一检验批且不超过250 m³ 砌体的各种类型及强度等级的砌筑砂浆分别抽检,对每台搅拌机应至少抽检一次。

(2)砌体水平灰缝的砂浆饱满度不得小于 80%。

抽检数量:对每检验批抽查不应少于 5 处。

检验方法:用百格网检查掀起的砖底面与砂浆的黏结痕迹面积。每处检测 3 块砖的黏结痕迹面积(格数)除以 100,取其平均值来测定砌体水平灰缝的砂浆饱满度。

(3)砖砌体的转角处和交接处应同时砌筑。严禁无可靠措施的内外墙分砌施工。对不能同时砌筑而又必须留置的临时间断处应砌成斜槎。斜槎水平投影长度不应小于高度的 2/3(图 3-6(a))。

抽检数量:每检验批抽 20%接槎,且不应少于 5 处。

检验方法:观察检查。

(4)非抗震设防及抗震设防烈度为 6 度、7 度地区的临时间断处,当不能留斜槎时,除转角处外,可留直槎,但直槎必须做成凸槎(图 3-6(b))。留直槎处应加设拉结钢筋,拉结钢筋的数量为每 120 mm 墙厚放置 1φ6 拉结钢筋,间距沿墙高不应超过 500 mm;埋入长度从留槎处算起每边均不应小于 500 mm,对抗震设防烈度为 6 度、7 度的地区,不应小于 1 m。末端应有 90°弯钩。

抽检数量:每检验批抽 20%接槎,且不应少于 5 处。

检验方法:观察和尺量检查。

合格标准:留槎正确,拉结钢筋设置数量、直径正确,竖向间距偏差不超过 100 mm,留置长度基本符合规定。

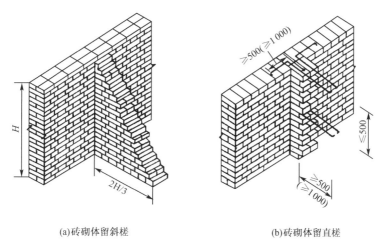

(a)砖砌体留斜槎　　　　　　　　　(b)砖砌体留直槎

图 3-6　砖砌体留槎示意图

(5)砖砌体的位置及垂直度允许偏差应符合表3-3的规定。

表 3-3　　　　　　　　砖砌体的位置及垂直度允许偏差

项次	项目			允许偏差/mm	检验方法
1	轴线位置偏移			10	用经纬仪和尺检查或用其他测量仪器检查
2	垂直度	每层		5	用2 m托线板检查
		全高	≤10 m	10	用经纬仪、吊线和尺检查或用其他测量仪器检查
			>10 m	20	

抽检数量:轴线查全部承重墙、柱;外墙垂直度全高查阳角,不应少于4处,每层每20 m查一处;内墙按有代表性的自然间抽10%,但不应少于3间,每间不应少于2处,柱不应少于5根。

2. 一般项目

(1)砖砌体组砌方法应正确,上下错缝,内外搭砌,砖柱不得采用包心砌法。

抽检数量:外墙每20 m抽查一处,每处3 m~5 m,且不应少于3处;内墙按有代表性的自然间抽10%,且不应少于3间。

检验方法:观察检查。

合格标准:除符合本条要求外,清水墙、窗间墙无通缝;混水墙中长度大于或等于300 mm的通缝每间不超过3处,且不得位于同一面墙体上。

(2)砖砌体的灰缝应横平竖直,厚薄均匀。水平灰缝厚度宜为10 mm,但不应小于8 mm,也不应大于12 mm。

抽检数量:每步脚手架施工的砌体,每20 m抽查1处。

检验方法:用尺量10皮砖砌体高度折算。

(3)砖砌体的一般尺寸允许偏差应符合表3-4的规定。

表 3-4　　　　　　　　砖砌体一般尺寸允许偏差

项次	项目		允许偏差/mm	检验方法	抽检数量
1	基础顶面和楼面标高		±15	用水平仪和尺检查	不应少于5处
2	表面平整度	清水墙、柱	5	用2 m靠尺和楔形塞尺检查	有代表性自然间的10%,但不应少于3间,每间不应少于2处
		混水墙、柱	8		
3	门窗洞口高、宽(后塞口)		±5	用尺检查	检验批洞口的10%,且不应少于5处
4	外墙上下窗口偏移		20	以底层窗口为准,用经纬仪或吊线检查	检验批的10%,且不应少于5处
5	水平灰缝平直度	清水墙	7	拉10 m线和尺检查	有代表性自然间的10%,但不应少于3间,每间不应少于2处
		混水墙	10		
6	清水墙游丁走缝		20	吊线和尺检查,以每层第一皮砖为准	有代表性自然间的10%,但不应少于3间,每间不应少于2处

3.3 混凝土小砌块砌体工程

3.3.1 一般构造要求

混凝土小型空心砌块砌体所用的材料,除满足设计强度要求外,尚应符合下列要求:

(1)小砌块的产品龄期不应小于 28 d,以避免其干燥收缩,引起墙面裂缝。

(2)砌筑砂浆宜选用《混凝土小型空心砌块和混凝土砖砌筑砂浆》(JC 860—2008)专用的小砌块砌筑砂浆。承重墙体严禁使用断裂的小砌块。

(3)在墙体的下列部位,应用 C20 混凝土灌实砌块的孔洞。

底层室内地面以下或防潮层以下的砌体;无圈梁的楼板支承面下的一皮砌块;没有设置混凝土垫块的屋架、梁等构件支承面下,高度不应小于 600 mm,长度不应小于 600 mm 的砌体;挑梁支承面下,距墙中心线每边不应小于 300 mm,高度不应小于 600 mm 的砌体。

(4)砌块墙与后砌隔墙交接处,应沿墙高每隔 400 mm 在水平灰缝内设置不少于 $2\phi4$、横筋间距不大于 200 mm 的焊接钢筋网片,钢筋网片伸入后砌隔墙内不应小于 600 mm,如图 3-7 所示。

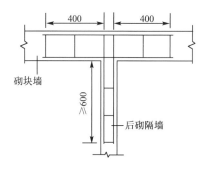

图 3-7　砌块墙与后砌隔墙交接处钢筋网片

3.3.2 小砌块砌体施工工艺

砌块施工的工艺流程:铺灰、吊装砌块就位、校正、灌缝、浇灌芯柱混凝土和镶砖等。

1. 铺灰

砌块墙体所采用的砂浆,应具有较好的和易性,砂浆稠度采用 50 mm～80 mm,铺灰应均匀平整,长度一般以不超过 5 m 为宜,炎热的夏季或寒冷的冬季应按设计要求适当缩短。

2. 吊装砌块就位

吊装砌块一般用摩擦式夹具,夹砌块时应避免偏心。砌块就位时,应使夹具中心尽可能与墙身中心线在同一垂直线上,对准位置徐徐下落于砂浆层上,待砌块安放稳当后,方可松开夹具。

3. 校正

用垂球或托线板检查垂直度,用拉准线的方法检查水平度。校正时可用人力轻微推动砌块或用撬杠轻轻撬动砌块,质量在 150 kg 以下的砌块可用木槌敲击偏高处。

4. 灌缝

竖缝可用夹板在墙体内外夹住,然后灌砂浆,用竹片插或铁棒捣,使其密实。当砂浆吸水后,用刮缝板把竖缝和水平缝刮齐。此后,砌块一般不准撬动,以防止破坏砂浆的黏结力。

5. 浇灌芯柱混凝土

完成一段墙体的砌筑以后,应将灰缝抠清,将墙面和操作地点清扫干净,有条件时,应随手把灰缝勾抹好,并组织检查验收。

6. 镶砖

镶砖工序必须在砌块校正后立即进行,镶砖时应注意要使砖的竖缝灌捣密实。

3.3.3   小砌块砌体施工技术要点

(1)灰缝厚度。砌块中水平灰缝和竖向灰缝厚度应为 8 mm～12 mm;当水平灰缝有配筋或柔性拉结条时,其灰缝厚度应为 20 mm～25 mm。竖缝的宽度为 15 mm～20 mm;当竖缝宽度大于 30 mm 时,应用强度等级不低于 C20 的细石混凝土填实;当竖缝宽度大于或等于 150 mm,或楼层不是砌块加灰缝的整数倍时,都要用黏土砖镶砌。

(2)搭接长度。砌块砌体的搭接长度不得小于 1/3 块高,且中型砌块不得小于 150 mm、小型砌块不得小于 90 mm;无法满足时,在水平灰缝中设置φ4 钢筋网片或 2 个φ6 钢筋。长度不应小于 700 mm,如图 3-8 所示。

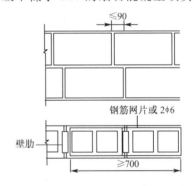

图 3-8 空心砌块墙拉结钢筋或网片设置

(3)转角及交接处。墙体转角和纵横交接处应同时砌筑,如不能同时砌筑,则应留长度≥高度的斜槎(图 3-9(a));如不能留斜槎,则除外墙转角处及抗震设防地区外,可从墙面伸出 200 mm 后留直槎(图 3-9(b))。并沿墙高每隔 3 皮砌块在水平灰缝内设 2φ6 拉结钢筋,其长度从留槎处算起每边≥600 mm。

(4)空心砌块应扣砌,对孔错缝,壁肋劈裂者不得使用。

（5）水电预埋管线在砌体内布置通道，进出墙面宜用 U 形砌块；各种预埋件、锚固件，根据位置选配相应的混凝土砌块。

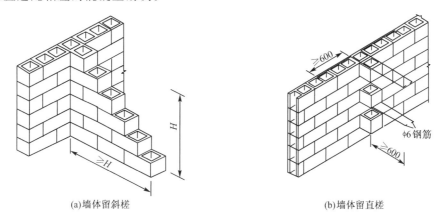

(a)墙体留斜槎　　　　　　　　　　　(b)墙体留直槎

图 3-9　空心砌块墙体留槎

3.3.4　芯柱构造及施工要点

在小型空心砌块墙体的转角处和交接处的砌块孔洞中，浇入混凝土或先插入钢筋再浇入混凝土后形成的柱形结构称为"芯柱"。对于混凝土小型空心砌块砌体，应在墙体的下列部位设置芯柱（图 3-10）：在外墙转角处、楼梯间四角的纵横墙交接处等部位的三个孔洞，均应设置素混凝土芯柱；5 层及 5 层以上的房屋，则应在上述部位设置钢筋混凝土芯柱。

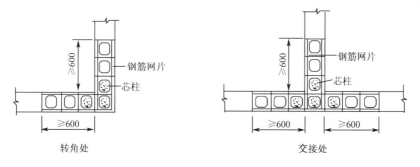

转角处　　　　　　　　　　　交接处

图 3-10　钢筋混凝土芯柱

1.芯柱构造要求

芯柱截面不宜小于 120 mm×120 mm，芯柱应沿房屋的全高贯通，并与各层圈梁整体现浇；浇灌用细石混凝土强度等级不低于 C20；钢筋混凝土芯柱每个孔洞内插放竖筋不应小于 1φ10，其底部伸入室内地面以下 500 mm 或与基础圈梁锚固，顶部与屋盖圈梁锚固；钢筋混凝土芯柱与墙体应沿竖向采用 φ4@600 mm 钢筋网片拉结，每边伸入墙体不小于 600 mm（对于抗震设防地区，不小于 1 000 mm）。

2.芯柱施工要点

（1）芯柱部位宜采用不封底的通孔砌块，当为半封底的砌块时，应打掉孔洞毛边后才可使用。

（2）在楼地面砌第一皮砌块时，应在芯柱部位用开口砌块砌出操作孔，并在此孔侧面留连通孔，待芯孔内清理杂物、冲洗干净、绑牢钢筋后，方可浇筑混凝土。

（3）砌完一个楼层高度后，应连续浇筑芯柱混凝土，并随浇随捣。

（4）楼板在芯柱部位应留缺口，保证芯柱贯通。芯柱与圈梁应整体浇筑。砌筑砂浆强度必须大于 1 MPa 后，方可浇筑芯柱混凝土。

3.3.5 小砌块砌体施工质量控制标准

小砌块砌体的主控项目应全部符合规定；一般项目应有 80% 及以上的抽检处符合规定。达不到上述规定，则视为施工质量不合格。

1. 主控项目

（1）小砌块和砂浆的强度等级必须符合设计要求。

抽检数量：每一生产厂家，每 1 万块小砌块至少抽检 1 组。用于多层建筑基础和底层的小砌块抽检数量不少于 2 组。砂浆试块的抽检数量同普通砖砌体抽检数量一样。

检验方法：查小砌块和砂浆试块试验报告。

（2）砌体水平灰缝的砂浆饱满度，应按净面积计算，不得低于 90%；竖向灰缝饱满度不得小于 80%；竖缝凹槽部位应用砌筑砂浆填实；不得出现瞎缝、透明缝。

抽检数量：每检验批不少于 3 处。

检验方法：用专用百格网检测小砌块与砂浆黏结痕迹，每处检测 3 块小砌块，取其平均值。

（3）墙砌体转角处和纵横墙交接处应同时砌筑。临时间断处应砌成斜槎，斜槎水平投影长度不应小于高度的 2/3。

抽检数量：每检验批抽 20% 接槎，且不应少于 5 处。

检验方法：观察检查。

（4）砌体的轴线偏移和垂直度偏差应按表 3-3 的规定执行。

2. 一般项目

（1）墙体的水平灰缝厚度和竖向灰缝宽度宜为 10 mm，但不应大于 12 mm，也不应小于 8 mm。

抽检数量：每层楼的检测点不应少于 3 处。

抽检方法：用尺量 5 皮小砌块砌体的高度和 2 m 砌体长度折算。

（2）小砌块墙体的一般尺寸允许偏差应按表 3-4 中的规定执行。

3.4 石砌体施工

3.4.1 毛石砌体施工

毛石常用于砌筑基础与挡土墙工程。基础砌筑时，必须用钢尺校核基础轴线、边线和标高,清除杂物,立好皮数杆,标明退台高度及分层砌石高度。

毛石砌体应采用铺浆法砌筑,灰缝厚度宜为 20 mm～30 mm。石块大面朝下,角石应选用比较方正的石块,角石砌好后,再砌里、外面的石块,最后砌填中间部分。

毛石砌体宜分皮卧砌,各皮石块间应利用自然形状经敲打修整,使其能与先砌石块基本吻合、搭砌紧密,石间不得有接触现象;毛石应上下错缝,内外搭砌,拉结石、丁砌石交错设置;中间不得有铲口石(尖石倾斜向外的石块)、斧刃石(尖石向下的石块)和过桥石(仅在两端搭砌的石块),如图 3-11 所示。

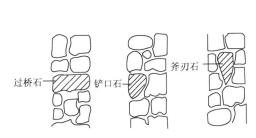

图 3-11 过桥石、铲口石、斧刃石

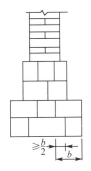

图 3-12 阶梯形毛石基础

毛石基础扩大部分一般做成阶梯形,每阶内至少砌两皮毛石,上阶石块至少压下阶石块 1/2(图 3-12)。

毛石砌体必须设置拉结石。拉结石应均匀分布,相互错开,毛石基础在皮内每隔 2 m 左右处设置一次;拉结石长度:如基础宽度大于 400 mm,可用两块拉结石内外搭接,搭接长度不应小于 150 mm,且其中一块长度不应小于基础宽度或墙厚的 2/3;如基础宽度或墙厚小于或等于 400 mm,应与基础宽度或墙厚相等。

墙基需留槎时,不得留在外墙转角或纵墙与横墙的交接处,至少应与外墙转角有 1.0 m～1.5 m 的距离。接槎应做成阶梯式,不得留直槎或斜槎。

每天砌完应在当天砌筑的砌体上铺一层灰浆,表面应粗糙。夏季施工时,对刚砌完的砌体,应用草袋覆盖养护 5 d～7 d 天,避免风吹、日晒、雨淋。毛石基础全部砌完,要及时在基础两边均匀分层回填土,分层夯实。

为保证毛石砌体的稳定性,每日砌筑高度不应超过 1.2 m。

3.4.2 料石砌体施工

1. 料石砌体砌筑施工要点

料石砌体应采用铺浆法砌筑,料石应放置平稳,砂浆必须饱满。砂浆铺设厚度应略高于规定灰缝厚度,其高出厚度:细料石宜为 3 mm～5 mm;粗料石、毛料石宜为 6 mm～8 mm。

料石砌体的灰缝厚度：细料石砌体不宜大于 5 mm；粗料石和毛料石砌体不宜大于 20 mm。

料石砌体的水平灰缝和竖向灰缝的砂浆饱满度均应大于 80%。

料石砌体上下皮料石的竖向灰缝应相互错开，错开长度应不小于料石宽度的 1/2。

2. 料石基础

料石基础的第一皮料石应坐浆丁砌，以上各层料石可按一顺一丁进行砌筑。阶梯形料石基础，上级阶梯的料石至少压砌下级阶梯料石的 1/3。

3.5　填充墙砌体工程

填充墙砌体是指框架结构或框剪结构中起围护、分隔作用的砌体，它不承担和传递上部结构的荷载，是非结构构件。界定填充墙砌体首先要看砌体所处的部位是否处于已完结构构件之间；其次应根据其是否承受其他构件传来的荷载来确定。一般情况下，在相应单元的主体结构施工完成后，砌筑的墙体属于填充墙的范围。

填充墙砌体所用材料的特点是密度小而强度低，以减轻结构自重。常用材料有空心砖、加气混凝土砌块、轻骨料混凝土小型空心砌块等。

3.5.1　一般构造要求

建筑抗震设计规范中规定，钢筋混凝土结构中的砌体填充墙，宜与柱脱开或采用柔性连接，并应符合下列要求：

(1)填充墙在平面和竖向的布置，宜均匀对称，且避免形成薄弱层或短柱。

(2)砌体的砂浆强度等级不宜低于 M5，墙顶应与框架梁密切结合。

(3)填充墙应沿框架柱全高每隔 500 mm 设 2φ6 拉结筋，拉结筋伸入墙内的长度：抗震设防烈度为 6、7 时，不应小于墙长的 1/5 且不小于 700 mm；抗震设防烈度为 8、9 时，宜沿全长贯通。

施工中，一般采用在混凝土柱或剪力墙上预埋铁件加焊钢筋或结构胶植筋方法与填充墙拉结。采用结构胶植筋方法可以使钢筋位置准确、方便，应用广泛，效果较好。

(4)墙长大于 5 m 时，墙顶与梁宜有拉结；当墙长超过层高 2 倍时，宜设置钢筋混凝土构造柱。墙高超过 4 m 时，墙体半高宜设置与柱连接且沿墙全长贯通的钢筋混凝土水平系梁。门窗较大时，通常在洞口两侧设置混凝土构造柱。

(5)填充墙砌至接近梁、板底时，应留一定空隙，待填充墙砌筑完并应至少间隔 7 d 后，再将其补砌接紧。

3.5.2　空心砖砌体施工

(1)砌筑前，先在楼地面上弹出空心砖墙的边线，然后依边线位置，用烧结普通砖先平砌三皮，皮数杆立于每道墙两端，先砌两端再拉准线砌中间部分墙体。

（2）空心砖墙一般侧立砌筑，孔洞呈水平方向，上下皮竖向灰缝相互错开1/2砖长，采用全顺侧砌。

（3）空心砖宜用刮浆法，竖缝应先挂灰后再砌筑。

（4）空心砖墙的转角处及丁字交接处，应用烧结普通砖砌筑240 mm长与空心砖墙相接，门窗洞口两侧及窗台也应用烧结普通砖砌成实体，其宽度不小于240 mm，并每隔2皮空心砖高度，在水平灰缝中加设2φ6 mm的拉结钢筋。

（5）空心砖墙中不够整砖部分，可用无齿锯加工制作非整块砖，不得用砍凿方法将砖打断。

（6）空心砖墙中不得留脚手眼。管槽留置时，可采用弹线定位后凿槽或开槽，不得采用砍砖预留槽。

（7）空心砖应同时砌起，不得留斜槎。

3.5.3 加气混凝土砌块施工

（1）先在楼地面上弹出加气混凝土墙的边线、门口位置线，砌好踢脚板高度的三皮烧结普通砖或现浇混凝土带。

（2）砌筑前1 d，应在加气混凝土砌块及与原结构相接处，洒水湿润，以保证砌体良好黏结。

（3）按砌块每皮高度制作皮数杆，并竖立于墙的两端，在两个相对皮数杆之间拉准线。

（4）砌筑前，按墙段实量尺寸和砌块规格尺寸进行排列摆块，不足整块的可锯截成需要尺寸，但不得小于砌块长度的1/3。采取满铺满挤法砌筑，上下皮错缝砌筑，转角处相互咬砌搭接，砌块墙的丁字交接处，应使横墙砌块隔皮露头。

（5）在加气混凝土砌块外墙的窗口下一皮砌块下的水平灰缝中应设置3φ6的拉结钢筋，拉结钢筋伸过窗口侧边应不小于500 mm（图3-13）。

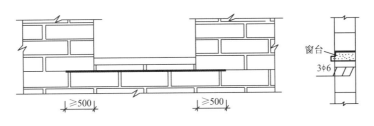

图 3-13 砌块墙窗口下配筋

3.6 砖砌体冬期施工

规范规定，当室外日平均气温连续5 d都低于5 ℃或者当日气温低于0 ℃时，砌体工程应采取冬期施工措施。

3.6.1　冬期施工材料要求

冬期施工所用材料应符合下列规定：

（1）普通砖、空心砖、砌块和石材在砌筑前，应清除表面污物、冰雪等，不得使用遭水浸和受冻后的块材。

（2）砂浆宜优先采用普通硅酸盐水泥拌制。

（3）石灰膏、黏土膏或电石膏等宜保温防冻，当遭冻结时，应经融化后方可使用。

（4）拌制砂浆所用的砂，不得含有直径大于 1 cm 的冻结块或冰块。

（5）拌和砂浆时，水和砂可预先加热，水的温度不得超过 80 ℃，砂的温度不得超过 40 ℃，每天砌筑完后，应在砌体表面覆盖保温材料。

3.6.2　冬期施工方法

冬期施工时，砌体砂浆会在负温下冻结后，水化作用停止，失去黏结力。实践证明，砂浆的用水量越多，遭受冻结越早，冻结时间越长；灰缝厚度越厚，其冻结的危害程度越大；砂浆受冻后对砌体的影响程度与砂浆受冻时已达到的强度值有关。若砂浆在砌筑后马上遭受冻结，则最终强度损失较大；若砂浆在砌筑后达一定强度时再受冻结，则最终强度损失很小。因此，可采取一些措施、方法来降低冰点，加速砂浆早期强度增长，以保证砂浆在遭受冻结时已达一定的强度。常用的方法有掺盐砂浆法和冻结法。

1.掺盐砂浆法

掺盐砂浆法是指在砂浆中掺入氯盐，以降低冰点，使砂浆中的水分在负温下不冻结，维持水泥的水化作用继续进行，强度继续保持增长。这种方法使用方便，经济可靠，早强效果好，故在冬期施工中被广泛应用。氯盐外加剂掺量应符合表 3-5 的规定。

表 3-5　　　　　　　　　　　　氯盐外加剂掺量　　　　　　　　　　　　　　　　％

氯盐及砌体材料种类		日最低气温/℃			
		≥−10	−11～−15	−16～−20	−21～−25
氯化钠（单盐）	砖、砌块	3	5	7	—
	砌石	4	7	10	—
复盐	氯化钠	砖、砌块	—	—	5	7
	氯化钙		—	—	2	3

注：氯盐以无水盐计，掺量为占拌合水质量百分比。

采用掺盐砂浆法时，宜将砂浆强度等级按常温施工等级提高一级。

掺盐砂浆会使砌体析盐、吸湿，并对钢筋有锈蚀作用，故对下列工程不允许采用掺盐砂浆：对装饰工程有特殊要求的建筑物；使用湿度大于 80% 的建筑物；配筋、预埋件无可靠的防腐处理措施的砌体；接近高压电线的建筑物（如变电所、发电站等）；经常处于地下水位变化范围内，而未设防水层的砌体。

2.冻结法

冻结法是用热砂浆进行砌筑，砂浆不掺外加剂，当砂浆有一定强度后砌体很快冻结，融化后的砂浆强度接近于零,当气温升高转入正温后砂浆的强度继续增长。由于砂浆经冻结、融化、再硬化三个阶段,其强度及砌体的黏结力都有不同程度的下降,结构在砂浆融化阶段的变形比较大,故规范规定下列工程不允许采用冻结法施工:空斗墙、毛石砌体、砖薄壳、双曲砖拱、筒式拱及承受侧压力的砌体;在解冻期间可能受到振动或其他动力荷载的砌体;在解冻时,砌体不允许产生沉降的结构。

砌体在解冻期间,应计算砌体的强度和稳定性,计算时砂浆强度可按零进行计算。

规范规定:当设计无要求,且日最低气温高于−25 ℃时,砌筑承重砌体砂浆强度等级应较常温施工提高一级;当日最低气温低于或等于−25 ℃时,应提高二级;砂浆强度等级不得小于 M2.5,重要结构的等级不得小于 M5。

采用冻结法砌筑时,砂浆使用最低温度应符合表 3-6 的规定。

表 3-6　冻结法砌筑时砂浆最低温度　　　　℃

室外空气温度	砂浆最低温度
0～−10	10
−11～−25	15
低于−25	20

为保证施工质量,冬期施工的砖砌体,应按"三一"砌砖法施工,灰缝不应大于 1 cm。对于外墙转角和内外墙交接处灰缝必须饱满,并用"一顺一丁"法组砌。一般应连续砌完一个施工层高度,不得间断。每天砌筑高度和临时间断处的高度差不得超过 1.2 m。每日砌筑后,应及时在砌筑表面进行保护性覆盖,并在砌筑表面不得留有砂浆。

采用冻结法施工的砌体,在解冻期内应采取加固措施,以增强其稳定性。

3.7 砌体工程垂直运输设施

砌筑工程不仅需要运输大量的材料(砖、砌块、砂浆),还要运输脚手架、脚手板、灰槽等工具至施工楼层,所以一般垂直运输矛盾较突出。

砌筑工程常用的垂直运输机械有轻型塔式起重机、井架、龙门架等。往往塔式起重机满足不了施工的需要,故需井架或龙门架配合垂直运输;也可只用井架或龙门架进行垂直运输。

塔式起重机将在第 6 章介绍,本节从略。

1. 龙门架

龙门架(图 3-14)是由 2 根格构式立柱及横梁(天轮梁)组合而成的门式起重设备。在龙门架横梁上装设滑轮(天轮和地轮)、导轨、吊盘、安全装置(制动停靠装置和上极限限位器等)、起重索及缆风绳等构成一个完整的垂直运输体系。吊盘及卷扬机沿导索升降,以运送材料。

根据立柱(支架)结构不同,其起重量为 5 kN～12 kN,门架高度为 15 m～30 m。

为保持龙门架的稳定,应沿架体高度按设计要求设置附墙架,或者设置缆风绳。龙门架高度在 12 m 以内者,设缆风绳一道;12 m 以上者,每增高 5 m～6 m 增设一道缆风绳,每道不少于 6 根。缆风绳一般采用直径不小于 9.3 mm 的圆股钢丝绳,与地面夹角 45°～60°,并设地锚。龙门架构造简单,制作安装方便,应用较广,尤其适用于中小型工程。

2. 井架

井架(图 3-15)是砌筑工程垂直运输的常用设备之一。它可采用型钢或钢管加工成定型产品，也可用脚手架部件(扣件式钢管脚手架、框组式脚手架等)搭设。井架一般为单孔，也可是双孔或三孔。

井架特点是取材方便、价格低廉、结构稳定性好、运输能力大。可根据所运构件重量和长度采用不同规格的井架。例如 30 m 高井架，用钢管扣件搭设时，4 柱井架起重量可达 0.5 t，吊篮平面尺寸为 1.5 m×1.2 m；6 柱井架起重量可达 1 t，吊篮平面尺寸为 3.6 m×1.3 m；吊篮更大时，还可采用 8 柱井架。

井架高度一般应比建筑物檐口高 3 m。为了扩大起重运输服务范围，常在井架上安装悬臂拔杆，拔杆长为 5 m～10 m，回转半径为 2.5 m～5 m，起重量为 5 kN～10 kN。

为确保井架的稳定，应沿架体高度设置附墙架或缆风绳。井架高度在 15 m 以内时，设缆风绳一道，超过 15 m 时，每增高 10 m 增设一道缆风绳，每道 4 根，每组缆风绳设置在井架的四角，每角一根，宜用直径不小于 9.3 mm 的圆股钢丝绳，其与地面夹角为 45°～60°，并设地锚。

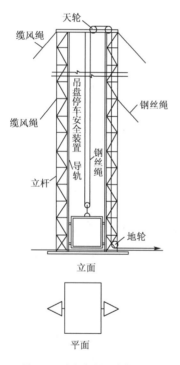

图 3-14　龙门架的基本构造形式

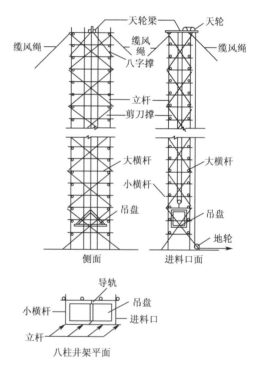

图 3-15　井架的基本构造形式

复习思考题

1. 何为砌体和砌块？块材包括哪几类？砖包括哪几类？其应用有何特点？

2. 加气混凝土砌块应用有何要求？

3. 混合砂浆对原材料的要求有哪些？

4. 砌筑砂浆的技术要求有哪些？如何制备和使用？

5. 砖砌体施工前应做哪些准备工作？砌筑用砖的含水率有何要求？

6. 砖砌体的组砌方法有哪些？

7. 简述砖砌体砌筑工艺流程。

8. 皮数杆的作用与设置要求有哪些？

9. 何为铺浆法和"三一"砌筑法？

10. 砌筑过程中如何进行盘角与挂线？

11. 砖墙砌筑时，楼层标高应如何引测？

12. 墙体施工洞口的留设有哪些要求？

13. 构造柱施工有何要求？

14. 墙体砌筑不得在哪些部位留脚手眼？

15. 墙体施工洞口留设有何要求？

16. 砌体减少不均匀沉降的措施有哪些？

17. 简述砖砌体质量检验中的主控项目有哪些？如何检验？

18. 混凝土小型空心砌块砌体的材料有哪些要求？

19. 简述小型空心砌块砌体的施工工艺流程与施工技术要点。

20. 简述小型空心砌块砌体芯柱的构造要求与施工技术要点。

21. 小型空心砌块砌体质量检验中的主控项目有哪些？

22. 混凝土小砌块砌体为何要扣孔反砌，对孔错缝砌筑？小砌块的产品龄期为何要大于 28 天？

23. 毛石砌体砌筑技术要求有哪些？

24. 常用填充墙砌体材料有哪些？其特点是什么？

25. 常用填充墙砌体构造要求有哪些？

26. 为什么填充墙砌至接近梁、板底时，应留一定空隙，待填充墙砌筑完并应至少间隔 7 天后，再将其补砌挤紧？

27. 什么情况下应进行冬期施工？砌体冬期施工所用材料有哪些要求？

28. 何为掺盐砂浆法？

29. 哪些工程不适合掺盐砂浆法施工？

30. 何为冻结法？

31. 哪些工程不适合冻结法施工？

32. 冻结法施工技术要求有哪些？

33. 拌制水泥混合砂浆时，生石灰熟化时间和磨细生石灰粉的熟化时间有何区别？

34. 用什么指标度量砂浆的流动性和保水性？

35. 当现场硅酸盐水泥不足时，将矿渣水泥掺入，是否可行？水泥出厂期超过 3 个月后，应如何处理？

36. 砂浆的稠度越大，其流动性是否越小？

37. 自投料完算起，水泥砂浆和水泥混合砂浆的搅拌时间不得少于多长时间？

38. 常温下，水泥砂浆和混合砂浆应分别在多长时间内使用完毕？为什么？

39.砌筑砖砌体时,应提前几天浇水湿润砖? 为什么?

40.砌筑砖墙应挂线砌筑,240、370厚墙体如何挂线砌筑? 为什么两者挂线不同?

41.规范对施工洞口侧边距丁字相交的墙面距离及洞口净宽度有何要求?

42. 在砖砌体中,如何连接墙体与构造柱? 分段施工时,砌体相邻施工段的高差不得超过一个楼层,也不得大于 4 m,其作用是什么?

43. 为什么每天砌筑砖墙的高度不宜超过 1.8 m,而雨天施工时,每天砌筑高度不宜超过 1.2 m。

44.砖砌体和混凝土小砌块砌体对砂浆的水平饱满度和灰缝厚度有何要求?

45.砖墙砌筑砂浆用的砂有什么要求?

46.混凝土小型空心砌块的产品龄期是多长时间? 小于龄期对工程有何影响?

47.砖砌体的转角处和交接处不能同时砌筑时,应砌成斜槎,斜槎长度与高度有何要求? 小砌块砌体与砖砌体有什么区别?

48.毛石基础砌筑砂浆应选用哪种砂浆?

49.在 7 度抗震区,砌体临时间断处应设置拉结钢筋,其要求有哪些?

50.如何用百格网检查测算砂浆的水平饱满度?

第4章

钢筋混凝土结构工程

本章学习要求：熟悉钢筋混凝土结构的施工方法、施工流程；掌握钢筋工程分类、性能和检验，掌握钢筋配料计算、代换、加工方法，掌握钢筋连接方法、适用范围与质量要求，掌握钢筋的安装要求；掌握混凝土制备、运输、浇筑、振捣、养护、质量检验的方法与要求，了解混凝土冬期施工原理及方法。

本章学习重点：钢筋和混凝土的施工方法和技术要求，钢筋配料计算与代换，钢筋焊接、机械连接方法及适用范围，混凝土施工配料、搅拌、运输、浇筑振捣方法与要求。

混凝土结构是指以混凝土为主要材料制成的结构，包括素混凝土结构、钢筋混凝土结构和预应力混凝土结构。钢筋混凝土结构是指按设计要求将钢筋和混凝土两种材料复合，利用模板浇制成的建筑结构或构件。在施工中，钢筋混凝土结构工程是由钢筋工程、模板工程和混凝土工程三个部分组成的。其中，模板工程属于安全设施，将在第7章阐述。混凝土是由水泥、粗骨料、细骨料、水、外加剂等按科学的配比拌和，经支模板浇筑成型，再经养护硬化后所形成的一种人造石材。

钢筋混凝土结构的施工方法可分为整体现浇、预制装配和装配整体式结构。前者是在施工现场支模板、绑钢筋、浇混凝土、振捣成型，经养护达到拆模强度时拆除模板，制成结构构件。其特点是整体性好，抗震能力强，节约钢材，施工时不需要大型起重机械。但工期长，劳动强度高，模板消耗量大，施工中易受气候条件影响。预制装配式结构是预先在构件厂生产制作结构构件，然后运至施工现场进行结构安装，或在施工现场就地制作结构构件并进行结构构件的安装。预制装配式结构的特点是耗钢量较大，施工时对起重设备要求高，结构的整体性和抗震性不如整体现浇式结构。装配整体式结构是结合上述两种施工方法的优点，结合现场施工条件和技术装备条件而形成的施工方式。

钢筋混凝土结构工程的施工工艺流程如图 4-1 所示。

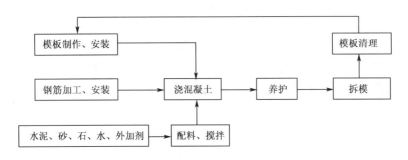

图 4-1　钢筋混凝土结构工程施工工艺流程图

4.1 钢筋工程

4.1.1 钢筋的种类、性能和检验

1.钢筋的种类

混凝土结构用的普通钢筋分为两类：热轧钢筋和冷加工钢筋。冷加工钢筋又分为冷轧带肋钢筋、冷轧扭钢筋、冷拔螺旋钢筋。

（1）热轧钢筋

热轧钢筋按强度分为 HPB235、HRB335、HRB400 及 HRB500，级别越高，强度及硬度越高，塑性则逐级降低，见表 4-1。HPB235、HRB335、HRB400 是在建筑工程中被广泛应用的钢筋。

HRB400 级钢筋即新三级钢筋，是目前推广应用的新型钢筋。产品规格有小直径 6 mm～10 mm 及 12 mm 以上的各种规格。HRB400 级钢筋的优点：

①采用 HRB400 级钢筋是适当提高混凝土结构可靠度水准的有力措施。通过设计比较，利用提高钢筋设计强度，而不是增加用钢量来提高建筑结构的安全储备，是一项经济合理的选择。

②在一般钢筋混凝土结构设计中，在钢材强度得到充分利用的情况下，采用 HRB400 级钢筋与Ⅱ级钢筋相比，可节约钢材 10%～15%。

③由于加入微合金元素（V、Nb、Ti 等），使钢筋性能稳定、碳当量低，焊接性能好，具有良好的工艺性能。虽然钢筋强度提高，仍有较好的延性，其拉断伸长率（δ_5）一般为 18%～26%，且具有较高的最大平均伸长率，满足抗震要求。

表 4-1 热轧钢筋的力学性能

表面形状	强度等级代号	公称直径 d (mm)	屈服点 σ_s (MPa)	抗拉强度 σ_b (MPa)	伸长率 δ_5 (%)	冷 弯	
			不小于			弯曲角度	弯心直径
光圆	HPB235	8～20	235	370	25	180	d
月牙肋	HRB335	6～25 28～50	335	490	16	180 180	3d 4d
	HRB400	6～25 28～50	400	570	14	180 180	4d 5d
	HRB500	6～25 28～50	500	630	12	180 180	6d 7d

钢筋按直径大小可分为钢丝(直径 3 mm～5 mm)、细钢筋(直径 6 mm～10 mm)、中粗钢筋(12 mm～20 mm)和粗钢筋(直径>20 mm)。为便于运输,通常将直径为 6 mm～10 mm 的钢筋制成盘圆,每盘应由一条钢筋(或钢丝)组成;直径≥12 mm 的钢筋以直条形式供应,分为热轧光圆钢筋 HPB235 和热轧带肋钢筋 HRB335、HRB400、HRB500,长度一般为 6 m～12m。

此外,按钢筋在结构中的作用不同,可分为受力钢筋、架立钢筋和分布钢筋等。

(2)冷轧带肋钢筋

冷轧带肋钢筋是热轧盘圆条经冷轧或冷拔减径后,在其表面冷轧成三面或二面有肋的钢筋。冷轧带肋钢筋的强度,可分为三种等级:550 级、650 级及 800 级(MPa),对应的钢筋牌号为:Q215、Q235 和 24MnTi,公称直径φ5～φ12,以盘圆形式供应。这种钢筋比热轧钢筋强度有所提高,但塑性性能降低。

2. 钢筋检验

运至工地的钢筋应平直、无损伤,表面不得有裂纹、油污、颗粒状或片状老绣;钢筋应附有出厂质量证明书或试验报告单,每捆(盘)钢筋均应有标牌,标牌上注明厂标、钢号、炉罐(批)号及规格等。

施工现场检验钢筋主要是对钢筋的出厂质量证明书和钢筋上的标牌进行复验,并对钢筋抽样情况做机械性能复验报告。机械性能试验主要是拉力试验(一般包括屈服强度、抗拉强度和伸长率三个指标)、冷弯试验和重量偏差检验。

钢筋进场时,应按照现行国家标准《钢筋混凝土用钢 第 2 部分:热轧带肋钢筋》(GB 1499.2—2018)等的规定抽取试件做力学性能检验。对热轧钢筋做机械性能试验的抽样方法为:以同规格、同炉罐(批)量不多于 60 t 的钢筋为一批,从每批中取两根试验钢筋,一根做拉力试验,一根做冷弯试验。

做机械性能试验时,如有某一项试验结果不符合标准要求,则从同一批中再取双倍数量的试样重做试验,如仍不合格,则该批钢筋为不合格品。

钢筋在加工过程中,如发现脆断、焊接性能不良或力学性能显著不正常等现象,需检验其化学成分。检验后的钢筋贮存时,也应保留标牌,按批分别堆放整齐,避免锈蚀和污染。

4.1.2　钢筋的配料与代换

为了保证配筋和加工的准确性,首先应根据结构施工图计算钢筋下料长度,并填写钢筋配料单。

1.钢筋配料

对各钢筋进行配料时,必须根据《混凝土结构设计规范》(GB 50010—2010)及《混凝土结构工程施工质量验收规范》(GB 50204—2015)中对混凝土保护层、钢筋弯曲、弯钩等规定计算其下料长度。

钢筋在结构施工图中注明的尺寸是其外轮廓尺寸,即外包尺寸。钢筋在加工前呈直线状下料,加工中弯曲时,外皮伸长,内皮缩短,只有轴线长度不变。因此,钢筋外包尺寸与轴线长度之间存在一个差值,称为"量度差值"。因此,钢筋下料时,其下料长度应为各段外包尺寸之和减去弯曲处的量度差值,再加上两端弯钩的增长值。

钢筋的直线段外包尺寸等于轴线长度,二者无量度差值;

钢筋的直线段外包尺寸等于轴线长度,二者无量度差值;而钢筋弯曲段,外包尺寸是折线段长度之和,不是弯曲中的外皮弧长,其外包尺寸大于弯曲后的轴线长度,二者之间存在量度差值。

(1)钢筋中部弯曲处的量度差值

钢筋中部弯曲处的量度差值其大小与钢筋直径 d 和弯心直径 D 以及弯曲的角度等因素有关,如图 4-2 所示。从图中可以看出,在弯曲处有:

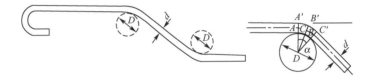

图 4-2　钢筋弯折处量度差值计算简图

$$量度差值=外包尺寸-轴线尺寸=(A'B'+B'C')-ABC$$

$$=2A'B'-ABC=2\left(\frac{D}{2}+d\right)\tan\frac{\alpha}{2}-\pi(D+d)\frac{\alpha}{360} \qquad (4\text{-}1)$$

式中　$A'B'=B'C'$

根据《混凝土结构工程施工质量验收规范》(GB 50204—2002)中规定,弯起钢筋做不大于 90°的弯折时,弯折处的弯弧内直径不应小于钢筋直径的 4 倍。将 $D=5d$ 代入上式时:当弯折 45°时,量度差值为 0.543d,取 0.5d。几种常用钢筋弯折角度的量度差值见表 4-2。

表 4-2　　常用弯折角度的量度差值

弯折角度	计算量度差值	经验取值
$\alpha=30°$	0.306d	0.35d
$\alpha=45°$	0.543d	0.5d
$\alpha=60°$	0.9d	0.90d
$\alpha=90°$	2.29d	2d
$\alpha=135°$	2.83d	2.5d

注:d 为钢筋直径

（2）钢筋末端弯钩时下料长度的增长值

规范规定：HPB235 级钢筋末端应做 180°弯钩，其弯弧内直径（弯心直径）$D \geqslant 2.5d$，平直段长度 $\geqslant 3d$；做 135°弯钩时，弯弧内直径 D 应不小于受力钢筋直径，同时对于 HRB335，HRB400 级钢筋，应不小于 $4d$，平直段长度按设计要求。

①HPB235 级钢筋末端做 180°弯钩时下料长度的增长值 l_z（图 4-3）

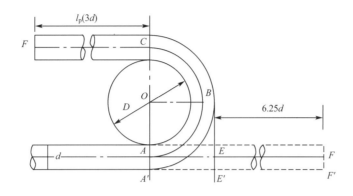

图 4-3　钢筋末端 180°弯钩示意图

$$l_z = A'F' - A'E' = ABC + CF - AE$$

$$= \frac{\pi}{2}(D+d) + l_p - \left(\frac{D}{2} + d\right)$$

$$= 1.07D + 0.57d + l_p \tag{4-2}$$

式中　l_z——钢筋下料时末端弯钩增长值；

D——钢筋弯钩的弯弧内直径；

d——钢筋直径；

l_p——钢筋末端平直段长度。

当弯心直径 $D = 2.5d$，$l_p = 3d$ 时，根据式（4-2）可以算出，末端做 180°弯钩时的下料长度增长值为 6.25d（包括量度差值和平直部分长度）。

②钢筋末端做 135°弯钩时的下料长度增长值可按图 4-4 计算

$$l_z = AC - AB = (A'D' + l_p) - AB$$

$$= \frac{3\pi}{8}(D+d) + l_p - \left(\frac{D}{2} + d\right)$$

$$= 0.678D + 0.178d + l_p \tag{4-3}$$

箍筋采用 HRB235 时，D 取 2.5d 和弯弧内受力钢筋直径之中的较大值（d 为箍筋直径），有抗震要求时，箍筋弯折后平直段长度 l_p 取 10d 和 75 mm 较大值；当 $D = 2.5d$、$l_p = 10d$ 时，带入公式（4-4），$l_z = 11.873d = 11.9d$；当箍筋直径为 6 mm 时，$l_Z = 75 + 1.9d$。

③钢筋末端做 90°弯钩时下料长度的增长值

可按图 4-3 计算。

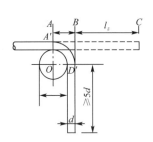 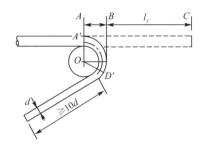

图 4-4 钢筋端部 90°、135°弯钩计算简图

$$l_z = AC - AB = (A'D' + l_p) - AB$$

$$= \frac{\pi}{4}(D+d) + l_p - \left(\frac{D}{2}+d\right)$$

$$= 0.285D - 0.215d + l_p \tag{4-4}$$

对于一般构件,箍筋弯钩的弯折角度不应小于 90°,弯折后平直段长度不得小于 $5d$。

各种钢筋下料长度可按下式计算:

钢筋下料长度＝外包尺寸＋钢筋末端弯钩或弯折增长值－钢筋中部弯折量度差值

钢筋配料计算,除应满足图纸要求外,还应考虑有利于加工、运输和安装。在使用搭接焊和绑扎接头时,下料长度计算应考虑搭接长度。配料时,除图纸注明钢筋类型外,还要考虑施工需要的附加钢筋。

光圆钢筋末端一般要求做 180°弯钩;变形钢筋末端不需做弯钩,但由于锚固长度原因,常要求做 90°或 135°弯折。

计算钢筋下料长度后,即可编制钢筋配料单,作为材料准备和钢筋加工的依据。

【例 1】 某建筑物(抗震 7°设防)内一层楼共有 4 根 L_1 梁,梁的配筋如图 4-5 所示,梁钢筋保护层厚度 $C = 20$ mm(梁边缘至箍筋的距离),上下两排钢筋净距 $C_1 = 25$ mm,①号钢筋 90°向上弯折 100 mm,②③号钢筋 90°向下弯折 150 mm,梁宽(b)×梁高(h)＝250×500,求钢筋下料长度。

解

①号钢筋端头保护层厚为 20 mm,则钢筋外包尺寸为

$$5\,400 + 240 - 20 \times 2 + 2 \times 100 = 5\,800 \text{ mm}$$

下料长度为

钢筋下料长度＝外包尺寸＋钢筋末端弯钩或弯折增长值－钢筋中部弯折量度差值

$$= 5\,800 + 2 \times 6.25d - 2 \times 2d$$

$$= 5\,800 + 2 \times 6.25 \times 16 - 2 \times 2 \times 16 = 5\,936 \text{ mm}$$

②号钢筋分段计算(图 4-6)

$$\text{两端水平段长} = 240 + 50 - 20 = 270 \text{ mm}$$

$$\text{斜段长} = (\text{梁高} - 2c - 2 \times ④\text{直径} - ①\text{直径} - ③\text{直径} - 2 \times C_1) \div \cos 45°$$

$$= (500 - 2 \times 20 - 2 \times 8 - 16 - 10 - 2 \times 25) \times 1.41$$

$$= 368 \times 1.41 \approx 519 \text{ mm}$$

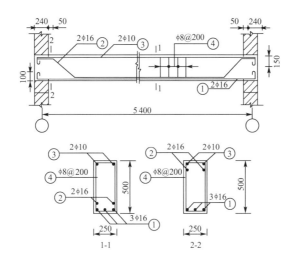

图 4-5　L₁ 梁配筋详图

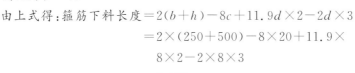

图 4-6　②号钢筋长度计算图

中间直段长＝5 400＋240－2×20－2×270－2×368＝4 324 mm

外包尺寸＝2×(150＋270＋519)＋4 324＝6 202 mm

②号钢筋下料长度＝6 202＋2×6.25d－4×0.5d－2×2d

　　　　　　　　＝6 202＋2×6.25×16－4×0.5×16－2×2×16＝6 306 mm

③号钢筋外包尺寸为：5 400＋240－20×2＋2×150＝5 900 mm

钢筋下料长度＝外包尺寸＋钢筋末端弯钩或弯折增长值－钢筋中部弯折量度差值

　　　　　　＝5 900＋2×6.25d－2×2d

　　　　　　＝5 900＋2×6.25×10－2×2×10＝5 985 mm

④号箍筋计算

由于抗震7°设防，故末端需做135°弯钩(图 4-7)，钢筋末端平直段长度 l_p＝10d，弯钩增加值 l_z＝11.9d，第一根箍筋起始距离50 mm，有3个90°弯折，每个量度差2d

135°/135°

图 4-7　箍筋示意图

箍筋外包尺寸＝2×(b－2c)＋2×(h－2c)＝2(b＋h)－8c＝构件截面周长－8c

由上式得：箍筋下料长度＝2(b＋h)－8c＋11.9d×2－2d×3

　　　　　　　　　　　　＝2×(250＋500)－8×20＋11.9×8×2－2×8×3

　　　　　　　　　　　　＝1 483 mm

箍筋数量：n＝(5 400＋240－50×2)÷200＋1＝29 根

钢筋下料表见表 4-3。

表 4-3   钢筋下料单

构件名称	钢筋编号	简图	直径(mm)	钢号	下料长度(mm)	单位根数	合计根数	质量(kg)
L₁梁 4根	①	100 ⌐‾‾5 600‾‾⌐	16	φ	5 936	3	12	111.66
	②	150 270 519 45° 4 224 519 270	16	φ	6 306	2	8	79.08
	③	150 ⌐‾‾5 600‾‾⌐	10	φ	5 985	2	8	29.32
	④	▭210 460	8	φ	1 483	29	116	67.40

2.钢筋代换

钢筋的使用应尽量按设计要求的钢筋级别、种类和直径采用。施工中如确实缺乏设计图纸中所要求的钢筋种类、级别或规格时,可以进行代换。但是,代换时,必须充分了解设计意图和代换钢材的性能,严格遵守规范的各项规定;必须满足构造要求(如钢筋直径、根数、间距、锚固长度等);对抗裂性要求高的构件,不宜采用光面钢筋代换螺纹钢筋;凡属重要的结构和预应力钢筋,在代换时应征得设计单位同意;钢筋代换后,其用量不宜大于原设计用量的 5%。

钢筋代换的方法有三种:

(1)当结构构件是按强度控制或不同种类的钢筋代换,可按强度相等的原则代换,称"等强代换"。

$$A_{S2}f_{y2} \geq A_{S1}f_{y1} \tag{4-5}$$

即

$$A_{S2} \geq A_{S1}\frac{f_{y1}}{f_{y2}} \quad 或 \quad n_2 \geq n_1 d_1^2 f_{y1}/(d_2^2 f_{y2})$$

式中 A_{S1}、d_1、n_1——代换前钢筋面积、直径、根数;

A_{S2}、d_2、n_2——代换后钢筋面积、直径、根数;

f_{y1}——代换前钢筋强度;

f_{y2}——代换后钢筋强度。

(2)当构件按最小配筋率控制时或相同种类和级别的钢筋代换,应按等面积原则进行代换,称"等面积代换"。

$$A_{S2} \geq A_{S1} \tag{4-6}$$

或

$$n_2 \geq n_1 d_1^2/d_2^2 \tag{4-7}$$

(3)当结构构件按裂缝宽度或挠度控制时,钢筋代换需进行裂缝宽度或挠度验算。

在钢筋代换工作中,还应注意以下几点:

①重要构件,不宜用 HPB235 级光圆钢筋代替 HRB335 级月牙肋钢筋;

②代换后应满足配筋构造要求(直径、间距、根数、锚固长度等);

③代换后直径不同时,各钢筋拉力差不应过大(同级直径差≯5 mm);

④受力不同的钢筋应分别代换;

⑤有抗裂要求的构件应做抗裂验算；

⑥重要结构的钢筋代换应征得设计单位同意；

⑦预制构件的吊环，必须用未冷拉的 HPB235 级钢筋，严禁以其他钢筋代换。

4.1.3 钢筋连接

在工程施工过程中，钢筋常常因长度不足或因施工工艺上的要求而必须连接。连接钢筋的方式很多，其主要方式可归纳为以下几类：

绑扎连接——绑扎搭接接头；

机械连接——套筒冷压接头、锥形螺纹钢筋接头、直螺纹钢筋接头；

焊接连接——闪光对焊接头、电弧焊接头、电渣压力焊接头、气压焊接头。

钢筋连接应根据结构要求、施工条件及经济性等，选用合适的接头。钢筋在工厂加工多选用闪光对焊接头。在现场施工中，除采用绑扎搭接或搭接焊接头以外，对受疲劳荷载的高耸、大跨结构，多选用套筒冷压接头；多高层建筑结构多选用电渣压力焊接头及直螺纹钢筋接头等。

1. 绑扎连接

钢筋采用绑扎搭接接头时，其位置和搭接长度必须满足《混凝土结构设计规范》(GB 50010—2010)中的规定。

轴心受拉及小偏心受拉构件的纵向受力钢筋不得采用绑扎接头；当受拉钢筋的直径 $d>28$ mm 及受压钢筋的直径 $d>32$ mm 时，不宜采用绑扎接头。

钢筋的绑扎接头是采用 20~22 号火烧丝或镀锌铁丝，按规范规定的最小搭接长度，绑扎在一起而形成的钢筋接头。

为确保结构的安全度，钢筋绑扎接头应符合如下规定。

(1)搭接长度的末端距钢筋弯折处，不得小于钢筋直径的 10 倍，接头不宜位于构件的最大弯矩处。

(2)在受拉区内的 HPB235 级钢筋绑扎接头的末端，应做弯钩；HRB335、HRB400 钢筋可不做弯钩。

(3)钢筋直径不大于 12 mm 的受压 HPB235 级钢筋的末端，以及轴心受压构件中任意直径的受力钢筋的末端，可不做弯钩，但搭接长度不应小于钢筋直径的 35 倍。

(4)钢筋搭接处，应在接头的两端中部用铁丝绑扎牢固。

(5)各受力钢筋之间绑扎接头位置应相互错开。从任一绑扎接头中心至搭接长度的 1.3 倍区段范围内，有绑扎接头的受力钢筋截面面积占受力钢筋总截面面积的百分率应符合下述要求：梁、板、墙类构件不宜大于 25%；柱类构件不宜大于 50%。

(6)绑扎接头中钢筋的横向净距不应小于钢筋直径且不小于 25 mm。

(7)在任何情况下，纵向受拉钢筋的搭接长度不应小于 300 mm 和 $1.2 l_a$；受压钢筋的搭接长度不应小于 200 mm 和 $0.7 l_a$；当两根钢筋直径不同时，搭接长度按较细钢筋的直径计算。

(8)当混凝土在凝固过程中受力钢筋易受扰动时，如滑模施工，其搭接长度宜适当增加。

2. 焊接连接

混凝土结构设计规范规定，钢筋的接头宜优先采用焊接接头。焊接接头的焊接质量与钢材的焊接性、焊接工艺有关。钢材的焊接性是指在一定的焊接工艺条件下,获得优质焊接接头的难易程度,也就是金属材料对焊接加工的适应性。目前,钢筋焊接常用的方法有闪光对焊、电弧焊、电渣压力焊和气压焊等。

（1）闪光对焊

闪光对焊属于焊接中的压焊(在焊接过程中必须对焊件施加压力完成的焊接方法)。钢筋的闪光对焊是利用对焊机,将两段钢筋端面接触,通以低电压的强电流,利用产生的电阻热使接触点很快被加热至高温,产生强烈的金属蒸气飞溅,形成闪光,即烧化过程。继续移近钢筋端面,使之进一步闪光和加热至整个端面,在一定深度范围内达到预定温度时,迅速施加顶锻压力,完成焊接(图4-8)。

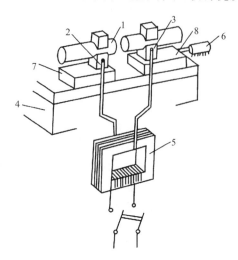

图4-8　钢筋对焊原理图
1—钢筋;2—固定电极;3—可动电极;4—机座;5—焊接变压器;6—手动顶压机构;7—固定支座;8—滑动支座

钢筋闪光对焊工艺常用的有连续闪光焊、预热闪光焊和闪光预热闪光焊。

①连续闪光焊。连续闪光焊是自闪光一开始就徐徐移动钢筋,形成连续闪光,接头处逐步被加热。连续闪光焊工艺简单,宜于焊接直径25 mm以内的钢筋。

②预热闪光焊。预热闪光焊是使接头处做周期性的闭合拉开,每一次都会激起短暂的闪光,使钢筋预热,接着再连续闪光,最后顶锻。适于焊接直径大于25 mm且端面较平的钢筋。

③闪光预热闪光焊。闪光预热闪光焊首先连续闪光,使钢筋端面闪平,然后再进行预热闪光焊的实施过程。适于焊接直径大且端面不平整的钢筋;对于HRB500级钢筋,焊后需热处理,提高接头塑性,防止脆断。主要控制参数:调伸长度(可动电极伸出的长度)、烧化留量和预热留量(10～20 mm)、顶锻留量(4～10 mm)、顶锻速度、顶锻压力、变压器次级(电流大小选择)。

质量检查包括外观检查,应有镦粗,无裂纹和烧伤,接头弯曲不大于3°,轴线偏移不大于0.1d,且不大于2mm;机械性能检查,每批(300个接头)取6个试件,3个做拉力试验,3个做冷弯试验。

（2）电弧焊

电弧焊是利用电弧作为热源的一种熔焊方法。施工现场常用交流弧焊机使焊条与钢筋间产生高温电弧。焊条的表面涂有焊药,以保证电弧稳定燃烧,同时焊药燃烧时形成气幕可使焊缝不致氧化,并能产生熔渣覆盖焊缝,减缓冷却速度。选择焊条时,其强度应略高于被焊钢筋。对重要结构的钢筋接头,应选用低氢型碱性焊条。

钢筋电弧焊接头的主要形式有:搭接焊接头、帮条焊接头、坡口焊接头等。

① 搭接焊与帮条焊接头。搭接焊接头(图4-9(a)),适用于直径不小于10 mm的HPB235、HRB335和HRB400级钢筋。钢筋宜预弯,以保证两钢筋的轴线在同一直线上。HPB235级钢筋单面焊的搭接长度不小于8 d_0、双面焊不小于4 d_0;HRB335、HRB 400级钢筋单面焊搭接长度不小于10 d_0、双面焊不小于5 d_0。帮条焊(图4-9(b))适用于直径不小于

10 mm 的 HPB235～HRB400 级钢筋,帮条宜采用与主筋同级别、同直径的钢筋制作或要求两个帮条直径相同,帮条总面积不小于 1.5 d_0,位置居中,帮条长等于焊缝长,焊缝长度砼搭接焊,主筋间隙 2～5 mm。

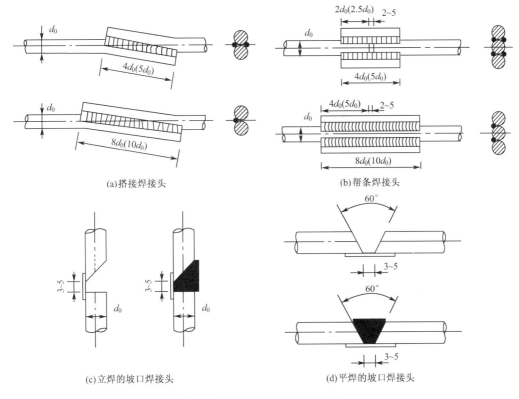

(a)搭接焊接头　　　　　　　　　　(b)帮条焊接头

(c)立焊的坡口焊接头　　　　　　　(d)平焊的坡口焊接头

图 4-9　钢筋电弧焊接头的主要形式

　　搭接焊与帮条焊宜采用双面焊,如不能进行双面焊时,也可采用单面焊,搭接焊或帮条焊在焊接时,其焊缝厚度不应小于 $0.3d_0$,焊缝宽度不应小于 $0.7d_0$。

　　②坡口焊接头。坡口焊分为立焊和平焊(图 4-9(c) (d))两种,适用于装配式框架结构的节点,可焊接直径 18 mm～40 mm 的 HPB235、HRB335、HRB400 级钢筋。

　　(3)电渣压力焊

　　电渣压力焊属焊接中的压焊。电渣压力焊(图 4-10)是用电流通过渣池所产生的热量来熔化母材,待到一定程度后施加压力,完成钢筋连接。这种钢筋接头的焊接方法与电弧焊相比,焊接效率高 5～6 倍,且接头成本较低,质量易保

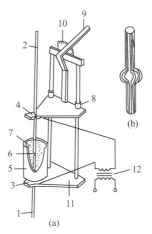

图 4-10　电渣压力焊示意图

1、2—钢筋 ;3—固定电极;4—活动电极;5—焊剂盒;6—导电剂;7—焊剂;8—滑动架;9—操纵杆;10—标尺;11—固定架;12—变压器

证,它适用于直径为 16 mm～32 mm 的 HPB235、HRB335 级竖向或斜向钢筋的连接。电渣压力焊的主要设备包括:三相整流或单相交流电的焊接电源;夹具、操作及监控仪杆的专用机头;可供电渣焊和电弧焊两用的专用控制箱等。电渣压力焊材料主要有焊剂及铁丝。

因焊剂要求既能形成高温渣池和支托熔化金属,又能改善焊缝的化学成分,提高焊缝质量,所以常选用含锰、硅量较高的 E431 焊剂,以免焊剂受潮,并避免在高温作用下产生蒸气,使焊缝有气孔。铁丝常采用绑扎钢筋直径为 0.5 mm～1 mm 的退火铁丝,制成球径不小于 10 mm 的铁丝球,用来引燃电弧(也可直接引弧)。外观检查(图 4-11)应满足以下要求:轴偏心 $\not\geqslant$ 0.15 d(4 mm);镦粗直径 $\not\leqslant$ 1.4 d;镦粗长度 $\not\leqslant$ 1.2 d;压焊面偏移 $\not\geqslant$ 0.2 d;轴线夹角 $\not\geqslant$ 4°。

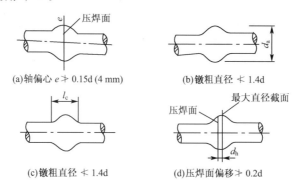

图 4-11　电渣压力焊外观

(4)气压焊

气压焊也属焊接中的压焊。钢筋气压焊的原理是利用乙炔、氧混合气体燃烧所形成的火焰加热钢筋两端面,使其达到塑化状态,促使钢筋端面的金属原子互相扩散,进一步加热至钢材熔点的 80%～90%(1 250 ℃～1 350 ℃)时,进行加压顶锻,使钢筋端面更加紧密接触,在温度和压力作用下,晶粒重新组合再结晶而达到焊合的目的。这种焊接方法设备简单,工效高,成本较低,适用于各种位置的直径为 16 mm～40 mm 的 HPB235、HRB335 级钢筋焊接连接。

钢筋气压焊设备(图 4-12)由供气装置、多嘴环管加热器、加压器以及焊接夹具等组成,其外观检查同电渣压力焊。

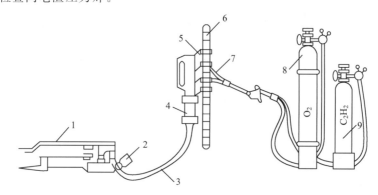

图 4-12　钢筋气压焊设备

1—脚踏油压泵;2—压力表;3—液压胶管;4—活动油泵;5—卡具;6—烤枪;7—氧气管;8—乙炔瓶;9—接头;10—钢筋

3. 机械连接

钢筋机械连接是通过机械手段将两钢筋端头连接在一起。这种连接方法的接头区变形能力与母材基本相同,工效高,连接可靠。

机械连接主要有套筒挤压连接、锥形螺纹连接和直螺纹连接。

(1)套筒挤压连接

弯形钢筋套筒挤压连接工艺(图4-13)的基本原理是:将两根待接钢筋端头(带肋粗筋)HRB335、HRB400、RRB400级直径18 mm~40 mm的钢筋,异径差不大于5 mm。插入优质钢套筒后,用液压压接钳径向挤压套筒,使之产生冷塑性变形而收缩,套筒部分内周壁因变形而紧密地嵌入变形钢筋的凹面内,由此产生摩擦力和抗剪力来传递钢筋连接处的轴向荷载。套筒挤压连接的主要设备有钢筋液压压接钳和超高压油泵。冷压连接用的套筒材料可选用无缝钢管,套筒全截面强度应大于被连钢筋强度。

套筒挤压连接的工艺流程为:钢筋、套筒验收→钢筋断料、划出套筒套入长度的定长标记→套筒套入钢筋、安装压接钳→开动液压泵、逐扣挤压套筒至接头成型→卸下丝机(不镦粗、不打磨、无切削)一次滚压加工压接钳→接头外形检查。

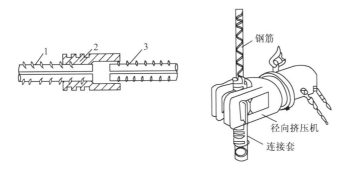

图4-13 变形钢筋套筒挤压连接
1—压痕;2—钢套筒;3—变形钢筋

钢筋套筒挤压接头适用于8 mm~40 mm的HRB335、HRB400、RRB400级钢筋,操作净距大于50 mm的各种场合。

(2)锥形螺纹钢筋连接

锥形螺纹钢筋连接工艺(图4-14)是模仿石油钻机延长钻管的方法。将被连接的钢筋端部加工成锥形外螺纹,其锥形外螺纹是在专用套丝机上套丝加工而成的,长度约为1.6 d;套筒内锥形螺纹则是在锥形螺纹旋切机上加工而成。套筒材料采用30~45号优质碳素钢,长度为3.5 d~4.2 d,直径为1.3 d~1.5 d,然后用手和特制扭力钳旋入套筒,将两根钢筋连接在一起。

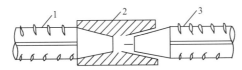

图4-14 锥形螺纹钢筋连接
1—已连接钢筋;2—锥形螺纹套筒;3—未连接钢筋

钢筋锥形螺纹连接方法具有现场连接速度快,无明火作业,无须专业熟练技工等优点,这种接头适于按一、二级抗震等级设防的混凝土结构工程中直径不小于 20 mm 的变形钢筋的连接。

(3)直螺纹连接

直螺纹连接是将两根待连接钢筋端部轧成直螺纹,然后旋入带有直螺纹的套筒中,从而将两端的钢筋连接起来(图 4-15)。

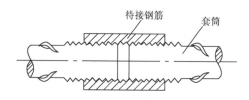

图 4-15   钢筋直螺纹连接

直螺纹连接特点:可连接φ16~φ40 的 HPB235、HRB335、HRB400 级同径或异径钢筋,对钢筋无可焊性要求;接头强度高,质量稳定可靠;操作简单,连接速度快;钢筋轧丝、连接套筒,现场、工厂预制加工生产,不占工期,提高工效;不用明火、不用电、不用气,可全天候施工;与锥形螺纹接头相比,其接头强度更高,安装更方便。

直螺纹连接适用范围:适用一、二级抗震设防的工业与民用房屋及各类构筑物的现浇钢筋混凝土结构的基础、柱、梁、墙的钢筋现场连接施工。

4.1.4 钢筋加工

钢筋加工包括调直、除锈、切断、接长、弯曲等工作。

1. 钢筋调直

钢筋调直宜采用机械调直,也可利用冷拉进行调直。若冷拉只是为了调直,而不是为了提高钢筋的强度,则调直时的冷拉率为:HPB235 级钢筋不宜大于 4%,HRB335、HRB400 级钢筋不宜大于 1%。如所使用的钢筋无弯钩弯折要求时,调直冷拉可适当放宽,HPB235 级钢筋不宜大于 6%;HRB335、HRB400 级钢筋不宜超过 2%。对不准采用冷拉钢筋的结构,钢筋调直冷拉率不得大于 1%。除利用冷拉调直外,粗钢筋还可采用锤直和扳直的方法;直径为 4 mm~14 mm 的钢筋可采用调直机进行调直。经调直的钢筋应平直、无局部曲折。

2. 钢筋除锈

为保证钢筋与混凝土之间的握裹力,钢筋在使用之前,应将其表面的油渍、漆污、铁锈等清除干净。钢筋的除锈可采用在钢筋冷拉或调直过程中除锈,这对大量钢筋除锈较为经济;也可采用电动除锈机除锈,对钢筋局部除锈较为方便;第三是采用手工除锈(用钢丝刷、沙盘)、喷沙和酸洗除锈等。在除锈过程中发现钢筋严重锈蚀并已损伤钢筋截面,或在除锈后钢筋表面有严重麻坑、斑点伤蚀钢筋截面时,应降级使用或剔除不用。

3. 钢筋切断

钢筋切断采用钢筋切断机或手动切断器。手动切断器一般用于切断直径小于 12 mm 的钢筋;钢筋切断机有电动和液压两种,可切断直径 40 mm 的钢筋。直径大于 40 mm 的钢筋常用氧乙炔焰或电弧切割或锯断。

钢筋应按下料长度切断。钢筋的下料长度应力求准确,允许偏差为 ±10 mm。

4.钢筋弯曲

钢筋下料后,应按弯曲设备特点及钢筋直径和弯曲角度进行画线,以便弯曲成设计所要求的尺寸。如弯曲钢筋两边对称时,画线工作宜从钢筋中线开始向两边进行,当钢筋弯曲形状比较复杂时,可先放出实样,再进行弯曲。

钢筋弯曲采用弯曲机。弯曲机可弯直径 6 mm～40 mm 的钢筋,直径小于 25 mm 的钢筋也可采用扳手弯曲。

加工钢筋的允许偏差:受力钢筋顺长度方向全长的净尺寸偏差不应超过 10 mm;弯起钢筋的弯折位置偏差不应超过 20 mm;箍筋内净尺寸偏差不应超过 5 mm。

4.1.5 钢筋的绑扎与安装

钢筋加工后,进行钢筋绑扎、安装,钢筋绑扎、安装前,应先熟悉图纸。核对钢筋配料单和钢筋加工牌,研究与有关工种的配合,确定施工方法。

钢筋的接长、钢筋骨架或钢筋网的成型应优先采用焊接或机械连接,如不能采用焊接(如缺乏电焊机或电焊机功率不够)或骨架过大过重不便于运输安装时,可采用绑扎的方法。

钢筋绑扎程序是:画线→摆筋→穿箍→绑扎→安装垫块等。画线时应注意间距、数量,标明加密箍筋位置。板类摆筋顺序一般先排主筋后排负筋;梁类一般先排纵筋。排放有焊接接头和绑扎接头的钢筋应符合规范规定。有变截面的箍筋,应事先将箍筋排列清楚,然后安装纵向钢筋。

1.钢筋绑扎应符合下列规定

(1)钢筋的交点须用铁丝扎牢。

(2)板和墙的钢筋网片,除靠外周两行钢筋的相交点全部扎牢外,中间部分的相交点可间隔交错扎牢,但必须保证受力钢筋不发生位移。双向受力的钢筋网片,须全部扎牢。

(3)梁和柱的钢筋,除设计有特殊要求外,箍筋应与受力筋垂直设置。箍筋弯钩叠合处,应沿受力钢筋方向错开设置。梁箍筋弯钩应在梁面左右错开 50%;柱箍筋弯钩应在柱四角相互错开。

(4)柱中的竖向钢筋搭接时,角部钢筋的弯钩应与模板成 45°(多边形柱为模板内角的平分角;圆形柱应与柱模板切线垂直);中间钢筋的弯钩应与模板成 90°。如采用插入式振捣器浇筑小截面柱时,弯钩与模板的角度最小不得小于 15°。

(5)板、次梁与主梁交叉处,板的钢筋在上,次梁的钢筋居中,主梁的钢筋在下;当有圈梁或垫梁时,主梁的钢筋在上。

(6)钢筋的接头宜设置在受力较小处。同一纵向受力钢筋不宜设置两个或两个以上接头。接头末端至钢筋弯起点的距离不应小于钢筋直径的 10 倍。

(7)在施工现场,应按国家现行标准《钢筋机械连接通用技术规程》(JGJ 107—2010)、《钢筋焊接及验收规程》(JGJ 18—2012)的规定对钢筋机械连接接头、焊接接头的外观进行检查,其质量应符合有关规程的规定。

(8)当受力钢筋采用机械连接接头或焊接接头时,设置在同一构件内的接头宜相互错开。

纵向受力钢筋机械连接接头及焊接接头连接区段的长度为 $35d$(d 为纵向受力钢筋的较大直径)且不小于 $500\ mm$,凡接头中点位于该连接区段长度内的接头均属于同一连接区段。同一连接区段内,纵向受力钢筋机械连接及焊接的接头面积百分率为该区段内有接头的纵向受力钢筋截面面积与全部纵向受力钢筋截面面积的比值。

同一连接区段内,纵向受力钢筋的接头面积百分率应符合设计要求;当设计无具体要求时,应符合下列规定:

①受拉区不宜大于 50%。

②接头不宜设置在有抗震设防要求的框架梁端、柱端的箍筋加密区;当无法避开时,可采用等强度高质量机械连接接头,但不应大于 50%。

③直接承受动力荷载的结构构件中,不宜采用焊接接头;当采用机械连接接头时,不应大于 50%。

2. 保护层厚度的控制

钢筋的安装除满足绑扎和焊接连接的各项要求外,尚应注意保证受力钢筋的混凝土保护层厚度,当设计无具体要求时,纵向受力钢筋的混凝土保护层最小厚度(钢筋外边缘至混凝土表面的距离)不应小于钢筋的公称直径,且应符合表 4-4 的规定。板、墙、壳中分布钢筋的保护层不应小于表 4-4 中相应数值减 $1\ mm$,且不应小于 $10\ mm$。梁、柱中箍筋和构造钢筋的保护层不应小于 $15\ mm$。

表 4-4　　　　　　　　混凝土保护层的最小厚度　　　　　　　　　　mm

环境类别	板、墙	梁、柱
一	15	20
二 a	20	25
二 b	25	35
三 a	30	40
三 b	40	50

注:1.表中混凝土保护层厚度指最外层钢筋外边缘至混凝土表面的距离,适用于设计使用年限为 50 年的混凝土结构。

2.构件中受力钢筋的保护层厚度不应小于钢筋的公称直径。

3.设计使用年限为 100 年的混凝土结构,一类环境中,最外层钢筋的保护层厚度不应小于表中数值的 1.4 倍;二、三类环境中,应采取专门的有效措施。

4.混凝土强度等级不大于 C25 时,表中保护层厚度数值应增加 5。

5.基础底面钢筋的保护层厚度,有混凝土垫层时应从垫层顶面算起,且不应小于40 mm。

工地常用预制水泥砂浆垫块或塑料卡(图 4-16)垫在钢筋与模板之间,以控制保护层厚度。为防止垫块窜动,常用细铁丝将垫块与钢筋扎牢,上下钢筋网片之间的尺寸可用绑扎短钢筋的方法来控制。

(a)塑料垫块

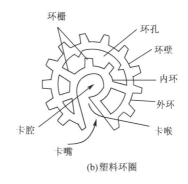

环栅

环孔
环壁
内环
外环
卡喉

卡腔
卡嘴

(b)塑料环圈

图 4-16 控制混凝土保护层用的塑料卡

4.1.6 钢筋工程验收

钢筋工程属于隐蔽工程,在浇筑混凝土之前,施工单位应会同建设单位、设计单位对钢筋及预埋件进行检查验收并做隐蔽工程记录。

隐蔽工程检查验收应对照图纸检查钢筋的级别、直径、根数和间距是否正确,对负弯矩筋应特别注意,防止施工时踩倒而导致保护层加厚,抗弯能力下降,并注意检查钢筋接头位置及搭接长度、端头锚固长度是否满足要求,是否有变形、松脱和开焊的现象;保护层是否符合要求,钢

钢筋安装位置
的允许偏差和
检验方法

筋表面有无油污,隔离剂是否有玷污钢筋的现象,预埋件位置及数量是否正确,钢筋安装位置的允许偏差和检验方法可扫码查看。验收合格后,有关各方应在验收书上签字,以备查考。

4.2 混凝土工程

混凝土工程包括制备、运输、浇筑、养护等施工过程,各施工过程既相互联系,又相互影响,其中任一过程处理不当都会影响混凝土工程的最终质量。

近年来,由于混凝土工程施工技术的发展,混凝土的制备在施工现场通过搅拌机和小型搅拌站实现了机械化;在工厂,大型搅拌站已实现了微机控制自动化。混凝土拌和物通过搅拌输送车和混凝土泵实现了长距离、超高度运输;很多大城市已实现了混凝土供应商品化。

4.2.1 混凝土制备

混凝土在配合比设计时,必须满足设计的混凝土强度等级,并有较好的施工性(和易性等)和经济性。混凝土的实际施工强度随现场生产条件的不同而上下波动,因此,混凝土制备前,应在强度和含水量方面予以调整进行试配,试配合格后才能进行生产。

1.混凝土配制强度的确定

为达到 95% 的强度保证率,首先应根据设计的混凝土强度标准值按下式确定混凝土的配制强度。

$$f_{cu,o} = f_{cuk} + 1.645\sigma \tag{4-8}$$

式中 $f_{cu,o}$——混凝土施工配制强度 N/ mm^2；

f_{cuk}——设计的混凝土强度标准值 N/ mm^2；

σ——施工单位的混凝土强度标准差 N/ mm^2。

当施工单位具有近期(现场拌制统计周期不超过 3 个月)同一品种混凝土的强度资料时,σ 可按下式求得：

$$\sigma = \sqrt{\frac{\sum_{i=1}^{n} f_{cu,i}^2 - n f_{cu \cdot m}^2}{n-1}} \tag{4-9}$$

式中 $f_{cu,i}$——统计周期内同一品种混凝土第 i 组试件的强度值,Mpa；

$f_{cu \cdot m}$——统计周期内同一品种混凝土 n 组强度的平均值,MPa；

n——统计周期内同一品种混凝土试件的总组数,$n \geqslant 25$。

用上式计算时,当混凝土强度等级为 C20 或 C25,如计算得到的 $\sigma < 2.5$ MPa,取 $\sigma = 2.5$ MPa；当混凝土强度等级高于 C25,如计算得 $\sigma < 3.0$ MPa,取 $\sigma = 3.0$ MPa。当施工单位无近期的同一品种混凝土强度资料时,当混凝土强度等级低于 C20,取 $\sigma = 4.0$ MPa；当混凝土强度等级为 C20~C30 时,取 $\sigma = 5.0$ MPa；当混凝土强度等级高于 C35 时,取 $\sigma = 6.0$ MPa。

2. 混凝土施工配合比及施工配料

混凝土配合比是在实验室根据初步计算的配合比经过试配和调整而确定的,称为实验室配合比。确定实验室配合比所用的砂石都是干燥(烘干)的。而在施工现场,砂石都有一定的含水率,为了保证混凝土的质量,施工时要按砂石实际含水率进行修正。

设实验室的配合比为水泥：砂：石子$=1：X：Y$,水灰比为 $W：C$。现场测得的砂、石含水率分别为 W_x,W_y。

则施工配合比为水泥：砂：石$=1：X(1+W_x)：Y(1+W_y)：(W-XW_x-YW_y)$

水灰比 $W：C$ 保持不变,但加水量应扣除砂石中的含水量,即 $W-XW_x-YW_y$。

【例 2】 某混凝土实验室配合比为 $1：2.28：4.47$,水灰比为 0.63,水泥用量为 285 kg/m^3,现场实测砂、石含水率为 3% 和 1%。拟用装料容量为 400 L 的搅拌机拌制,出料系数为 0.625,试计算施工配合比及每盘投料量。

解 (1)混凝土施工配合比为水泥：砂：石：水

$=1：2.28 \times (1+0.03)：4.47 \times (1+0.01)：(0.63-2.28 \times 0.03-4.47 \times 0.01)$

$=1：2.35：4.51：0.517$

(2)搅拌机出料量：$400 \times 0.625 = 250$ L $= 0.25$ m^3

(3)每盘投料量：

水泥 $m_c = 285 \times 0.25 = 71$ kg,取 75 kg,则

砂 $m_s = 75 \times 2.35 = 176$ kg

石 $m_g = 75 \times 4.51 = 338$ kg

用水量 $m_w = 75 \times 0.517 = 38.8$ kg。

混凝土原材料的偏差不得超过以下数值:水泥、混合材料±2%;粗细骨料±3%;外加剂±2%。

3. 混凝土搅拌机的选择

要获得均匀一致的混凝土,必须对其原材料充分搅拌,使原材料彻底混合。

混凝土的搅拌分为人工搅拌和机械搅拌两种。由于人工搅拌的劳动强度大,均匀性差,水泥用量偏大,因此,只在混凝土用量较少且分散或没有搅拌机的情况下采用。

常用搅拌机有自落式和强制式两种,可扫码查看。

4. 混凝土搅拌制度

(1)进料容量

选用搅拌机容量时不宜超载,如超过额定容积的 10%,就会影响混凝土的均匀性,反之则影响生产效益。我国规定混凝土搅拌机容量以出料容积(m³)×1 000 标定规格,常用规格有 250,500,550,750,1 000 等。装料容积与出料容积之比为 1:(0.55~0.75),一般可取 1:0.65。

自落式搅拌机和
强制式搅拌机

(2)投料方法

常用的投料方法有一次投料法和二次投料法两种。一次投料法对自落式搅拌机应先在筒内加部分水,在搅拌机的上料斗中依次装石子、水泥和砂,然后一次投料,同时陆续加水。这种投料方法可使砂子压住水泥,使水泥粉尘不致飞扬,并且水泥和砂子先进入搅拌筒形成水泥砂浆,缩短包裹石子的时间。对于强制式搅拌机,因出料口在下面,不能先加水,应在投入干料的同时,缓慢、均匀、分散地加水。

二次投料法又分为预拌水泥砂浆法、预拌水泥净浆法和水泥裹砂石法(又称 SEC 法)三种。预拌水泥砂浆法是先将水泥、砂和水加入搅拌筒内进行充分搅拌,成为均匀的水泥砂浆后,再投入石子搅拌成均匀的混凝土;预拌水泥净浆法是先将水泥和水充分搅拌成均匀的水泥净浆后,再加入砂和石搅拌成混凝土;水泥裹砂石法是先将全部砂、石和 70% 的水倒入搅拌机,搅拌 10~20s,将砂和石表面湿润,再倒入水泥进行造壳搅拌 30s 左右,最后加剩余水,进行糊化搅拌 60s 左右即完成。

与普通搅拌工艺相比,水泥裹砂石法能提高强度约 15%,混凝土不易产生离析现象,泌水性也大为降低,施工性也好。在强度相同的情况下,可节约水泥 15%~20%。因此在我国推广该工艺,可获得巨大的经济效益。

为保证混凝土搅拌质量,目前有专用的裹砂石混凝土搅拌机。

(3)混凝土搅拌时间

搅拌时间是指从原材料全部投入搅拌筒时起,到开始卸料时为止所经历的时间。搅拌时间是影响混凝土质量及搅拌机生产率的重要因素之一。搅拌时间过短,则混凝土不均匀,强度及工作性均降低;如适当延长搅拌时间,混凝土强度也会提高,但搅拌时间过长,会使不坚硬的骨料发生破碎或掉角,反而降低了混凝土的强度,还会引起混凝土工作性的降低,影响混凝土质量,也不经济。因而搅拌时间最长不宜超过所规定的最短时间的 3 倍。轻骨料及掺有外加剂的混凝土均应适当延长搅拌时间。

5. 混凝土搅拌站

混凝土搅拌站根据竖向工艺布置不同,分单阶式和双阶式两种(图 4-17),单阶式混凝土搅拌站是将原材料一次提升到贮料斗内，然后靠自重下落进入称量和搅拌工序。这种流程的特点是原材料从一道工序到下一道工序的时间短、效率高、自动化程度高、搅拌站占地面积小，适用于固定式大型混凝土搅拌站。

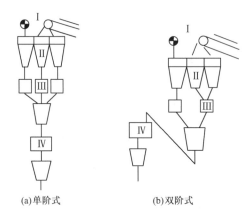

(a)单阶式　　　　　(b)双阶式

图 4-17　混凝土搅拌站工艺流程示意图

Ⅰ—运输设备；Ⅱ—贮料斗；Ⅲ—称量设备；Ⅳ—搅拌机

双阶式混凝土搅拌站则是将原材料提升进入贮料斗，由自重下落称量配料后，需经第二次提升进入搅拌机。使用这种工艺的搅拌站建筑物高度小、运输设备简单、投资少、建设快，但效率较单阶式低，建筑工地上设置的临时性混凝土搅拌站多属此类。

在混凝土集中预拌生产的搅拌站，多采用强制式搅拌机，以缩短搅拌时间，还能用微机控制配料和称量拌制出具有较好工作性的混合料。现场搅拌站是否合理，直接关系到生产效率和成本，以及工人劳动强度。因此，应根据现场具体条件和现有机械设备，尽可能采用机械化和自动化方式进行生产(图 4-18)。

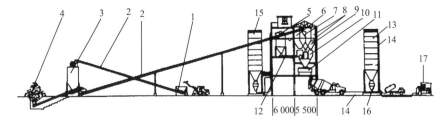

图 4-18　大型搅拌站竖向布置示意图

1—砂子上料斗；2—皮带机；3—砂子料仓；4—石子料坑；5—粉煤灰储料仓；6—石子储料仓；7—砂石分料仓；8—水泥储料仓；9—砂子储料仓；10—称量系统；11—搅拌机；12—粉煤灰螺旋输送机；13—水泥筒仓；14—气力输送管；15—粉煤灰筒仓；16—单仓泵；17—空压机房

4.2.2　混凝土运输

混凝土由拌制地点运往浇筑地点有多种运输方法。选用时应根据建筑结构类型特点、混凝土工程量大小、每日或每小时所需的混凝土浇筑量，水平及垂直运输的距离，现有设备情况，以及地形、道路与气候条件等综合因素确定。

1. 混凝土运输基本要求

（1）混凝土在运输过程中不产生分层、离析现象。如有离析现象，必须在浇筑前进行二次搅拌。运至浇筑地点后，应具有符合浇筑时所规定的坍落度。

（2）混凝土应以最少的转运次数、最短的时间，从搅拌地点运至浇筑地点。保证混凝土从搅拌机中卸出后到浇筑完毕的延续时间不超过有关规定。

（3）运送混凝土的容器应严密、不漏浆，容器的内壁应平整光洁、不吸水。黏附的混凝土残渣应及时清除。

（4）必须保证混凝土的浇筑量，在不允许留施工缝的情况下，混凝土运输必须保证浇筑连续进行。

2. 运输工具的选择

混凝土的运输可分为地面水平运输、垂直运输和楼面水平运输。

（1）地面水平运输。当采用商品混凝土或运距较远时，最好采用混凝土搅拌车。在运输过程中搅拌筒可缓慢转动进行拌和，防止混凝土离析。当距离过远时，可装入干料，在到达浇筑现场前 15 min～20 min 放入搅拌水，边行走边进行搅拌。运距较远，运量又较大时，可采用皮带运输机或窄轨翻斗车。

（2）垂直运输。可采用塔式起重机、混凝土泵、快速提升斗和井架。

（3）楼面水平运输。多采用双轮手推车。塔式起重机亦可兼顾楼面水平运输。如用混凝土泵则可采用布料杆布料。

3. 混凝土泵运输

混凝土泵是一种非常有效的运输和浇筑工具，它是利用泵的压力将混凝土通过管道直接输送到浇筑地点，可以一次完成水平运输和垂直运输。泵送混凝土具有输送能力大、速度快，效率高，节省人力，能连续作业等特点，因此，在我国一些大中城市，它已成为施工现场运送混凝土的一种重要方法。

（1）混凝土泵设备

按作用原理混凝土泵分为液压活塞式、挤压式和气压式三种，目前应用较多的是活塞泵。

混凝土输送管常用钢管，直径有 100 mm，125 mm，150 mm 三种规格，每段长约 3 m，还配有 45°、90°等弯管和锥形管。弯管、锥形管的流动阻力大，计算输送距离时要考虑其水平换算长度。垂直运送时，在立管的底部要增设逆流防止阀。

混凝土泵连续输送混凝土量很大，为使输送的混凝土直接浇筑到模板内，应设置具有输送和布料两种功能的布料装置（称为布料杆）。布料装置应根据工地的实际情况和条件来选择。

（2）泵送混凝土应注意的问题

①水泥用量。因水泥在管内起润滑作用，因此为了保证混凝土泵送的质量，泵送混凝土中最小水泥用量不宜小于 300 kg/m^3。

②坍落度。混凝土的流动性大小是影响混凝土与输送管内壁摩阻力大小的主要因素,故泵送混凝土的坍落度宜为 80 mm～180 mm。

③骨料种类。粗骨料宜优先选用卵石。当水灰比相同时,卵石混凝土比碎石混凝土流动性好,与管道摩阻力小。为减小混凝土与输送管道内壁的摩阻力,应限制粗骨料最大粒径 d 与输送管内径 D 之比值,一般粗骨料为碎石时,$d \leqslant D/3$;粗骨料为卵石时,$d \leqslant D/2.5$。细骨料以河砂最为合适。

④骨料级配和含砂率。泵送混凝土中骨料级配的均匀性对混凝土的流动性有很大影响,为提高混凝土的流动性和防止离析,泵送混凝土中通过 0.135 mm 筛孔的砂不应少于 15%,含砂率宜控制在 40%～50%。

⑤水灰比与外加剂。水灰比的大小对混凝土的流动阻力有较大影响,因此,泵送混凝土的水灰比宜为 0.4～0.6。

为了提高混凝土的流动性,减小混凝土与输送管内壁摩阻力、防止混凝土离析,延缓混凝土凝结时间,泵送混凝土宜掺入适量的外加剂。外加剂的品种和掺量视具体情况由试验确定。

⑥泵送混凝土施工时,混凝土的供应,必须保证混凝土泵能连续工作;输送管道布置尽可能直,转弯要缓,管与管接头要严密;少用锥形管,以减少压力损失。泵送前应先用适量的与混凝土内成分相同的水泥浆或水泥砂浆润滑输送管内壁;在泵送过程中,泵的进料斗应充满混凝土,以免吸入空气形成堵塞。若预计泵送间歇时间超过混凝土初凝时间或混凝土出现离析现象时,应立即用压力水或其他方法冲洗管内残留的混凝土;输送混凝土时,应先输送远处混凝土,使管道随混凝土浇筑工作的逐步完成,逐步拆管。

泵送结束,应用水及海绵球将残存的混凝土挤出,并清洗管道。

用泵送混凝土浇筑的结构,要加强养护,防止因水泥用量较大而引起裂缝。

4. 塔式起重机运输

塔式起重机既能完成混凝土的垂直运输,又能完成混凝土的水平运输,是一种有效灵活且在施工中广泛应用的混凝土运输方法。但由于提升速度较慢,随着建筑物高度的增加,每班次的起吊数将减少而影响输送能力。因此该方法一般用于 30～35 层以下建筑物的施工。

用塔式起重机运输混凝土应与吊罐或吊斗配合使用。确定料斗容量的大小,应考虑搅拌机的每次出料容量、起重机的起吊能力、工作幅度、运输车辆的运输能力以及浇筑速度等因素,常用的料斗容量为 0.4 m³～1.6 m³。

4.2.3　混凝土浇筑

混凝土浇筑必须使所浇筑的混凝土密实,强度符合设计要求,保证结构的整体性和耐久性,尺寸准确,拆模后混凝土表面平整光洁。混凝土的浇筑工作包括布料摊平、捣实和抹面修整等工序。

混凝土浇筑前,应检查模板的尺寸、轴线及其支架承载力和稳定性;纵向受力钢筋的牌号、规格、数量、位置,钢筋的连接方式、接头位置、接头质量、接头面积百分率、搭接长度、锚固方式及锚固长度、箍筋数量、间距、位置,箍筋弯钩的弯折角度及平直段长度;检查预埋件的位置和数量等,并进行验收,做好隐蔽工程施工记录。在浇筑混凝土过程中,还应随时填写混凝土工程施工日志。

1. 混凝土浇筑的基本要求

(1)混凝土浇筑时,自高处倾落的自由高度(称自由下落高度)不应超过 2 m,在浇筑竖向结构混凝土时,其浇筑高度不应超过 3 m,否则应使用溜槽或串筒,以防止混凝土产生离析。溜槽一般用木板制作,表面包铁皮,使用时其水平倾角不宜超过 30°。串筒用薄钢板制成,每节筒长 700 mm 左右,用钩环连接,筒内设有缓冲挡板。一旦出现混凝土离析和坍落度不能满足施工要求时,必须在浇筑前进行二次搅拌。

(2)为了使混凝土能够振捣密实,浇筑时应分层浇筑、振捣,并在下层混凝土初凝之前,将上层混凝土浇筑并振捣完毕。如果在下层混凝土已经初凝以后,再浇筑上面一层混凝土,在振捣上层混凝土时,下层混凝土由于受振动,已凝结的混凝土结构就会遭到破坏。

(3)竖向结构(墙、柱等)浇筑混凝土前,底部应先浇筑 50 mm～100 mm 厚与混凝土内砂浆成分相同的水泥砂浆。砂浆应用铁铲入模,不应用料斗直接倒入模内。

(4)在一般情况下,梁和板的混凝土应同时浇筑。较大尺寸的梁(梁的高度大于 1 m)、拱和类似的结构,可单独浇筑。在浇筑与柱和墙连成整体的梁和板时,应在柱和墙浇筑完毕后停歇 1 h～1.5 h,使其获得初步沉实后,再继续浇筑梁和板。

2. 施工缝位置的确定

施工缝是一种特殊的工艺缝(新老混凝土的接茬)。浇筑时由于施工技术(安装上部钢筋、重新安装模板和脚手架、限制支撑结构上的荷载等)或施工组织(工人换班、设备损坏、待料等)上的原因,不能连续将结构整体浇筑完成,且停歇时间可能超过混凝土的凝结时间时,则应预先在适当的部位留置施工缝。由于施工缝处"新""老"混凝土的连接强度比整体混凝土连接强度低,所以施工缝一般应留在结构受力较小且施工方便的部位。

柱的施工缝留设位置一般在基础或楼面的顶面、无梁楼板柱帽的下面、梁或吊车梁牛腿的下面、吊车梁上面,柱的施工缝应留成水平缝(图 4-19)。

单独浇筑与板连成整体的大断面梁时,施工缝应留置在板底面以下 20 mm～30 mm 处;板有梁托时,应留在梁托下部。

有主次梁的楼板(肋梁楼盖),宜顺着次梁方向浇筑,施工缝应留置在次梁跨度中间 1/3 的范围内(图 4-20)。单向板平行于板的短边的任何位置。

楼梯的施工缝应留在跨中 1/3 范围内;剪力墙的施工缝也应留置在门洞口过梁跨中 1/3 范围内,也可留在纵横墙的交接处。

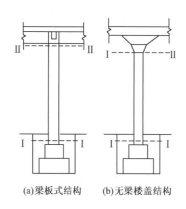

(a)梁板式结构   (b)无梁楼盖结构

图4-19   柱施工缝留设位置

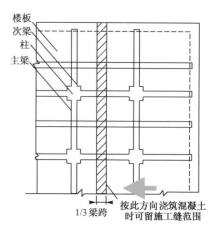

图4-20   肋梁楼盖的施工缝留设位置

双向受力楼板、大体积混凝土结构、拱、薄壳、蓄水池、斗仓、多层钢架及其他结构复杂的工程,施工缝的位置应按设计要求留置。

在施工缝处继续浇筑混凝土时,先前已浇筑混凝土的抗压强度应不小于1.2 N/mm²。继续浇筑前,应清除已硬化混凝土表面的水泥薄膜和松动石子以及软弱混凝土层,并加以充分湿润和冲洗干净,且不得积水。在浇筑混凝土前,先铺一层水泥浆或与混凝土成分相同的水泥砂浆。在重新浇筑混凝土的过程中,施工缝处应仔细捣实,使新旧混凝土牢固结合。

3. 浇筑方法

(1)分层浇筑

分层浇筑时,混凝土应细致捣实,使新旧混凝土紧密结合。浇筑混凝土时,振捣器不要直接触及钢筋及预埋件,并应经常观察模板、支架、钢筋、预埋件和预留孔洞的情况。当发现有变形、移位时,应立即停止浇筑,并应在已浇筑的混凝土凝结前修整完好。在浇筑混凝土时,应填写施工记录。

为了使混凝土能振捣密实,应分层浇筑、分层振捣,并在下层混凝土凝结之前,将上层混凝土浇筑和振捣完毕。混凝土浇筑层的厚度见表4-5。

表4-5   混凝土浇筑层厚度表   mm

项次	振捣混凝土的方法	浇筑层厚度
1	插入式振动	振动器作用部分长度的1.25倍
2	表面振动	200
3	(1)在基础或无筋混凝土和配人工筋稀疏的结构中捣固	250
	(2)在梁、墙板、柱结构中	200
	(3)在配筋密集的结构中	150
4	轻骨料混凝土插入式振动	300
	表面振动(振动时需加荷载)	200

(2)连续浇筑

浇筑混凝土应连续进行。如必须间歇,其间歇时间应尽量缩短,并应在前层混凝土凝

结之前,将次层混凝土浇筑完毕。混凝土运输浇筑及间歇的全部时间不得超过表 4-6 的
规定,当超过时应留置施工缝。

表 4-6　　　　　　　混凝土运输、浇筑和间歇的允许时间　　　　　　　min

混凝土强度等级	气　温	
	不高于 25 ℃	高于 25 ℃
不高于 C30	210	180
高于 C30	180	130

注:当混凝土中掺有促凝剂或缓凝剂时,其允许时间应根据试验结果确定。

(3)钢筋混凝土结构(框架)的梁、板、柱、墙的浇筑

浇筑这种结构之前,首先应划分施工层及施工段,一般施工层按结构层划分,施工段
应根据各层面积、梁、板、柱、墙等构件的断面尺寸、形状等具体情况划分,以便模板、钢筋、
混凝土等工程能相互配合,流水施工。

在每一施工层中,应先浇筑柱或墙。在每一施工段中的柱或墙应连续浇筑到顶。每
排柱子由外向内对称进行浇筑,以防柱子模板连续受侧推力而倾斜。柱、墙浇筑完毕后应
停歇 1 h~1.5 h,使混凝土获得初步沉实后,再浇筑梁、板混凝土。

对梁和板宜同时浇筑混凝土,以便结合成整体。当不能同时浇筑时,叠合面应根据设
计要求预留凸凹差(无要求时,凸凹差为 6 mm),形成粗糙面,以利于梁板为一体。楼板
混凝土的虚铺厚度应略大于板厚,用振捣器振实,以铁插尺检查厚度并用木抹子抹平。

4. 大体积混凝土的浇筑

大体积混凝土结构在工业建筑中多为大型设备基础和高层建筑中的厚大桩基承台或
厚大基础底板等,由于承受的荷载大,对整体性要求高,往往不允许留设施工缝,要求一次
连续浇筑完毕。另外,大体积混凝土结构混凝土量大,浇筑后,水泥水化热聚积在内部不
易散发,混凝土内部温度显著升高,而表面散热较快,内外温差大,在体内产生压应力,而
在表面产生拉应力。如温差过大,混凝土表面易产生裂纹。而当混凝土内部逐渐散热冷
却而收缩时,由于受到基底或已浇筑的混凝土的约束,接触处将产生很大的拉应力,当拉
应力超过混凝土极限抗拉强度时,便产生裂缝,严重者会贯穿整个混凝土块体,由此带来
严重危害。

(1)大体积混凝土浇筑方案

大体积混凝土浇筑方案可分为全面分层、分段分层和斜面分层 3 种(图 4-21)。

全面分层方案适用于结构的平面尺寸不太大的情况,施工时从短边开始,沿长边进行
较适宜(图 4-21(a))。采用全面分层方案时,浇筑强度很大,若现场混凝土搅拌机、运和
振捣设备均不能满足施工要求,可采用分段分层方案(图 4-21(b))。

分段分层方案适于结构厚度不大而面积或长度较大时采用。浇筑混凝土时沿长边方
向分成若干段,浇筑工作从底层开始,当第一层混凝土浇筑一段长度后,便回头浇筑第二
层,当第二层浇筑一段长度后,回头浇筑第三层,如此向前呈阶梯形推进。

采用斜面分层方案(图 4-21(c))时,混凝土一次浇筑到顶,由于混凝土自然流淌而形
成斜面。混凝土振捣工作从浇筑层下端开始逐渐上移。斜面分层方案多用于长度超过厚
度 3 倍的结构。

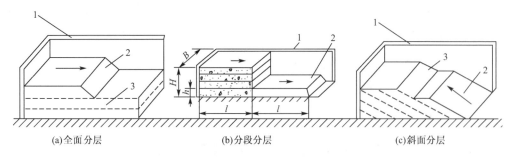

(a)全面分层　　　　　　　(b)分段分层　　　　　　　(c)斜面分层

图 4-21　大体积混凝土浇筑方案

1—模板;2—新浇筑的混凝土;3—已浇筑的混凝土

如用矿渣水泥等泌水性较大的水泥拌制混凝土,浇筑完毕后,必要时排除泌水,进行二次振捣。

如要保证混凝土的整体性,须保证每层浇筑的混凝土都应在下层混凝土初凝之前覆盖并振实成为整体。因此要求混凝土按下式混凝土浇筑强度(每小时混凝土最小浇筑量)进行浇筑:

$$Q = \frac{FH}{T} \tag{4-10}$$

式中　Q——每小时混凝土最小浇筑量(浇筑强度)(m^3/h);

　　　F——每个浇筑层(段)的面积(m^2);

　　　H——浇筑层厚度(m);

　　　T——下层混凝土从开始到初凝止所允许的时间间隔(h),

$$T = t_1 - t_2 \tag{4-11}$$

　　　t_1——混凝土初凝时间(h);

　　　t_2——运输时间(h)。

(2)大体积混凝土裂缝控制措施

①优先选用低水化热矿渣水泥拌制混凝土,并适当使用缓凝减水剂;

②在保证混凝土设计强度等级前提下,选择适宜的砂石级配,适当降低水灰比,减少水泥用量;

③降低混凝土的入模温度,控制混凝土内外的温差(当设计无要求时,控制在 25 ℃以内);如降低拌和水温度(拌和水中加冰屑或用地下水);骨料用水冲洗降温,避免曝晒;

④降低浇筑速度和减少浇筑层厚度;

⑤及时对混凝土覆盖保温、保湿材料;

⑥预埋冷却水管,通入循环水将混凝土内部热量带出,进行人工导热。

5. 水下浇筑混凝土

深基础、沉井、沉箱和钻孔灌注桩的封底、泥浆护壁灌注桩的混凝土浇筑以及地下连续墙施工等,常需要进行水下浇筑混凝土,目前水下浇筑混凝土多用导管法(图 4-22)。

导管直径 250～300 mm(至少为最大骨料粒径的 8 倍),每节长 3 m,用法兰密封连接,顶部有漏斗。导管用起重设备吊住,可以升降。浇筑前,导管下口先用球塞(木、橡皮等)堵塞,球塞用绳子或铁丝吊住。然后在导管内灌筑一定数量的混凝土,将导管插入水

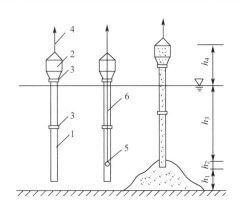

图 4-22　导管法水下浇筑混凝土

1—钢导管;2—漏斗;3—密封接头;4—吊索;5—球塞;6—绳子或铁丝

下,使其下口距地基面的距离 h_1 约 300 mm 进行浇筑,距离太小易堵管,太大则要求管内混凝土量要多,因为开管前管内的混凝土量要使混凝土冲出后足以封住并高出管口。当导管内混凝土的体积及高度满足上述要求后,剪断吊住球塞的绳子进行开管,使混凝土在自重作用下迅速排出球塞进入水中。此后一面均衡地浇筑混凝土,一面慢慢提起导管。提管时应注意提管速度,导管下口必须始终保持在混凝土表面之下一定距离。速度越慢,下口埋得越深,则混凝土顶面越平,但也越难浇筑;反之,浇筑容易,但混凝土中易进水,影响混凝土浇筑质量。在整个浇筑过程中,一般应避免在水平方向移动导管,直到混凝土顶面接近设计标高时,才可将导管提起,换插到另一浇筑点。一旦发生堵管,如半小时内不能排除,应立即换插备用导管。浇筑完毕,应清除顶面与水接触的一层厚约 200 mm 的松软部分。如水下结构物面积大,可用几根导管同时浇筑。导管的有效作用半径 R 取决于最大扩散半径 R_{max},而最大扩散半径可用下述经验公式计算:

$$R_{max} = \frac{KQ}{i} \tag{4-12}$$

式中　K——保持流动系数,即维持坍落度为 150 mm 时的最小时间(h);

　　　Q——混凝土浇筑强度(m^3/h);

　　　i——混凝土表面的平均坡度,当导管插入深度为 1 m ～ 1.5 m 时,取 1/7。

$$R = 0.85 R_{max} \tag{4-13}$$

导管的作用半径亦与导管的出水高度有关,出水高度应满足下式:

$$P = 0.05 h_1 + 0.15 h_3 \tag{4-14}$$

式中　P——导管下口处混凝土的超压力(MPa);

　　　h_3——导管下口至水面高度(m);

　　　h_4——导管出水高度(m)。

6. 混凝土的振捣

混凝土入模后,呈松散状态,其中含有占混凝土体积 5% ～ 20% 的空隙和气泡。只有通过很好的振捣,才能使混凝土充满模板的各个边角,并把混凝土内部的气泡和部分游离水排挤出来,使混凝土密实,表面平整,从而使强度等各种性能符合设计要求。

捣实混凝土有人工和机械两种方式。人工捣实是用人为的冲击(夯或插)使混凝土密实成型,这种方式一般在缺少机械等特殊情况下才采用,且只能将坍落度较大的塑性混凝土捣实。机械振实是将振动器的振动力以一定的方式传给混凝土,使之发生强迫振动而使混凝土密实成型。机械振实混凝土效率高、密实度强、质量好,且能振实低流动性或干硬性混凝土。因此,一般多用机械振捣密实成型方法。

（1）振捣密实的原理

振动捣实混凝土是振动机械产生的振动能量,通过某种方式传递给已浇入模板的混凝土,使之密实的方法。其原理是:在混凝土受到振动机械的振动力作用后,混凝土中的颗粒不断受到冲击力的作用而颤动,这种颤动使混凝土拌和物的物理性质发生了变化。由于这种变化使混凝土由原来塑性状态变换成重质液体状态,骨料犹如悬浮于液体之中,在其冲击力作用下向新的稳定位置沉落,并排除存在于混凝土中的气体,消除空隙,使骨料和水泥浆在模板中得到致密的排列和有效的填充。

（2）振动机械的选用

混凝土振动机械按其工作方式不同,可分为内部振动器（也称插入式振动器）、表面振动器（也称平板式振动器）、外部振动器（也称附着式振动器）和振动台四种（图4-23）。

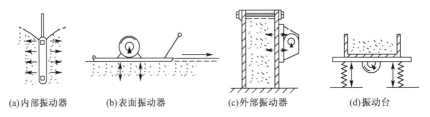

(a)内部振动器　　(b)表面振动器　　(c)外部振动器　　(d)振动台

图4-23　振动机械示意图

这些振动机械的构造原理都很简单,主要是利用偏心轴或偏心块的高速旋转,使振动器因离心力的作用而振动。由于振动器的高频振动,水泥浆的凝胶结构受到破坏,从而降低了水泥浆的黏度和骨料之间的摩阻力,提高了混凝土拌和物的流动性,使之能很好地填满模板内部,并获得较高的密实度。

①内部振动器

内部振动器又称插入式振动器,其型式很多,有硬管的、软轴的,振头又分锤式、棒式和片式,常被用来振实梁、柱、墙等平面尺寸较小而深度较大的构件和体积较大的混凝土。当振实大体积混凝土时,还可将几个振动器组成振动束进行强力振捣。使用插入式振动器的操作要点:直上和直下、快插与慢拔;插点要均布,切勿漏点插;上下要抽动,层层要扣搭,时间掌握好,密实质量佳。

振动棒插点间距要均匀排列,以免漏振,一般间距不要超过振动棒有效作用半径的1.4～1.5倍,插点可按行列式或交错式布置（图4-24）。

其中交错式的重叠搭接较好,比较合理。振捣方式有垂直振捣和斜向振捣两种。垂直振捣容易掌握插点距离,不容易漏振,容易控制插入深度（不得超过振动棒长度的1.25倍）,不易触及钢筋和模板,混凝土受振后能自然沉实,均匀密实。斜向振捣是将振动棒沿与混凝土表面成40°～45°角度插入,其特点是操作省力,效率高,出浆快,易于排出空气,不会发生严重的离析现象,振动棒拔出时不会形成孔洞（图4-25）。

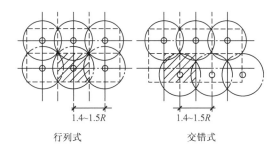

图 4-24　振动棒插点布置

振动棒的有效作用半径,应经试验确定,在一般情况下为 30 cm～40 cm;根据实践经验,其有效作用半径为振动棒半径的 8～10 倍。影响有效作用半径的因素较多,它与混凝土性能、结构特征和振捣时间等有关。混凝土坍落度越大,振动力越容易传播,有效作用半径亦越大,振捣时间越长;但时间过长,不仅会降低生产率,反而会使混凝土发生离析现象。一般每点振捣时间为 20 s～30 s,以振至混凝土不再沉落,气泡不再出现,表面开始泛浆并均匀即可。

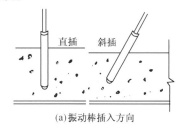

(a)振动棒插入方向

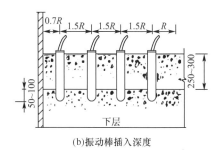

(b)振动棒插入深度

图 4-25　振动棒插入的方向和深度

②表面振动器

表面振动器又称平板式振动器,它是将电动机轴上装有左右两个偏心块的振动器固定在一块平板上而成的,其振动作用可直接传递于混凝土面层上。表面振动器与内部振动器不同,振捣混凝土时必须保持振动器与混凝土表面黏结,不能脱开,才能把振动波传入混凝土中,否则形成"捣击",会失去振实效果。对表面振动器的有效作用范围也有一定的限制,作用深度取决于拌和物的流动性和振动参数,一般不超过 200 mm。它适用于捣实楼板、屋面板、地面、板形构件和薄壳等薄壁结构。在无筋或单层钢筋的结构中,每次振实厚度不大于 250 mm;在双层钢筋的结构中,每次振实的厚度不大于 120 mm,振实工作应相互搭接 30 mm～50 mm,最好进行两遍,第一遍和第二遍的方向要互相垂直,第一遍主要使混凝土密实,第二遍则使其表面平整。

③外部振动器

外部振动器又称附着式振动器。这种振动器是固定在模板外侧的横挡或竖挡上,偏心块旋转时所产生的振动力通过模板传给混凝土,使之振实。其振动深度,最大约为 30 cm,仅适用于钢筋密集、断面尺寸小于 250 mm 的构件。当断面尺寸较大时,则须在两侧同时安设振动器振捣。附着式振动器的振动时间和有效作用半径系随结构形状、模板坚固程度、混凝土坍落度及振动器功率的大小等而定。一般要求混凝土的水灰比应比用内部振动器大一些;因此,最好采用轻巧模板,应用频率相同、小功率的成组振动器同时进行振捣,则效果较好。在一般情况下,可以每隔 1 m～1.5 m 距离设置一个振动器。振捣时,混凝土成一水平面,且不出现气泡时,即可停止振捣。

4.2.4　混凝土养护

混凝土拌和物经浇筑振捣密实后,即进入静置养护期,使其中的水泥逐渐与水起水化作用而增加混凝土的强度。混凝土的凝结硬化是水泥水化作用的结果,而水泥的水化作用只有在适当的温度和湿度条件下才能顺利进行。在这期间应设法为水泥的顺利水化创造条件,称混凝土的养护。养护的目的就是创造一个具有适合的温度和湿度的环境,防止混凝土受冻或内部水分过早蒸发,防止混凝土强度降低和出现收缩裂缝、剥皮起砂现象,使混凝土凝结硬化,逐渐达到设计要求的强度。

混凝土的养护方法很多,最常用的是对混凝土试块在标准条件下的养护,对预制构件的蒸汽养护,对一般现浇钢筋混凝土结构的自然养护等。

1. 自然养护

自然养护是在常温下(平均气温不低于 5 ℃)用适当的材料(如草帘)覆盖混凝土,并适当浇水,使混凝土在规定的时间内保持足够的湿润状态。混凝土的自然养护应符合规范规定:在混凝土浇筑完毕后,应在 12 h 以内加以覆盖和浇水;混凝土的浇水养护日期:硅酸盐水泥、普通硅酸盐水泥和矿渣硅酸盐水泥拌制的混凝土,不得少于 7 d;掺有缓凝型外加剂或有抗渗性要求的混凝土,不得少于 14 d;对于有特殊要求的结构部位或特殊品种水泥,要根据具体情况确定养护时间;浇水次数以能保持混凝土具有足够的湿润状态为准,养护初期,水泥水化作用进行较快,需水也较多,浇水次数要多;气温高时,也应增加浇水次数;养护用水的水质与拌制用水相同。

塑料薄膜密封养护适用于不易浇水养护的高耸构筑物或大面积混凝土结构,将以过氯乙烯树脂为主的塑料溶液用喷枪喷洒到混凝土表面上,溶液挥发后在混凝土表面形成一层薄膜,使混凝土与空气隔离,能阻止其自由水的过早过多蒸发,保证水泥水化作用正常进行。

2. 标准养护

混凝土在温度为(20±3)℃和相对湿度为 90% 以上的潮湿环境或水中的条件下进行的养护称为标准养护。用于对混凝土立方体试件进行养护。

3. 加热养护

加热养护主要有蒸汽养护、热拌混凝土热模养护和大体积混凝土的养护。

(1)蒸汽养护

在混凝土构件预制厂内,将蒸汽通入封闭窑内,使混凝土构件在较高的温度和湿度环境下迅速凝结、硬化,一般 12 h 左右即可养护完毕。在施工现场,可将蒸汽通入墙模板内,进行热模养护,以缩短养护时间。

蒸汽养护分为静置、升温、恒温和降温四个阶段。

静置阶段是混凝土成型后,在室温或低温下停放一段时间再进行蒸汽养护的阶段。静置时间为 2 h～6 h,这样可避免蒸汽养护时在构件表面出现裂缝和疏松现象,并可加速升温过程。

升温阶段即构件由常温升到养护温度的过程。升温速度不宜过快,以免在构件表面和内部产生过大温差而出现裂纹。升温速度为:薄壁构件不超过 25 ℃/h,其他构件不得超过 20 ℃/h,用干硬性混凝土制作的构件不得超过 40 ℃/h。

恒温阶段是温度保持不变的持续养护阶段,是混凝土强度增长最快的阶段。恒温养护阶段应保持 90%～100% 的相对湿度,恒温养护温度不得大于 95 ℃。如果再高,虽可使混凝土硬化速度加快,但会降低其后期强度。恒温养护时间一般为 3 h～8 h。

降温阶段是恒温养护结束后,构件由养护最高温度降至常温的散热降温过程。降温速度不得超过 10 ℃/h,构件出池后,其表面温度与外界温差,不得大于 20 ℃。

(2)热拌混凝土热模养护

在搅拌混凝土的过程中,直接将低压饱和蒸汽通入经过密封的搅拌机内,将混凝土加热到 40 ℃～60 ℃,然后浇筑成型,再将蒸汽喷射到模板上,加热模板,使热量通过模板传到构件内部,这样可以较快地进入高温养护,因而可大大缩短养护周期。

混凝土成型后,经过一段时间养护,当强度达到一定要求时,即可拆模。

(3)大体积混凝土的养护

养护方法分为保温法和保湿法两种。

养护时间:为了确保新浇筑的混凝土有适宜的硬化条件,防止在早期由于干缩而产生裂缝,大体积混凝土浇筑完毕后,应在 12h 内加以覆盖和浇水。普通硅酸盐水泥拌制的混凝土养护时间不得少于 14d;矿渣水泥、火山灰水泥等拌制的混凝土养护时间不得少于 21d。

4.2.5 混凝土质量检查

为了保证混凝土的质量,必须对混凝土生产的各个环节进行检查,消除质量隐患,保证安全。混凝土质量检查包括对原材料、施工过程及养护后的质量检查。

1. 原材料及施工过程的质量检查

检查内容包括:水泥品种及标号、砂石的质量及含泥量、混凝土配合比、搅拌时间、坍落度等。规范对上述各环节的检查频率都做了规定,一般要求在每一个工作班至少检查两次,如混凝土配合比有变化时,还应随时检查。

采用预拌(商品)混凝土时,应在商定的交货地点进行坍落度的质量检查,要求运来的混凝土坍落度与指定坍落度之间的允许偏差值应在表 4-7 规定的范围内。

表 4-7　混凝土坍落度与指定坍落度之间的允许偏差

坍落度(mm)	允许偏差(mm)	坍落度(mm)	允许偏差(mm)
≤50	±10	≥90	±30
50～90	±20		

2. 混凝土养护后的质量检查

混凝土养护后的质量检查,主要是指抗压强度的检查,如有特殊设计要求时,还须对其进行检查,如抗渗性、抗冻性等。混凝土的抗压强度是通过对边长 150 mm 立方体标准试件,在标准条件下(20±3 ℃,湿度≥90%)养护 28 天,用标准试验方法测得的抗压强度值。

（1）取样

评定强度的试块应在浇筑现场，随机抽样而得，不得挑选，更不能特制。

（2）试块留置数量

试块的用途包括两个方面，其一是用于评定结构或构件的强度；其二是作为施工的辅助手段，用于检查结构或构件的强度以确定拆模、出池、吊装、张拉及临时负荷的允许时间，用于检查混凝土强度的试件，应在混凝土的浇筑地点随机抽取。此种试块的留置数量，根据需要确定，并与构件同条件养护。

作为评定结构强度的试块组数，对同配合比的混凝土应按下列规定留置：

①每拌制 100 盘且不超过 100 m³ 的同一配合比的混凝土，取样不得少于一次；

②每工作班拌制的同一配合比的混凝土不足 100 盘时，取样不得少于一次；

③当一次连续浇筑超过 1 000 m³ 时，同一配合比的混凝土每 200 m³ 取样不得少于一次；

④每一楼层、同一配合比的混凝土，取样不得少于一次；

⑤每次取样应至少留置一组标准养护试件，同条件养护的试件组数应根据实际需要确定。

（3）试块养护方法

用于评定结构的抗压强度，对试块必须进行标准养护，即在温度为（20±3）℃和相对湿度为 90％的潮湿环境或水中养护 28d。

作为施工辅助用试块，应使用同条件养护，即将试块置于欲测定构件同等条件下养护。

3. 混凝土强度评定方法

（1）每组试块强度代表值的确定

试验应分组进行，每组三块应在同盘混凝土中取样制作。其强度是以三个试块试验结果的平均值，作为该组强度的代表值。当三个试块中出现过大或过小的强度值，其与中间值相比超过 15％时，以中间值作为该组的代表值。当过大或过小者与中间值之差均超过中间值约 15％时，该组试块不应作为强度评定的依据。

（2）混凝土强度评定

验收应分批进行，每批由若干组试块组成，同一验收批由原材料和配合比基本一致的混凝土所制试块组成。同一验收批的混凝土强度，以全部试块的代表值来评定。

①当混凝土的生产条件在较长时间内能保持一致，且同一品种混凝土的强度变异性能保持稳定时，应由连续的三组试块代表一个验收批，其强度应同时符合下列要求：

$$mf_{cu} \geqslant f_{cu,k} + 0.7\sigma_o \tag{4-15}$$

$$f_{cu,\min} = f_{cu,k} - 0.7\sigma_o \tag{4-16}$$

当混凝土强度等级不高于 C20 时，应符合下式要求：

$$f_{cu,\min} \geqslant 0.85 f_{cu,k} \tag{4-17}$$

当混凝土强度等级高于 C20 时,应符合下式要求:

$$f_{cu,min} \geqslant 0.90 f_{cu,k} \tag{4-18}$$

式中　mf_{cu}——同一验收批混凝土强度的平均值,N/mm^2;

　　　$f_{cu,k}$——设计的混凝土强度标准值,N/mm^2;

　　　σ_o——验收批混凝土强度的标准差,N/mm^2;

　　　$f_{cu,min}$——同一验收批混凝土强度的最小值,N/mm^2。

验收批混凝土强度的标准差,应根据前一检验期内同一品种混凝土试件的强度数据,按下列公式确定:

$$\sigma_o = \frac{0.59}{m} \sum_{i=1}^{m} \Delta f_{cu,i} \tag{4-19}$$

式中　$\Delta f_{cu,i}$——前一检验期内第 i 验收批混凝土试件中强度的最大值和最小值之差;

　　　m——前一检验期内验收批总批数。

每个检验期不应超过三个月,且在该期间内验收批总批数不得少于 15 组。

②当混凝土的生产条件不能满足上述规定,或在前一检验期内的同一品种混凝土没有足够的强度数据用以确定验收批混凝土强度标准差时,应由不少于 10 组的试件代表一个验收批,其强度应同时符合下式要求:

$$mf_{cu} - \lambda_1 S_{f_{cu}} \geqslant 0.90 f_{cu,k} \tag{4-20}$$

$$f_{cu,min} \geqslant \lambda_2 f_{cu,k} \tag{4-21}$$

式中　$S_{f_{cu}}$——验收批混凝土强度的标准差(N/m^2);应按下式计算

$$S_{f_{cu}} = \sqrt{\frac{\sum f_{cu,i}^2 - n f_{cu}^2}{n-1}} \tag{4-22}$$

当 $S_{f_{cu}}$ 的计算值小于 $0.06 S_{f_{cu}}$ 时,取 $S_{f_{cu}} = 0.06 f_{cu,k}$。

式中　$f_{cu,i}$——验收批内第 i 组混凝土试件的强度值(N/m^2);

　　　n——验收批内混凝土试件的总组数;

　　　λ_1, λ_2——合格判定系数,应按表 4-8 取用。

表 4-8　　　　合格判定系数

试件组数	10~14	15~24	≥25
λ_1	1.70	1.65	1.60
λ_2	0.90	0.85	

③对零星生产的预制构件的混凝土或现场搅拌批量不大的混凝土,可采用非统计法评定。此时,验收批混凝土的强度必须同时符合下列要求:

$$mf_{cu} \geqslant 1.15 f_{cu,k} \tag{4-23}$$

$$f_{cu,min} \geqslant 0.95 f_{cu,k} \tag{4-24}$$

④混凝土试块强度不符合上述规定时,可以从结构中钻取混凝土试样或采用非破损检验方法作为辅助手段进行检验。

4.混凝土强度的其他检验方法

（1）钻芯检验法

当需要对混凝土结构物的强度复验，或由于其他原因需要重新核对结构物的承载能力时，可以在混凝土结构物上钻取芯样，做抗压强度试验，以确定混凝土的强度等级。由于芯样是在结构物上直接钻取的，因此所得结果能较真实地反映结构物的强度情况。

钻取混凝土芯样的方法是采用内径为 100 mm 或 150 mm 的金刚石或人造金刚石薄壁钻头钻取高度和直径均为 100 mm 或 150 mm 的芯样。取芯部位应该是在结构或构件受力较小的部位，避开主筋、预埋件和管线，便于钻芯机的安装与操作。钻芯检验法对薄壁构件不能采用。

（2）非破损检验方法

①回弹法

回弹法是利用回弹仪根据事前预测好的硬度—强度曲线，测定结构或构件的抗压强度。回弹仪可直接测得结构或构件已硬化的表层混凝土的数据，因此，需要事先对混凝土表面的碳化深度准确测定，只有确定表层和内部的质量一致时，所测得的强度才是该构件的平均强度。

②超声法

超声法是将超声波检测仪的发射器与接收器放在需要测试混凝土强度的对称部位，发射器放出的超声波，经过混凝土后被接收器接收，由于混凝土密实度不同，因而超声波在混凝土中行进速度不同，通过仪器读数，按事先建立的强度与速度的关系曲线，可以换算成所需要测定的混凝土强度。

超声波还可以较准确地检测混凝土的缺陷位置、大小和性质，因而它也是用来判断混凝土连续性、均匀性的一种常用方法。

③超声回弹综合法

超声回弹综合法是建立在超声波传播速度和回弹值同混凝土抗压强度之间相互联系的基础之上的，以声速和回弹值综合反映混凝土的抗压强度。综合法与单一法相比精度高、适应范围广，已在我国混凝土工程中被广泛应用。

4.3   混凝土冬期施工

4.3.1   混凝土冬期施工原理

新浇混凝土中的水可分为三部分：第一部分是游离水（也称自由水），它充满在混凝土各种材料的颗粒孔隙之间；第二部分是物理结合水，是吸附在各种颗粒的表面和毛细管中的薄膜水；第三部分是与水泥颗粒起水化作用的水化水。在混凝土冬期施工中，气温较低，对混凝土的凝结硬化和强度增长有较大影响。

现行《建筑工程冬期施工规程》(JGJ 104—2011)中规定：当室外日平均气温连续五天低于 5 ℃时，即进入冬期施工；当室外日平均气温连续五天高于 5 ℃时，解除冬期施工。

气温在 5 ℃时,混凝土的初凝时间会大大推迟,降至 0 ℃,混凝土的硬化速度会变得非常缓慢;降至 0 ℃以下,混凝土中的石子和水泥砂浆界面、混凝土和钢筋界面薄膜水和水化水相继开始结冰,水化作用将更加缓慢。

如果混凝土在初凝前后遭受冻结,则由于水泥水化作用刚开始不久,混凝土本身尚无强度,会因大量游离水结冰膨胀而变得很松散,其最终强度会损失 50% 以上,其抗冻性、抗渗性及耐久性也会大大降低。如果混凝土终凝后再遭受冻结,则由于其本身强度还不能抵抗水结冰而引起的膨胀应力,混凝土经养护后仍要损失其最终强度。当混凝土具有一定强度足以抵抗其内部剩余水结冰而产生的膨胀应力时遭受冻结,混凝土的强度损失很小。混凝土在受冻以前必须达到的最低强度,称为混凝土冬期施工的受冻临界强度。

受冻临界强度的取值,《建筑工程冬期施工规程》(JGJ 104—2011)中规定:

普通混凝土是采用硅酸盐水泥和普通硅酸盐水泥配制的,应为设计混凝土强度标准值的 30%。采用矿渣硅酸盐水泥配制的混凝土,应为设计混凝土强度标准值的 40%,但混凝土强度为 C10 及 C10 以下时,受冻临界强度不得低于 5 N/mm²。当施工需要提高混凝土强度等级时,应按提高后的强度等级确定。

4.3.2 原材料的选择与要求

水泥应优先选用活性高、水化热量大的硅酸盐水泥和普通硅酸盐水泥,不宜用火山灰质硅酸盐水泥和粉煤灰硅酸盐水泥。水泥的强度等级不应低于 42.5 N/mm²,最小水泥用量不宜少于 300 kg/m³,水灰比不应大于 0.6,水泥应在使用前 1 d～2 d 运入暖棚存放,暖棚温度宜在 5 ℃以上。

骨料应清洁,不得含有冰、雪、冻块及其他易冻裂物质;要求骨料提前清洗和贮备,贮备场地应选择地势较高不积水的地方。

4.3.3 混凝土冬期施工方法

混凝土冬期施工方法一般分为三类:混凝土养护期间不加热、混凝土养护期间加热和综合方法。

混凝土养护期间不加热的方法有蓄热法、掺外加剂法;混凝土养护期间加热的方法包括蒸汽加热法、电热法、暖棚法等;综合方法就是将两种方法综合应用,目前最常用的综合蓄热法即在蓄热法基础上掺外加剂或进行短时间加热的综合方法。

1. 混凝土养护期间不加热

(1)蓄热法

蓄热法是利用加热过的原材料(水泥除外)拌制混凝土时所预加的热量及水化热,再用适当的保温材料覆盖,防止热量过快散失,使混凝土在正温条件下增加强度,尽快达到受冻临界强度。

《建筑工程冬期施工规程》(JGJ 104—2011)中规定:当室外最低气温不低于 −15 ℃时,地面以下的工程,应优先采用蓄热法养护。

原材料加热应优先考虑加热水,如水加热至极限温度而热量尚显不足时,再考虑加热砂、石。骨料加热可用直接加热法,即将蒸汽直接通到骨料中的方法;或在骨料堆、贮料斗中安设蒸汽盘管进行间接加热,工程量小的也可放在铁板上用火烘烤。

水、骨料加热的温度视水泥标号和品种而定,加热的最高温度应符合规定(表 4-9)。

表 4-9	拌和水及骨料加热最高温度	℃	
水 泥 品 种 及 标 号		拌和水	骨料
＜ 42.5 级(525)普通硅酸盐水泥、矿渣硅酸盐水泥		80	60
≥42.5 级(525)硅酸盐水泥、普通硅酸盐水泥		60	40

(2)掺外加剂法

掺外加剂法是在混凝土中加入外加剂,不需采取任何加热措施就能使混凝土在负温下进行水化作用、继续硬化增加强度的方法。这种方法可使混凝土冬期施工工艺大大简化,节约能源,减少附加设施、降低造价,是混凝土冬期施工的一种有发展前途的方法。

冬期施工使用的混凝土外加剂有四种类型,即早强剂、防冻剂、减水剂和引气剂,可以起到早强、抗冻、促凝、减水和降低冰点的作用。

①防冻剂和早强剂。防冻剂的作用是降低混凝土液相冰点,使混凝土早期不受冻,以便水泥的水化能继续进行;早强剂是指能提高混凝土早期强度,并对后期强度无显著影响的外加剂。

常用的防冻剂有:氯化钠($NaCl$)、氯化钙($CaCl$)、亚硝酸钠($NaNO_3$)等。

氯化钠($NaCl$)和氯化钙($CaCl$)都有抗冻、早强的作用,但会锈蚀钢筋,故规范中对氯盐($CaCl_2$、$NaCl$)的使用及掺量有严格规定:在钢筋混凝土结构中,氯盐掺量不得超过水泥重量的 1%;经常处于高湿环境中的结构、预应力及使用冷拉钢筋或冷拔低碳钢丝的结构、具有薄细构件的结构或有外露钢筋预埋件而无防护的部位等,均不得掺入氯盐。由于氯盐掺量有限,所以只宜用于 -10 ℃ 以内的负温情况。亚硝酸钠($NaNO_3$)有抗冻、阻锈、减水的作用,但也只适用于 -10 ℃ 以内的负温情况。

早强剂以无机盐类为主,如硫酸盐(Na_2SO_4、$CaSO_4$、K_2SO_4)、碳酸盐(K_2CO_3)、硅酸盐等。其中的氯盐使用历史最久:氯化钙早强作用较好,常作早强剂使用;而氯化钠降低冰点作用较好,故常作为防冻剂使用。

②减水剂。减水剂是指在不影响混凝土和易性条件下,具有减水作用的外加剂。

常用的减水剂有木质素磺酸盐类、树脂系减水剂、糖蜜系减水剂、腐殖酸减水剂、复合减水剂等。

③引气剂。引气剂是指在混凝土中,经搅拌能引入大量分布均匀的微小气泡,当混凝土受冻时,孔隙中部分水被冻胀压力压入气泡中,缓解了混凝土受冻时的体积膨胀,故可防止冻害。

引气剂按材料成分可分为松香树脂类、烷基苯磺酸盐类、脂肪醇类等。

2.混凝土养护期间加热

(1)蒸汽加热法

蒸汽加热法是利用低压(不大于 0.07 MPa)饱和蒸汽对新浇混凝土构件进行加热养护,使混凝土保持一定的温度和湿度,以加速混凝土的硬化。该法对各类构件皆可应用,但需要锅炉等设备,消耗能源多,费用高,因而只有当在一定龄期内采用蓄热法达不到要求时,并经过经济比较后才能采用。因矿渣硅酸盐水泥后期强度损失比普通硅酸盐水泥后期强度损失少,因此宜优先选用矿渣硅酸盐水泥拌制混凝土。

蒸汽加热法除去预制构件厂用的蒸汽养护窑之外,还有蒸汽套法、毛细管法和构件内部通汽法等(表 4-10)。用蒸汽加热法养护混凝土,当用普通硅酸盐水泥时温度不宜超过 80 ℃,用矿渣硅酸盐水泥时可提高到 85 ℃,升温、降温速度亦有限制(表 4-11),并应设法排除冷凝水。采用内部通汽法时,最高加热温度不应超过 60 ℃。

表 4-10　　　　　　　　　　混凝土蒸汽养护法的适用范围

方法	简述	特点	适用范围
棚罩法	用帆布或其他罩子扣罩,以内部通蒸汽法养护混凝土	设施灵活、施工简便,费用较小;但耗汽量大,温度不易均匀	预制梁、板、地下基础、沟道等
蒸汽套法	制作密封保温外套,分段送汽养护混凝土	温度能适当控制,加热效果取决于保温构造,设施复杂	现浇梁、板、框架结构、墙、柱等
热模法	模板外侧配置蒸汽管,加热模板养护	加热均匀、温度易控制,养护时间短,设备费用大	墙、柱及框架结构
内部通汽法	结构内部留孔道,通蒸汽加热养护	节省蒸汽,费用较低,入汽端易过热,需冷凝水处理	预制梁、柱、现浇梁、柱、框架单梁等

用蒸汽养护时,根据构件的表面系数,对混凝土的升温速度有一定限制,对冷却速度和极限加热温度亦有限制。养护完毕,混凝土的强度至少要达到混凝土冬期施工临界强度。对整体式结构,当加热温度在 40 ℃以上时,有时会使结构物的敏感部位产生裂缝,因而应对整体结构的温度应力进行验算,对一些结构要采取措施降低温度应力,或设置必要的施工缝。

表 4-11　　　　蒸汽加热法养护混凝土升温和降温速度表

结构表面系数/m^{-1}	升温速度/(℃/h)	降温速度/(℃/h)
≥6	15	10
<6	10	5

①蒸汽套法是在构件模板外再加密封的套板,模板与套板间的空隙不宜超过 15 cm,在套板内通入蒸汽加热养护混凝土。此法加热均匀,但设备复杂、费用大,只适宜在特殊条件下用于养护梁、板等水平构件等。

②热模法是在钢模板的一侧焊蒸汽排管(或利用钢模板作为散热器),外面用矿棉保温通入蒸汽加热养护混凝土。

大模板混凝土蒸汽热模的构造如图 4-26 所示。在模板的背面安有蒸汽排管,用蒸汽加热模板,并同刚成型的混凝土进行热交换。为减小热损失,在模板背面还应设有保温层,每块热模的出汽口与另一块热模的进汽口相连接。

③内部通汽法是在浇筑构件时先预留孔道,再于一端孔内插入短管通入蒸汽加热混凝土。加热时混凝土温度一般控制在 30 ℃～60 ℃,待混凝土达到要求强度后,随即用

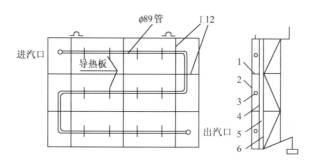

图 4-26 柱用毛细管法养护

1—横肋;2—模的面;3—蒸汽管;4—0.5 mm 厚铁皮;5—30 mm
厚矿棉;6—1 mm 厚铁皮

砂浆或细石混凝土灌入通汽孔内加以封闭。

（2）电热法

电热法是利用电流通过不良导体混凝土或电阻丝所发出的热量来养护混凝土。其方法分电极法和电热器法两类。

电极法即在新浇筑的混凝土中，每隔一定间距（200 mm～400 mm）插入电极（$\phi 6$ mm～$\phi 12$ mm 短钢筋），接通电源，利用混凝土本身的电阻，变电能为热能进行加热。加热时，要防止电极与钢筋接触而引起短路。对于较薄的构件，亦可将薄钢板固定在模板内侧作为电极。

电热器法是利用电流通过电阻丝产生的热量进行加热养护。根据需要，可将电热器制成板状，用以加热现浇楼板;亦可制成针状，用以加热装配整体式的框架接点，对用大模板施工的现浇墙板，则可用电热模板（大模板背面装电阻丝形成热夹层，其外用铁皮包矿渣棉封严）加热等。

（3）暖棚法

暖棚法是在混凝土浇筑地点，用保温材料搭设暖棚，在棚内采暖，使温度提高，混凝土养护如同在常温中一样,但费用高、耗能大。

适用范围:地下工程、混凝土集中的工程。

3. 综合方法

当采用蓄热法养护不能满足要求时,可选用综合蓄热法养护。

综合蓄热法施工应选用早强剂或早强型复合防冻剂,并应具有减水、引汽作用。混凝土浇筑后,应在裸露混凝土表面采用塑料布等防水材料覆盖并进行保温。对边、棱角部位的保温厚度应增至大面部位的 2～3 倍。混凝土在养护期间应防风、防失水。

采用组合钢模板时,宜采用整装整拆方案。当混凝土强度达到 1 N/m² 后,可使侧模板轻轻脱离混凝土后,再合上继续养护到拆模。

另外,混凝土冬期施工时,混凝土的运输时间和距离应保证混凝土不离析、不丧失塑性。应根据具体情况采取一些必要措施,如尽可能减少运输时间和距离;使用大容积的运输工具并加以适当保温。为促使水化热能尽早散发,混凝土的入模温度不宜太低,规范规定,已浇筑层的混凝土温度在未被上一层混凝土覆盖前不得低于2℃。采用加热养护时,养护前的温度不得低于2℃。混凝土入模前,应清除模板和钢筋上的冰雪、冰块和污垢。如用热空气或蒸汽融解冰雪,冰雪被融解后应及时浇筑混凝土,然后立即覆盖保温。

　　冬期不得在强冻胀性地基上浇筑混凝土。这种土冻胀变形大,如果地基土遭冻,必然引起混凝土的冻害及变形。在弱冻胀性地基上浇筑时,地基上应进行保温,以免遭冻。

复习思考题

　　1.何为混凝土结构? 钢筋混凝土结构的施工方法有哪些?

　　2.热轧钢筋如何分类? 其力学性能变化有何特点?

　　3.如何区分钢丝、粗细钢筋?

　　4.施工现场钢筋检验包括哪些内容? 何种情况下需要检验钢筋的化学成分?

　　5.钢筋代换有哪几种方法? 钢筋代换应关注哪些问题?

　　6.钢筋连接的方式主要有哪些? 如何选择钢筋的连接方式? 焊接连接的方式主要有哪些?

　　7.钢筋电弧焊的接头形式有哪些? 并说明每种接头形式的适用范围。

　　8.简述电渣压力焊的特点、适用范围及所用的主要设备。

　　9.阐述直螺纹连接特点及适用范围。

　　10.钢筋加固包括哪些内容? HRB335钢筋调制的冷拉率有何要求?

　　11.梁和柱箍筋绑扎有何要求? 板和墙的钢筋网片绑扎有何要求?

　　12.钢筋工程检查验收包括哪几方面? 对钢筋的混凝土保护层如何控制?

　　13.混凝土工程施工包括哪几个施工过程?

　　14.施工单位的混凝土强度标准差为5 N/mm²,设计C20混凝土的施工配制强度是多少?

　　15.何为混凝土的一次投料法、二次投料法? 各有何特点? 二次投料时混凝土强度为什么会提高?

　　16.混凝土运输有哪些要求? 混凝土运输有哪些运输机械? 各适用于何种情况?

　　17.混凝土泵有几类?

　　18.采用泵送时,对混凝土有哪些要求?

　　19.混凝土浇筑前对模板钢筋应做哪些检查?

　　20.混凝土浇筑基本要求是什么? 怎样防止离析?

　　21.什么是施工缝? 施工缝留设位置有何要求?

　　22.施工缝处如何浇筑混凝土?

　　23.钢筋混凝土框架结构的浇筑有哪些基本要求?

　　24.简述大体积混凝土施工的浇筑方案及适用范围。

　　25.防止大体积混凝土开裂的措施有哪些?

26. 混凝土机械振捣方式有哪些?

27. 简述插入式振动器操作要点。

28. 什么是混凝土的自然养护? 自然养护有哪些规定?

29. 混凝土的蒸汽养护分为几个阶段? 各阶段有何要求?

30. 混凝土原材料及施工过程的质量检查包括哪些内容? 对试块养护方法有哪些规定?

31. 混凝土强度的评定方法有哪些?

32. 简述混凝土冬期施工原理。

33. 冬期施工的混凝土原材料有何要求?

34. 何为混凝土受冻临界强度? 不同品种混凝土受冻临界强度如何确定?

35. 何为蓄热法? 对其适用范围有何要求?

36. 冬期施工的混凝土用外加剂有哪些类型? 外加剂有哪些作用?

37. 确定大体积混凝土浇筑方案时,对厚度不大而面积或长度较大的混凝土结构,宜采用什么方法进行浇筑?

38. 在现场搅拌 C40 混凝土时,水泥的配料精度应控制在多少?

39. 已知某钢筋外包尺寸为 4 800 mm,钢筋两端弯钩增长值共为 200 mm,钢筋中间部位弯折的量度差为 50 mm,其下料长度是多少?

40. 直径是 φ20 的二级钢,采用单面搭接电弧焊的搭接长度是多少?

41. 某梁纵向受力钢筋为 4 根相同钢筋,采用搭接连接,在一个连接区段内(长度为搭接长度的 1.3 倍),允许几根接头? 若是柱子,允许有几根接头?

42. 适合泵送混凝土配料的砂率是多少? 对水泥的最小用量和混凝土的坍落度有何要求?

43. 在施工缝处,应待已浇混凝土强度至少达到多少时,方可接槎?

44. 冬期施工混凝土,应优先选用什么水泥? 为什么?

45. 通常钢筋混凝土梁的主筋和柱子主筋应分别选用什么方法连接?

46. 大体积混凝土应优先选用哪种水泥?

47. 混凝土运输导致浇筑时间停歇超过多少时应留设施工缝?

48. 墙柱混凝土浇筑完成后,停歇多长时间,再浇梁板混凝土? 为什么需要停歇?

计算题

1. 某钢筋混凝土梁主筋原设计采用 HRB335 级 4 根直径 18 mm 的钢筋,现无此规格、品种的钢筋,拟用 HPB235 级直径 22 mm 的钢筋代换,试计算需代换钢筋面积和根数。

2. 某钢筋混凝土墙面采用 HRB335 级直径为 10 mm、间距为 140 mm 的配筋,现拟用 HPB235 级直径为 12 mm 的钢筋按等强度代换,试计算钢筋间距。

3.某混凝土实验室配合比为 1∶2.12∶4.37,$W∶C=0.62$,每立方米混凝土水泥用量为 290 kg,实测现场砂含水率 3%,石含水率 1%,试求:

(1)施工配合比;

(2)当用 250 升(出料容量)搅拌机搅拌时,每罐投料水泥、砂、石、水各为多少?

4.试计算图 4-27 简支梁钢筋的下料长度,已知钢筋端部保护层及钢筋保护层(至箍筋边缘)均为 20 mm。

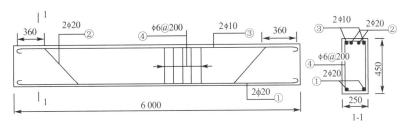

图 4-27 简支梁配筋图

计算题答案

第5章

预应力混凝土结构工程

本章学习要求：理解预应力混凝土的概念，了解常用的预应力筋，掌握先张法、后张法、无黏结后张法施工工艺，熟悉常用的夹具、锚具和张拉设备，掌握预应力筋下料长度计算。

本章学习重点：先张法、后张法、无黏结后张法施工工艺，常用的夹具、锚具和张拉设备。

5.1　概　述

预应力混凝土在世界各地的建筑领域中应用广泛。近年来，随着高强度钢材、高强度等级混凝土及各种新的预应力张拉锚固体系和工艺不断出现和被应用，促进了预应力混凝土结构的发展，也进一步推动了预应力混凝土施工工艺的成熟和完善。现已广泛应用于房屋建筑、桥梁及水工建筑和特种结构等各领域。

5.1.1　预应力混凝土的概念

普通钢筋混凝土构件的抗拉极限应变为 $0.1 \times 10^{-3} \sim 0.15 \times 10^{-3}$，使用时，如要使构件混凝土受拉不开裂，构件中受拉钢筋的应力为 $20 \sim 30 \ N/mm^2$；即使允许出现裂缝的构件，因受裂缝宽度限制，受拉钢筋的应力也应达到 $150 \sim 200 \ N/mm^2$；此值远远小于钢筋的屈服强度，因此，在普通钢筋混凝土结构中，高强度钢材不能充分发挥其作用。

预应力混凝土施工是解决这一问题的有效方法,即在构件承受外荷载前,预先在构件的受拉区对混凝土施加预压应力。构件在使用阶段的外荷载作用下产生的拉应力,首先要抵消预压应力,然后随着荷载不断增加,受拉区混凝土才逐渐受到拉应力,从而大大改善了受拉区混凝土的受力性能,避免混凝土裂缝的出现并限制了裂缝的开展,提高了构件的抗裂度和刚度。

预应力混凝土与普通钢筋混凝土相比,具有构件截面小、自重轻、材料省、抗裂度高、刚度大和耐久性好等优点,为建造大跨度结构构件创造了条件。但预应力混凝土施工需要专门的张拉设备和锚固装置,工艺比较复杂,对操作技术要求较高。虽然预应力混凝土的单价高于普通钢筋混凝土,但在跨度较大的结构中,综合经济效果较好。

5.1.2 预应力混凝土材料

1.预应力筋

预应力结构构件所用的钢筋(或钢丝),需满足下列要求:预应力钢筋要有较高的抗拉强度、有一定的伸长率、有良好的可焊性、有一定的塑性和抗冲击韧性,并与混凝土之间有较好的黏结性。

我国目前用于预应力混凝土结构中的钢材有预应力钢筋、钢丝和钢绞线三大类。

(1)预应力钢筋

①热处理钢筋

热处理钢筋是由普通热轧中碳合金钢筋经淬火和回火调质热处理制成,具有高强度(抗拉强度设计值可达 1 000 N/mm^2)、高韧性、高黏结力和松弛小等特点,直径为6 mm~10 mm。成品钢筋为直径 2 m 的弹性盘卷,开盘后自行伸直,每盘长度为100 m~120 m。可省掉冷拉、对焊和整直等工序,大大方便施工。与相同强度的高强冷拔钢丝相比,这种钢材的生产效率高、价格低。

热处理钢筋的螺纹外形,有带纵肋和无纵肋两种,如图 5-1 所示。

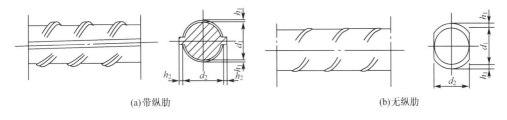

(a)带纵肋　　　　　　　　　　　　　　　　(b)无纵肋

图 5-1　热处理钢筋

②冷拉低合金钢筋

冷拉低合金钢筋是采用 HRB335 级、HRB400 级钢筋经冷拉后获得。HRB335 级、HRB400 级钢筋经冷拉后,其抗拉性能较好,可焊性也较好,但强度偏低。

近年来用热轧方法生产的一种在钢筋表面不带纵肋的螺旋钢筋,可以用螺丝套筒(连接器)把钢筋接长,这样就能在任意部位接长钢筋,对施工极为有利。另外,由于避免了焊接,可以提高钢材的含碳量,减少合金元素,因此,很适合于做成粗直径的高强度钢筋。

③精轧螺纹钢筋

精轧螺纹钢筋是用热轧方法在钢筋表面轧出不带纵肋的螺纹外形,如图 5-2 所示。钢筋的接长用连接螺纹套筒,端头锚固用螺母。这种高强度钢筋具有锚固简单、施工方便、无须焊接等优点。目前国内生产的精轧螺纹钢筋品种有 HRB400 级直径 $\phi25$ 和 $\phi32$,其屈服点为 750 MPa 和 900 MPa 两种。

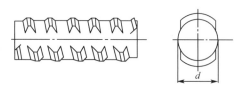

图 5-2　精轧螺纹钢筋的外形

(2)钢丝

①冷拔低碳钢丝

冷拔低碳钢丝是将盘圆 HPB235 级钢筋在常温下通过拔丝模冷拔而成,常用的钢丝直径为 3 mm、4 mm 和 5 mm。冷拔钢丝强度比原材料屈服强度有显著提高,但塑性降低,适用于小型构件的预应力筋。

②高强钢丝(碳素钢丝、刻痕钢丝)

这种钢丝是由高碳钢盘条经淬火、酸洗、拉拔制成。为了消除钢丝拉拔中产生的内应力,还需经过矫直回火处理。钢丝直径一般为 $\phi3\sim\phi8$,最大为 12 mm,其中 $\phi3\sim\phi4$ 钢丝主要用于先张法,$\phi5\sim\phi8$ 钢丝适用于后张法大跨度结构。钢丝强度高,表面光滑,当先张法构件采用光面高强钢丝时,为了保证高强钢丝与混凝土具有可靠的黏结力,表面应经"刻痕"或"压波"等处理措施,如图 5-3 所示。

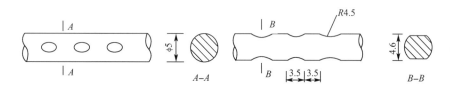

图 5-3　刻痕钢丝的外形

(3)钢绞线

钢绞线一般是由六根高强碳素钢丝围绕一根中心钢丝在绞丝机上绞成螺旋状(图 5-4),再经低温回火制成。钢绞线的直径较大,公称直径分别为 9 mm、12 mm 和 15 mm,比较柔软,施工方便,适用于先张法、后张法预应力混凝土结构;若将钢绞线外层涂防腐油脂,以塑料薄膜进行包裹,还可用作无黏结预应力筋。

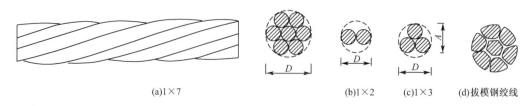

(a)1×7　　　　　　(b)1×2　(c)1×3　(d)拔模钢绞线

图 5-4　钢绞线示意图

预应力钢筋、钢丝和钢绞线各有特点。高强钢丝的强度最高,钢绞线的强度接近于钢丝,但价格最贵。预应力钢筋和钢绞线的直径大,使用根数相对较少,便于施工,钢绞线的锚具最贵。由于钢筋束或钢绞线的长度越增加,锚具价格在整个构件造价中所占比例越小,因此,在选择钢材时,应综合考虑上述各项因素,根据实际情况合理选用。

预应力钢筋强度取值见表 5-1。

表 5-1　　　　　　　　　预应力钢筋强度标准值　　　　　　　N/mm²

种　类		符号	d/mm	f_{ptk}
钢绞线	1×3	ϕ^S	8.6、10.8	1 860、1 720、1 570
			12.9	1 720、1 570
	1×7		9.5、11.1、12.7	1 860
			15.2	1 860、1 720
消除应力钢丝	光面	ϕ^P	4、5	1 770、1 670、1 570
	螺旋肋	ϕ^H	6	1 670、1 570
	刻痕	ϕ^I	7、8、9	1 570
			5、7	1 570
热处理钢筋	40 Si2Mn	ϕ^{HT}	6	1 470
	48 Si2Mn		8.2	
	45 Si2Cr		10	

注:1. 钢绞线直径 d 系指钢绞线外接圆直径,即现行国家标准 GB/T 5224—2014《预应力混凝土用钢绞线》中的公称直径 D_E,钢丝和热处理钢筋的直径,d 均指公称直径。

2. 消除应力光面钢丝直径 d 为 4 mm～9 mm,消除应力螺旋肋钢丝直径 d 为 4 mm～8 mm。

2. 预应力混凝土

为减少预应力混凝土结构构件尺寸和自重,应采用高强度等级混凝土。高强混凝土的抗拉强度高、弹性模量高、黏结力高、局部承压能力高,可以推迟正截面和斜截面裂缝的出现,可以减少由于混凝土弹性缩短和徐变变形引起的预应力损失,可以减少先张法预应力筋将预拉应力传递给混凝土应力的传递长度,有利于后张法锚具的布置且可减少锚具垫板的尺寸。

《混凝土结构设计规范》(GB 50010—2010)规定,预应力混凝土结构的混凝土强度等级不宜低于 C30;当采用钢绞线、钢丝、热处理钢筋做预应力筋时,混凝土强度等级不宜低于 C40。目前,在一些重要的预应力混凝土结构中,已开始采用 C50～C80 高强混凝土,有些甚至达到 C100,并仍在继续逐步向更高强度等级的混凝土发展。

在预应力混凝土构件生产中,不得用海水拌制混凝土,不得掺用对钢筋有侵蚀作用的含氯盐的外加剂,也不宜掺用引气剂及引气减水剂。

5.1.3　预应力的施加方法

根据构件制作的先后顺序,预应力的施加方法分为先张法、后张法两大类。按钢筋的张拉方法又分为机械张拉和电热张拉。后张法中因施工工艺的不同,又分为一般后张法、后张自锚法、无黏结后张法、电热法等。本章主要介绍先张法预应力混凝土、后张法预应力混凝土及无黏结预应力混凝土的施工工艺。

5.2　先张法预应力混凝土施工

先张法预应力混凝土通常简称为先张法,是在浇筑混凝土构件之前,张拉预应力钢筋,将其临时锚固在台座或钢模上,然后浇筑混凝土构件,待混凝土达到一定强度(一般不低于混凝土标准强度值的 75%),并使预应力筋与混凝土间有足够的黏结力时,放松预应力筋,预应力筋弹性回缩,借助于混凝土与预应力筋间的黏结,对混凝土产生预压应力。图 5-5 为先张法预应力混凝土构件生产示意图。

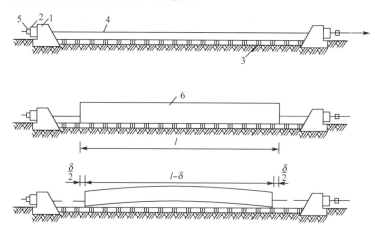

图 5-5　先张法预应力混凝土构件生产示意图

1—台座;2—横梁;3—台面;4—预应力筋;5—锚固夹具;6—混凝土构件

先张法的主要优点有:生产工艺简单、工序少、效率高、质量好、比较经济;适用于预制构件厂大批生产定型的中小型预应力混凝土构件。先张法生产有台座法、台模法两种。

用台座法生产时,预应力筋的张拉、锚固、构件浇筑、养护和预应力筋放松等工序都在台座上进行,预应力筋的张拉力由台座承受。

台模法为机组流水、传送带生产方法,此时预应力筋的张拉力由台模承受。

5.2.1　施工机具

1.夹具

先张法中常用的预应力筋有钢筋和钢丝两类,各有不同适用的夹具和张拉机具。

夹具是先张法中用于预应力筋张拉和临时锚固的工具,按其用途不同可分为两类:一类是张拉时夹持预应力筋用的张拉夹具;另一类是张拉后将预应力筋临时锚固在台座上的锚固夹具。这两种夹具都可重复使用。对夹具的要求是:工作可靠,构造简单,加工容易,使用方便,成本低。

（1）钢丝张拉夹具(图 5-6)

张拉夹具的种类很多,通常用于夹持钢丝的有偏心式夹具、楔形夹具与钳式夹具。钳式夹具(图 5-6(a))是利用楔形齿块夹紧钢丝,楔块由弹簧压紧,按下手柄时,楔块向后退出,钢丝即可插入或脱开,使用灵活;偏心式夹具(图 5-6(b))是利用一对带齿的月牙形偏心块夹紧钢丝,偏心块刻齿部分的硬度应较所夹持的钢丝硬度大。这种夹具构造简单,使用方便。

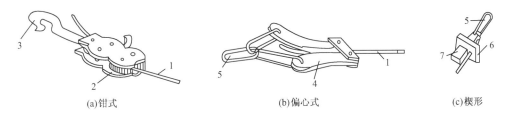

(a)钳式   (b)偏心式   (c)楔形

图 5-6 钢丝张拉夹具

1—钢丝;2—钳齿;3—拉钩;4—偏心齿条;5—拉环;6—锚板;7—楔块

（2）钢丝锚固夹具

常用的钢丝锚固夹具有:圆锥齿板式夹具、圆锥三槽式夹具和镦头锚等。

圆锥齿板式夹具(图 5-7(a))与圆锥三槽式夹具(图 5-7(b))均由套筒与销子组成。锚固时,将齿板或锥塞打入套筒,借助摩阻力将钢丝锚固。圆锥齿板式夹具的齿板分Ⅰ型和Ⅱ型两种,Ⅰ型用于锚固ϕ^b3 和ϕ^b4 钢丝;Ⅱ型用于锚固ϕ^b4 和ϕ^b5 钢丝。

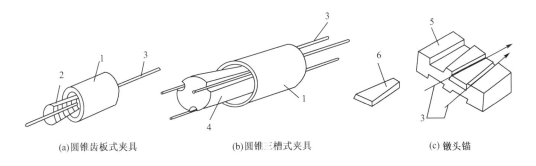

(a)圆锥齿板式夹具   (b)圆锥三槽式夹具   (c)镦头锚

图 5-7 钢丝锚固夹具

1—套筒;2—齿板;3—钢丝;4—锥塞;5—锚板;6—楔块

（3）钢筋夹具

钢筋锚固多用螺丝端杆锚具、镦头锚和销片夹具等。张拉时可用连接器与螺丝端杆锚具连接,或用销片夹具、压销式夹具等。

销片夹具由圆套筒和锥形销片组成(图 5-8),圆套筒内壁呈圆锥形,与销片锥度吻合,销片有两片式和三片式,钢筋就夹紧在销片的凹槽内。销片的凹槽内有齿纹,以增加销片与钢筋间的摩阻力。

压销式夹具如图 5-9 所示,在两块楔形夹片上,有与所夹持钢筋直径相应的半圆形槽,槽内刻有齿纹以增加夹片与钢筋间的摩擦力,用以夹紧钢筋。当楔紧或敲退楔形压销时,便可夹紧或放松钢筋,这种夹具工作可靠,装拆方便,适于夹持直径 12 mm 的钢筋。

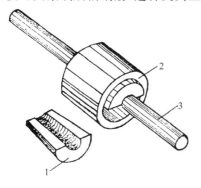
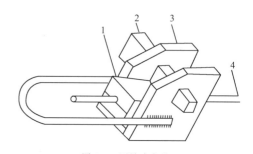

图 5-8　销片夹具

1—销片;2—套筒;3—预应力筋

图 5-9　压销式夹具

1—楔形夹片;2—压销;3—夹具外壳;4—钢筋

（4）钢筋连接器

在长线台座上钢筋与钢筋的连接或钢筋与螺丝端杆的连接,可采用套筒式钢筋连接器(图 5-10)。这种连接器由两个半圆形套筒用连接钢筋焊接而成。使用时,将套筒接在两根钢筋的端头,套上钢圈将其箍紧即可。

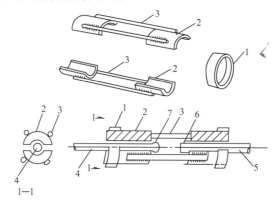

图 5-10　套筒式钢筋连接器

1—钢圈;2—半圆形套筒;3—连接钢筋;4—预应力筋;5—工具式螺杆（或预应力
筋）;6—螺母;7—镦头

2.张拉机具

张拉机具要求简易可靠,能准确控制应力和以稳定速率增大拉力。预应力筋可成组张拉(图 5-11)或单根张拉。

成组张拉时,由于拉力大,一般采用油压千斤顶,用油表读数控制张拉力。单根张拉时,由于拉力小,一般多用电动螺杆张拉机张拉,用弹簧测力;或用小型电动卷扬机张拉,用杠杆或弹簧测力。弹簧测力时,宜设行程开关,以便张拉到规定的应力时,能自行停机。

单根钢筋长度不大时,可采用拉伸机或穿心式千斤顶张拉。在长线台座上张拉时,由于钢筋的伸长值较大,一般千斤顶行程不能满足要求,小直径钢筋可采用卷扬机张拉(图 5-12)。直径 12 mm～20 mm 钢筋宜用 YC-20 型穿心式千斤顶张拉。

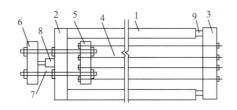

图 5-11　油压千斤顶成组张拉

1—台座；2、3—前后横梁；4—钢筋；5、6—拉力架横
梁；7—大螺丝杆；8—油压千斤顶；9—放松装置

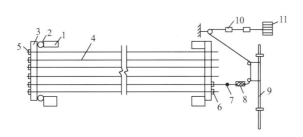

图 5-12　卷扬机张拉

1—台座；2—放松装置；3—横梁；4—钢筋；5—镦头；6—垫块；
7—销片夹具；8—张拉夹具；9—弹簧测力计；10—固定梁；
11—滑轮组

3.台座

台座是先张法施工的主要设备之一，它承受预应力筋的全部张拉力。因此，台座应有
足够的强度、刚度和稳定性。台座按构造型式分墩式台座和槽式台座。

（1）墩式台座

墩式台座由台墩、台面和横梁等组成，如图 5-13 所示。目前常用的是现浇钢筋混凝
土制成的由承力台墩与台面共同受力的台座。

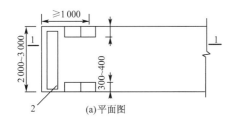
(a)平面图

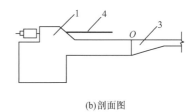
(b)剖面图

图 5-13　墩式台座示意图

1—台墩；2—横梁；3—台面；4—预应力筋

台座的长度和宽度由场地大小、构件类型和产量而定，一般长度宜为 100 m～150 m，
宽度为 2 m～4 m，这样既可利用钢丝长的特点，张拉一次可生产多根构件，又可以减少因
钢丝滑动或台座横梁变形引起的预应力损失。

台墩是墩式台座的主要受力结构，台墩依靠其自重、土压力和平衡张拉力产生的倾覆

力矩,依靠土的反力和摩阻力平衡张拉力产生的水平滑移,因此台墩结构体型大、埋设深度较深、投资较大。为了改善台墩的受力状况,常采用台墩与台面共同工作的做法以减小台墩自重和埋深。

台面是预应力混凝土构件成型的胎模。它是由素土夯实后铺碎砖垫层,再浇筑50 mm～80 mm 厚的 C15～C20 混凝土面层组成的。台面要求平整、光滑,沿其纵向设千分之三的排水坡度,每隔 10 m～20 m 设置宽 30 mm～50 mm 的温度缝。

横梁是锚固夹具临时固定预应力筋的支座,常采用型钢或钢筋混凝土制作而成。横梁的挠度要求小于 2 mm 且不得产生翘曲。

台座稍有变形、滑移或倾角,均会造成较大的应力损失。台座设计时,应进行稳定性和强度验算。稳定性验算包括台座的抗倾覆验算和抗滑移验算。

(2)槽式台座

槽式台座是由端柱,传力柱,上、下横梁及砖墙组成的,如图 5-14 所示。端柱和传力柱是槽式台座的主要受力结构,采用钢筋混凝土结构。砖墙一般为一砖厚,起挡土作用,同时又是蒸汽养护的保温侧墙。

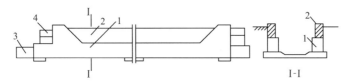

图 5-14　槽式台座
1—钢筋混凝土压杆;2—砖墙;3—下横梁;4—上横梁

槽式台座的长度一般为 45 m～76 m,适用于张拉力较高的大型构件,如吊车梁、屋架等。另外,由于槽式台座有上下两个横梁,因此能够进行双向预应力混凝土构件的张拉。

5.2.2　施工工艺

先张法预应力混凝土构件在台座上生产时,其工艺流程,如图 5-15 所示。

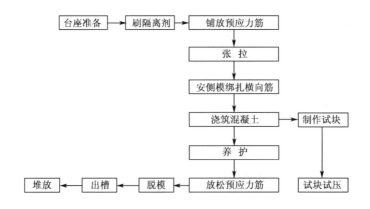

图 5-15　施工工艺流程图

1. 预应力筋张拉

(1) 预应力筋的铺设

预应力筋铺设前先做好台面的隔离层,隔离剂不得使钢丝受污,以免影响钢丝与混凝土的黏结。

碳素钢丝强度高、表面光滑,与混凝土黏结力较差,因此必要时可采取表面刻痕和压波措施,以提高钢丝与混凝土的黏结力。

钢丝接长可借助钢丝拼接器,用20~22号铁丝密排绑扎。在预应力钢筋铺设时,钢筋接长或钢筋与螺杆连接可采用钢筋连接器。

(2) 预应力筋张拉控制应力的确定

预应力筋的张拉控制应力,应符合设计要求。施工如采用超张拉,可比设计要求提高5%,但其最大张拉控制应力不得超过表5-2的规定。

表 5-2　　　　　　　　　　张拉控制应力 σ_{con} 允许值

项　次	预应力筋种类	张拉方法	
		先张法	后张法
1	消除应力钢丝、钢绞线	$0.70\,f_{ptk}$	$0.75\,f_{ptk}$
2	冷轧带肋钢筋	$0.70\,f_{ptk}$	
3	精轧螺纹钢筋		$0.85\,f_{ptk}$

张拉前安好预应力筋。为保证混凝土与预应力筋有良好黏结,钢丝(筋)不应有油污,台面不应采用废机油作为隔离剂;对强度大的碳素钢丝,其表面尚应做刻痕处理,以提高与混凝土的黏结力。

张拉控制应力 σ_{con} 应按设计规定采用。当设计无要求时,不宜超过表5-2中的数值。张拉程序、预应力筋伸长值的验算及预应力筋张拉力计算均与后张法相同。

台座法张拉中,为避免台座承受过大的偏心压力,应先张拉靠近台座截面重心处的预应力筋。多根预应力筋同时张拉时,必须事先调整初应力,使相互间的应力一致。张拉过程中,应抽查预应力值,其偏差不得大于或小于一个构件中全部钢丝预应力总值的5%,其断丝或滑丝量不得大于钢丝总数的3%。

张拉完毕锚固时,张拉端的预应力筋回缩量不得大于设计规定值;锚固后,预应力筋对设计位置的偏差不得大于5 mm,或不大于构件截面短边长度的4%。

另外,施工中必须注意安全,严禁正对钢筋张拉的两端站立人员,防止断筋回弹伤人。冬季张拉预应力筋,环境温度不宜低于−15 ℃。

2. 混凝土浇筑与养护

预应力筋张拉完毕,应立即浇筑混凝土。混凝土应一次浇筑完不得留施工缝。混凝土应振捣密实。混凝土浇筑时,振动器不得碰撞预应力筋。混凝土未达到强度前,也不允许碰撞或踩动预应力筋。

确定预应力混凝土的配合比时,应严格控制用水量及水泥用量,以减少因混凝土的收缩和徐变引起的预应力损失。

采用重叠法生产构件时,应待下层构件的混凝土强度达到5.0 MPa后,方可浇筑上层构件的混凝土。

混凝土可采用自然养护或蒸汽养护。但必须注意,对预应力混凝土构件进行蒸汽养护时,应采取正确的养护方法以减少由于温差引起的预应力损失。预应力筋张拉后锚固在台座上,温度升高,预应力筋膨胀伸长,使预应力筋的应力减小。在这种情况下,混凝土逐渐硬结,而由于温度升高而造成预应力筋的应力减小则永远不能恢复,并造成预应力损失。因此,先张法在台座上生产预应力混凝土构件,其最高允许的养护温度应根据设计规定的允许温差(张拉钢筋时的温度与台座养护温度之差)计算确定。当混凝土强度达到 7.5 N/mm^2(粗钢筋配筋)或 10 N/mm^2(钢丝、钢绞线配筋)以上时,则可不受设计规定的温差限制。以机组流水法或传送带法制作预应力构件,蒸汽养护时钢模与预应力筋应同步伸缩,减少温差预应力损失。

3. 预应力筋放张

（1）放张要求

混凝土强度达到设计规定的数值(一般不小于混凝土标准强度的 75%)后,才可放张预应力筋。放张过早会由于预应力筋回缩而引起较大的预应力损失。预应力筋放张应根据配筋情况和数量,选用正确的方法和顺序,否则会引起构件翘曲、开裂和断筋等现象。

（2）放张顺序

预应力筋放张顺序,应符合设计要求。当设计无要求时,应符合下列规定:

①对轴心受预压的构件(如压杆、桩等),所有预应力筋应同时放张;

②对偏心受预压的构件(如梁等),应同时放张预压力较小区域的预应力筋;再同时放张预压力较大区域的预应力筋。

③如不能按①②项放张时,应分阶段、对称、相互交错地放张。

（3）放张方法

预应力筋放张时,对配筋不多的中小型预应力钢筋混凝土构件,钢丝可用砂轮锯或切断机切断等方法放张。配筋多的钢筋混凝土构件,钢丝应同时放张,如逐根放张,则最后几根钢丝将由于承受过大的拉力而突然断裂,易使构件端部开裂。放张后预应力筋的切断顺序,一般由放张端开始,逐次切向另一端。

预应力筋为钢筋时,对热处理钢筋,不得用电弧切割,宜用砂轮锯或切断机切断。数量较多时,应同时放张。多根钢丝或钢筋同时放张,可用油压千斤顶、砂箱、楔块等。

图 5-16 所示为用楔块放张预应力筋的示意图。

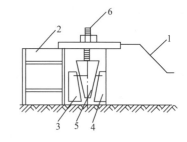

图 5-16　用楔块放张预应力筋示意图
1—台座;2—横梁;3、4—钢块;5—钢楔块;6—螺杆

图 5-17 所示为 1 600 kN 砂箱构造。由钢制套箱及活塞(套箱内径比活塞外径大 2 mm)等组成,内装石英砂或铁砂。当张拉预应力筋时,箱内砂被压实,承担着横梁的反力。放张预应力筋时,将出砂口打开,使砂慢慢流出,便可慢慢放张预应力筋。采用砂箱放张,能控制放张速度,工作可靠,施工方便。箱中应采用干砂,并有一定级配。

采用蒸汽养护的预应力混凝土构件时,宜热态放张预应力筋,而不宜降温后再放张。

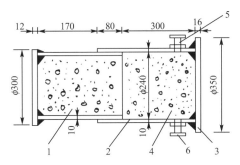

图 5-17　砂箱构造示意图

1—活塞;2—套箱;3—套箱底板;4—砂;5—进砂口;

6—出砂口

5.3　后张法预应力混凝土施工

后张法预应力混凝土简称后张法。后张法施工步骤是先制作构件,预留孔道;待构件混凝土达到规定强度后,在孔道内穿放预应力筋,预应力筋张拉并锚固在构件端部,使混凝土产生预应力;最后孔道灌浆,封端。后张法生产过程如图 5-18 所示。

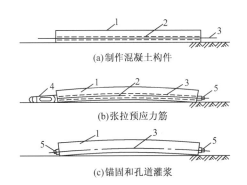

(a)制作混凝土构件

(b)张拉预应力筋

(c)锚固和孔道灌浆

图 5-18　后张法施工示意图

1—混凝土构件;2—预留孔道;3—预应力筋;4—千斤顶;5—锚具

后张法施工,由于直接在混凝土构件上进行张拉,故不需要固定的台座设备,不受地点限制。后张法的特点是直接在构件上张拉预应力筋,构件在张拉过程中完成混凝土的弹性压缩,因此不直接影响预应力筋有效预应力值的建立。锚具是预应力构件的一个组成部分,永远留在构件上,不能重复使用。

后张法宜用于现场生产大型预应力构件、特种结构和构筑物,亦可作为一种预制构件的拼装手段。

后张法的工艺流程如图 5-19 所示。

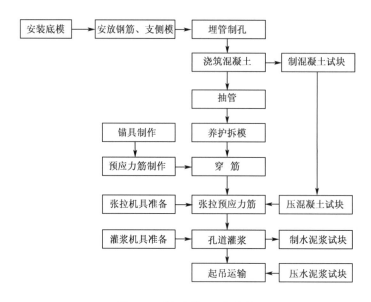

图 5-19　后张法施工工艺流程

5.3.1　锚具与张拉设备

在后张法中,预应力筋、锚具和张拉机具是配套的。目前,后张法中常用的预应力筋有单根粗钢筋、钢筋束(或钢绞线束)和钢丝束三类。因在后张法施工中,锚具是传递预应力的永久性锚固装置,是后张法预应力混凝土结构或构件的一个重要组成部分,又是确保预应力值建立和结构质量、安全的关键。因此锚具必须具有可靠的锚固能力、足够的强度和刚度,锚固时不超过预期的滑移值,还应构造简单、加工方便、体形小、尺寸准确、经济及全部零件互换性好,方便使用。

锚具按其锚固原理,可分为支承式锚具和楔紧式锚具两类。支承式锚具常用的有螺丝端杆锚具、镦头锚具等;楔紧式锚具有钢质锥形锚具、夹片式锚具等。按锚固预应力筋的品种与数量不同分有:单根粗钢筋锚具、钢丝(钢筋)束锚具与钢绞线束锚具。不同类型的预应力筋,根据不同张拉锚固体系的工艺要求,应选用不同类型的锚具配套使用。

1.单根粗钢筋锚具

单根粗钢筋用作预应力筋时,其张拉端采用螺丝端杆锚具,固定端多用帮条锚具。

(1)螺丝端杆锚具

螺丝端杆锚具由螺丝端杆、螺母和垫板组成(图 5-20(a))。螺丝端杆长一般为320 mm,一端与预应力钢筋对焊接头,预应力筋张拉后,用螺母锚固。预拉力通过螺丝端杆螺纹斜面上的承压力传到螺帽,再经过垫板将预压力传给预留孔道口四周的混凝土上。螺丝端杆用冷拉或热处理钢筋制成,螺纹用细牙。端杆与预应力钢筋的焊接宜在预应力钢筋冷拉前进行。这种锚具可用于张拉端,也可用于固定端。可用一般的千斤顶进行单根张拉,张拉时,将千斤顶拉杆(端部带有内螺纹)拧紧在螺丝端杆的螺纹上进行张拉。张拉完毕后,旋紧螺帽,钢筋则被锚住。

这种锚具的优点是操作比较简单,且锚固后千斤顶回油时,预应力钢筋基本上不发生滑移。如若需要,可进行二次张拉;缺点是对预应力钢筋长度的精确度要求高,不能太长或太短,以避免发生螺纹长度不够等情况。螺丝端杆与预应力筋的对焊应在钢筋冷拉以前进行。

（2）帮条锚具

帮条锚具是由帮条钢筋（三根短钢筋）、垫板与预应力筋焊接而成的（图5-20(b)）。帮条钢筋采用与预应力筋同级别的钢筋,垫板采用3号钢。帮条施焊时,要求三根帮条呈120°布置,帮条与垫板相接触的截面应在一个垂直平面上,以免受力时产生扭曲。

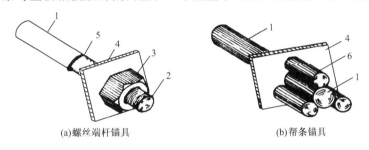

(a)螺丝端杆锚具　　　　　　　　　　(b)帮条锚具

图5-20　单根粗钢筋锚具

1—预应力筋;2—螺丝端杆;3—螺母;4—垫板;5—对焊接头;6—帮条

2. 钢丝（钢筋）束锚具

钢丝束是由几根至几十根φ°5或φ°7碳素钢丝经编束制作而成的。用于锚固钢丝（钢筋）束的锚具主要有:镦头锚具与钢质锥形锚具等。

（1）镦头锚具

这种锚具由被镦粗的钢丝头、锚环、外螺帽、内螺帽和垫板组成。锚环上的孔洞数和间距均由被锚固的预应力钢筋（钢丝）的根数和排列方式而定。操作时,将钢筋（钢丝）穿过锚环孔眼,用冷镦或热镦的方法将钢筋或钢丝的端头镦粗成圆头,与锚环固定,然后将预应力钢筋束连同锚环一起穿过构件的预留孔道上,待钢筋伸出孔道口,套上螺帽进行张拉,边张拉边旋紧内螺帽。预拉力依靠镦头的承压力传到锚环,再依靠螺纹斜面上的承压力传到螺帽,再经过垫板传到混凝土构件上。镦头锚具锚固性能可靠,锚固力大,张拉操作方便,但要求钢筋或钢丝束的长度有较高的精度。

镦头锚具型号常用的有:DM5A,DM7A型和DM5B、DM7B型。A型由锚杯和螺母组成（图5-21(a)）,用于张拉端,张拉前锚杯缩在预留孔道内,张拉时利用工具式拉杆拧在锚杯的内螺纹钢丝（钢筋）束上,将钢丝束拉出来用螺母固定;B型为锚板（图5-21(b)）,用于固定端。这种锚具可以锚固任意根数的φ°5或φ°7钢丝及多根直径为10～18 mm的平行钢筋束,或预应力钢绞线4～6根。

（2）钢质锥形锚具

钢质锥形锚具是由锚环和锚塞组成（图5-22）。它是利用锚塞来锚固钢丝束的一种楔紧式锚具。锚具型号有GZ5型与GZ7型,用于锚固6～30 φ°5或12～24 φ°7钢丝束;也可锚固多根直径为13 mm、15 mm的平行钢绞线束。锚具由锚环及锚塞组成,一般采用45号钢制作。

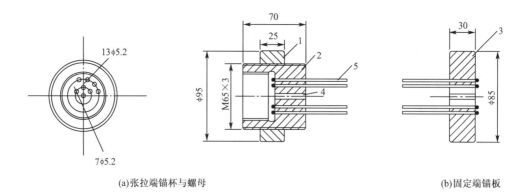

(a)张拉端锚杯与螺母　　　　　　　　　　　　(b)固定端锚板

图 5-21　钢丝束镦头锚具(DM5$_B^A$-20)

1—螺母；2—锚杯；3—锚板；4—排气孔；5—钢丝(钢筋)

　　钢质锥形锚具是在锚塞顶紧后,利用钢丝与锚塞、锚环之间摩擦力来锚固钢丝束的,因此,这种锚具必须满足自锁和自锚条件。自锁就是使锚塞顶紧后不致弹回脱出。自锚就是使预应力筋在拉力作用下,带着锚塞楔紧而不发生滑移。

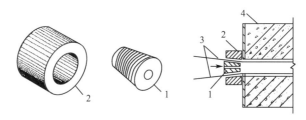

图 5-22　钢质锥形锚具

1—锚塞；2—锚环；3—钢丝束；4—混凝土构件

　　这种锚具可用于张拉端,也可用于固定端,采用特制的双作用千斤顶进行张拉,一面张拉钢筋,一面将锚塞推入挤紧。钢质锥形锚具构造简单,使用方便,但加工时应严格控制锥角的精度,以免滑丝。此外,当钢丝直径误差较大时,也容易产生单根钢丝滑丝现象。

　　3. 钢绞线束锚具

　　钢绞线束锚具主要采用夹片锚具,它是利用夹片来锚固预应力钢绞线的一种楔紧式锚具。常用的有 JM 型锚具和多孔夹片锚具等,多孔夹片锚具发展快,类型较多,国内的产品有 XM 型、QM 型等。

　　(1)JM 型锚具

　　JM 型锚具由锚环和夹片组成(图 5-23),夹片的块数与预应力钢筋或钢绞线的根数相同。根据锚固的钢绞线根数和直径不同,其型号分别有 JM12-4、JM12-5、JM12-6；JM15-4、JM15-5、JM15-6 等几种,分别锚固 3~6 根直径为 12 mm 或 15 mm 平行放置的钢筋束,或者锚固由 5~6 根钢绞线所组成的互相平行的钢绞线束。

　　这种锚具既可用于张拉端,也可用于固定端。张拉时需采用特制的双作用千斤顶。所谓双作用,即千斤顶操作时有两个动作同时进行,其一是夹住钢筋进行张拉,其二是将夹片顶入锚环,将预应力钢筋挤紧,牢牢锚住。

　　JM 型锚具的锚环和夹片均用铸钢制成,对加工的精度要求较高。此种锚具的缺点是钢筋的内缩量较大,实测表明对于光圆钢筋可达 2 mm;变形钢筋可达 3 mm;钢绞线可达 5 mm。

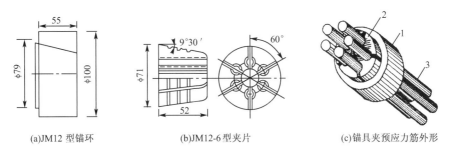

(a)JM12 型锚环　　　　　(b)JM12-6 型夹片　　　　　(c)锚具夹预应力筋外形

图 5-23　JM12 型锚具
1—锚环;2—夹片;3—预应力筋

(2)多孔夹片型锚具

在多孔夹片型锚具中主要介绍 XM 型锚具。XM 型锚具由多孔的锚板和夹片组成(图 5-24),它是在一块有多个锥形孔(锥角为 7°)的锚板上,利用每孔装一副夹片夹持一根钢绞线的一种楔紧式锚具,属于多孔夹片锚具的一种,也称群锚。

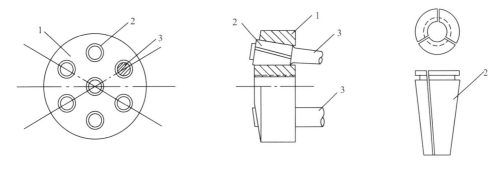

图 5-24　XM 型锚具
1—锚板;2—夹片;3—预应力筋

XM 型锚具的特点是每根钢绞线均可分开锚固,由一组开缝楔形夹片(三片)夹紧,夹片沿轴向有偏转角(即斜开缝),偏转角的方向与钢绞线的扭角相反,保证了钢丝束的锚固。夹片各自独立地放置在锚板的一个锥形孔内,任何一组夹具滑移、碎裂或钢绞线被拉断,都不会影响同束中其他钢绞线的锚固,故其具有锚固可靠,互换性好,自锚性能强的优点。

这种锚具通用性大,锚固性能好,施工方便,适于锚固 1~12 根ϕ^j15 钢绞线束,也可用于锚固钢丝束或作为工具锚使用。

QM 型锚具其工作原理与 XM 型锚具相似,只是夹片的结构不同;QM 型锚具也是由多孔锚板与夹片组成的,但与 XM 型锚具不同之处是锚板的顶面为平面,锚孔为直孔,夹片为三片式直开缝等。适用于锚固 4~31 根ϕ^j12 或 3~19 根ϕ^s15 的钢丝线束。

另外,还有 KT-Z 型、JM 型、SF 型锚具等,根据不同的预应力筋、张拉锚固体系的工艺要求来选用。

4. 张拉设备

后张法张拉机具设备主要有千斤顶和高压油泵。目前,用于后张法预应力筋的千斤顶主要有预应力拉杆式千斤顶(简称拉伸机)、锥锚式千斤顶和穿心式千斤顶三种。

(1)拉杆式千斤顶

即一般所称的拉伸机,以活塞杆为拉力杆件,适用于张拉带有螺丝端杆的粗钢筋,带有螺杆式锚夹具或镦头式锚夹具的钢丝(筋)束,并可用于单根或成组模外先张和后张自锚工艺中,其构造及工作原理如图5-25所示。

拉杆式千斤顶构造简单,操作容易,应用范围较广。拉杆式千斤顶有400 kN(YL-40型),600 kN(YL-60型),800 kN(YL-80型)等数种。

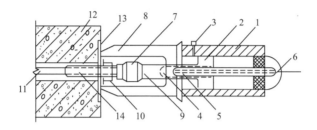

图 5-25 拉杆式千斤顶张拉单根粗钢筋的工作原理图

1—主油缸;2—主缸活塞;3—进油孔;4—回油缸;5—回油活塞;6—回油孔;7—连接器;8—传力架;9—拉杆;
10—螺母;11—预应力筋;12—混凝土构件;13—预埋铁板;14—螺丝端杆

(2)锥锚式千斤顶

锥锚式(双作用)千斤顶主要是由主缸、主缸活塞、副缸、副缸活塞、顶压头、锥形卡环、卡楔等部分组成。由于它能完成张拉与顶压两个动作,故又称双作用千斤顶。常用的张拉力为600 kN,可用于张拉用钢质锥形锚具锚固的钢丝束或用 KJ-2 型锚具锚固的螺纹钢筋束。

(3)穿心式千斤顶(YC-60 型千斤顶)

YC-60 型千斤顶是一种穿心式双作用千斤顶,主要是由张拉油缸、顶压油缸、顶压活塞和弹簧等组成。其特点是沿千斤顶的轴线上有一个直通的穿心孔道作为穿预应力筋之用。YC-60 型千斤顶可用于张拉用 JM-12 型锚具锚固的钢筋束或钢绞线束。经改装后即加撑脚、张拉杆和连接器,也可用于张拉带螺丝端杆锚具的钢筋和钢丝束。

5.3.2 预应力筋制作

单根粗钢筋预应力筋的制作,包括配料、对焊、冷拉等工序。预应力筋的下料长度应由计算确定,计算时要考虑锚具种类及特点、对焊接头或镦粗头的压缩量、构件长度、张拉伸长值、冷拉率和弹性回缩率等因素。冷拉率应试验确定,为保证钢筋冷拉应力均匀,应把冷拉率相近的钢筋对焊在一起。冷拉弹性回缩率一般为 0.4%～0.6%。对焊接头的压缩量,包括钢筋与钢筋,钢筋与螺丝端杆的对焊压缩,接头的压缩量取决于对焊时的闪光留量和顶锻留量,每个接头的压缩量一般为 20～30 mm。螺丝端杆外露在构件孔道外的长度,根据垫板厚度、螺母高度和拉伸机与螺丝端杆连接所需长度确定,一般为 120～

150 mm。固定端用帮条锚具和镦头锚具时,其长度视锚具尺寸而定。

预应力钢筋下料长度的计算有以下两种情况:两端都用螺丝端杆锚具;一端用螺丝端杆锚具,另一端用帮条锚具。计算简图如图 5-26 所示。

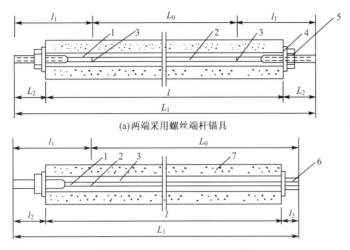

(a)两端采用螺丝端杆锚具

(b)一端用螺丝端杆锚具,另一端用帮条锚具

图 5-26　粗钢筋与锚具连接图及下料长度计算示意图

1—螺丝端杆锚具;2—粗钢筋;3—对焊接头;4—垫板;5—螺母;6—帮条锚具;7—混凝土构件

(1)两端采用螺丝端杆锚具的预应力筋,预应力筋的成品长度(冷拉后的全长)如图 5-26(a)所示。

$$L_1 = l + 2l_2$$
$$L_0 = L_1 - 2l_1$$

预应力筋钢筋部分的下料长度:

$$L = \frac{L_0}{1 + \gamma - \delta} + nl_0 \tag{5-1}$$

(2)一端用螺丝端杆,另一端用帮条锚具时,预应力筋的成品长度(冷拉后的全长)如图 5-26(b)所示。

$$L_1 = l + l_2 + l_3$$
$$L = \frac{L_0}{1 + \gamma - \delta} + nl_0 \tag{5-2}$$

式中　L_1——构件长与螺丝端杆外伸长之和;

L_0——预应力筋钢筋部分的成品长度;

L——预应力筋钢筋部分的下料长度;

l——构件的孔道长度;

l_1——螺丝端杆长度;

l_2——螺丝端杆伸出构件外的长度;

l_3——帮条或镦头锚具长度(包括垫板厚度 h);

l_0——每个对焊接头的压缩长度(约等于钢筋直径 d);

n——对焊接头的数量;

γ——钢筋冷拉拉长率(应试验确定);

δ——钢筋冷拉弹性回缩率(由试验确定)。

(3)钢绞线或钢筋束的下料长度。

钢绞线或钢筋束的下料长度,主要与张拉设备和选用的锚具有关。

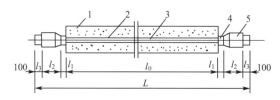

图 5-27 钢绞线或钢筋束下料长度计算简图

1—混凝土构件;2—孔道;3—钢绞线或钢筋束;4—夹片式工具锚;5—穿心式千斤顶

当采用夹片式(JM,XM型)锚具,穿心式千斤顶时,钢绞线或钢筋束的下料长度如图 5-27 所示,按下列公式计算:

①两端张拉时

$$L = l_0 + 2(l_1 + l_2 + l_3 + 100) \tag{5-3}$$

②一端张拉时

$$L = l_0 + 2(l_1 + 100) + l_2 + l_3 \tag{5-4}$$

式中 l_0——孔道长度;

l_1——夹片式工具锚厚度;

l_2——穿心式千斤顶长度;

l_3——夹片式工具锚厚度;

100——钢绞线或钢筋束的外伸长度。

5.3.3 施工工艺

后张法施工步骤是先制作构件,预留孔道;待构件混凝土达到规定强度后,在孔道内穿放预应力筋,预应力张拉并锚固;最后孔道灌浆,封端。图 5-28 是后张法制作的工艺流程图。

1.孔道留设

孔道留设是后张法构件制作中的关键工作。孔道直径取决于预应力筋和锚具,如用螺丝端杆的粗钢筋,孔道直径应比预应力筋外径长 10~15 mm;孔道位置与尺寸应正确;孔道必须平顺,接头应严密不漏浆;孔道中心线应与端部预埋钢板平行。

孔道留设方法有钢管抽芯法、胶管抽芯法和预埋波纹管法等。

(1)钢管抽芯法

钢管抽芯法是在混凝土构件制作时,在预应力筋的位置处,预先将钢管埋设在模板内孔道位置处,在混凝土浇筑过程中和浇筑之后,每间隔一定时间慢慢转动钢管,使之不与混凝土黏结,待混凝土初凝后、终凝前抽出钢管,即形成孔道。

要求钢管需平直,表面要光滑,安放位置要准确。一般用间距不大于 1 m 的钢筋井

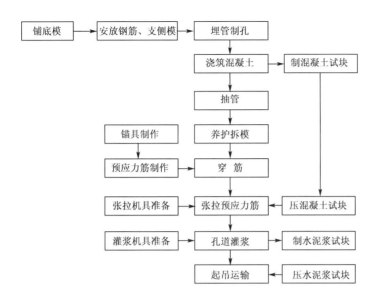

图 5-28　后张法制作的工艺流程图

字架固定钢管位置。每根钢管的长度最好不超过 15m,以便于旋转和抽管,较长构件则用两根钢管,中间用套管连接。钢管两端的旋转方向要相反。

在留设孔道的同时还要在设计规定的位置留设灌浆孔。一般在构件两端和中间每隔 12 m 留一个直径 20 mm 的灌浆孔,并在构件两端各设一个排气孔。

(2)胶管抽芯法

胶管抽芯法是在混凝土构件制作时,在预应力筋的位置处,预先将胶管埋设在模板内孔道位置处,在混凝土浇筑过程中和浇筑之后,混凝土终凝前、初凝后,放出胶管中的压缩空气或压力水,或抽出钢筋;此时胶管直径缩小,并与混凝土脱离,即可抽出胶管,形成孔道。

胶管有五层或七层夹布胶管和钢丝网胶管两种。前者质软,一般用间距不大于 0.5 m 的钢筋井字架固定位置,浇筑混凝土前,向胶管内充入压力为 0.6～0.8 N/mm^2 的压缩空气或压力水;后者质硬,具有一定弹性,留孔方法与钢管一样,只是浇筑混凝土后不需转动,由于其有一定弹性,抽管时在拉力作用下断面缩小易于拔出。

胶管抽芯留孔,不仅可留直线孔道,而且可留曲线孔道。

(3)预埋波纹管法

波纹管为特制的带波纹的金属管,与混凝土有良好的黏结力。波纹管不再抽出,用间距不大于 1m 的钢筋井字架固定。预埋波纹管法只用于曲线形孔道。

2. 预应力筋张拉

张拉预应力筋时,构件混凝土的强度应达到设计规定值,如设计无规定,则不宜低于混凝土标准强度的 75%。张拉预应力筋应根据设计要求采用合适的方法、张拉程序及顺序进行张拉,并应有可靠的质量保证措施和安全技术措施。

(1)张拉控制应力

预应力筋的张拉控制应力,应符合设计要求。施工如采用超张拉,可比设计要求提高

5%，但其最大张拉控制应力不得超过表 5-2 的规定。

（2）张拉程序

预应力筋张拉可按下列程序之一进行：

$$0 \to 1.05 \xrightarrow[\text{持荷 2min}]{\sigma_{con}} \sigma_{con}$$

或

$$0 \to 1.03\sigma_{con}$$

式中 σ_{con}——预应力筋的张拉控制应力。

采用上述张拉程序的目的是减少预应力的松弛损失。所谓"松弛"，即钢材在常温、高应力状态下具有不断产生塑性变形的特性。松弛的数值与控制应力和延续时间有关，控制应力高，松弛大，所以钢丝、钢绞线的松弛损失比冷拉热轧钢筋大。试验表明，预应力筋的松弛损失还会随着时间的延续而增加，但在最初几分钟内可完成损失总值的 50% 左右。上述张拉程序，如先超张拉 5%σ_{con}，持荷 2 min，再回到 σ_{con}，则可大大减少应力松弛损失（一般可减少 2%～3%）。

超张拉 3%σ_{con}。也是为了弥补设计中不可预见的预应力损失。这种张拉程序施工简单、操作方便，因此，若设计中钢筋的应力松弛损失按一次超张拉 3%σ_{con} 即可满足，一般多采用 0 →1.03σ_{con} 的张拉程序施工。

（3）张拉顺序

对配有多根预应力筋的构件，不可能同时张拉，张拉顺序应符合设计要求，当设计无具体要求时，应分批、对称地进行张拉，避免张拉时构件产生扭转、截面呈过大的偏心受压状态，使混凝土产生超应力。分批张拉时，要考虑后批预应力筋张拉时产生的混凝土弹性压缩，对先批张拉的预应力筋的张拉应力产生的影响。因此，先批张拉的预应力筋的张拉应力应增加 $n\sigma_{pc}$：

$$n = \frac{E_s}{E_c}$$

$$\sigma_{pc} = \frac{A_p}{A_n}(\sigma_{con} - \sigma_{1I}) \tag{5-5}$$

式中 σ_{con}——预应力筋的张拉控制应力（N/mm^2）；

n——钢筋弹性模量与混凝土弹性模量的比值；

σ_{1I}——预应力筋的第一批应力损失值（N/mm^2）；

E_s——钢筋的弹性模量（MPa）；

E_c——混凝土的弹性模量（MPa）；

A_n——混凝土构件的净截面面积（ mm^2）；

A_p——后批张拉的预应力筋截面面积（mm^2）；

σ_{pc}——张拉后批预应力筋时，对前批张拉的预应力筋重心处混凝土产生的法向应力（N/mm^2）。

对平卧叠浇的预应力混凝土构件，上层构件的质量产生的水平摩阻力，会阻止下层构件在预应力筋张拉时混凝土弹性压缩的自由变形，待上层构件起吊后，由于摩阻力影响消失会增加混凝土弹性压缩的变形，从而引起预应力损失。该损失值随构件形式、隔离层和张拉方式不同而不同。为便于施工,可采取逐层加大超张拉的办法来弥补该预应力损失,但底层超张拉力值不宜比顶层张拉力值大 5%(钢丝、钢绞线、热处理钢筋)或 9%(冷拉 HRB335,HRB400 级钢筋),并且要保证底层构件的控制应力,冷拉 HRB335,HRB400 级钢筋不得大于屈服强度的 95%,钢丝、钢绞线和热处理钢筋不大于标准强度的 80%。如隔离层的隔离效果好,也可采用同一张拉应力值。

(4)张拉方法

预应力筋的张拉方法,可分为一端张拉和两端张拉两种。为减少预应力筋与预留孔孔壁摩擦而引起的应力损失,对抽芯成形孔道的曲线形预应力筋和长度大于 24 m 的直线预应力筋,应采用两端张拉。长度≤24 m 的直线预应力筋,可一端张拉,但张拉端宜分别设置在构件两端。

对预埋波纹管孔道,曲线形预应力筋和长度大于 30m 的直线预应力筋宜在两端张拉;长度≤30 m 直线预应力筋,可在一端张拉。用双作用千斤顶两端同时张拉钢筋束、钢绞线束或钢丝束时,为减少顶压时的应力损失,可先顶压一端的锚塞,而另一端在补足张拉力后再顶压。

(5)预应力筋伸长值校核

《混凝土结构设计规范》(50010—2002)规定:当采用应力控制方法张拉时,应校核预应力筋的伸长值。实际伸长值与设计计算理论伸长值的相对允许偏差为 6%。

在张拉时,若实际伸长值大于设计计算理论伸长值 6%,应暂停张拉,查明原因并采取措施予以调整后方可继续张拉。

预应力筋的计算伸长值 ΔL(单位 mm),可按下式计算:

$$\Delta L = \frac{F_p l}{A_p E_s} \tag{5-6}$$

式中　F_p——预应力筋的平均张拉力,直线筋取张拉端的拉力;两端张拉的曲线筋,取张拉端的拉力与跨中扣除孔道摩阻力损失后拉力的平均值(kN);

　　　A_p——预应力筋的截面面积(mm^2);

　　　E_s——预应力筋的弹性模量(kN/mm^2);

　　　l——预应力筋的长度(mm)。

预应力筋实际伸长值的量测,应在初应力约为 $10\%\sigma_{con}$ 时开始,但必须加上初应力以下的推算伸长值及扣除张拉后混凝土弹性压缩值。

其实际伸长值 ΔL 可按下式计算:

$$\Delta L = \Delta L_1 + \Delta L_2 - C \tag{5-7}$$

式中　ΔL_1——从初应力至最大张拉力之间的实测伸长值(mm);

　　　ΔL_2——初应力以下的推算伸长值(mm);

　　　C——后张法混凝土构件在张拉过程中的弹性压缩值(mm)。

初应力以下的推算伸长值 ΔL_2 可按下式计算:

$$\Delta L_2 = \frac{\sigma_0}{E_s} L \tag{5-8}$$

式中　σ_0——预应力筋的初应力(kN/mm^2);

L——预应力筋的长度(mm)。

（6）预应力筋张拉力计算

预应力筋张拉力 F_p 可按下式计算：

$$F_p = m\sigma_{con}A_p \tag{5-9}$$

式中　σ_{con}——预应力筋张拉控制应力(kN/mm^2)；

　　　m——超张拉系数，取值 1.03 或 1.05；

　　　A_p——预应力筋截面面积(mm^2)。

3.孔道灌浆及封锚(封端)

（1）孔道灌浆

预应力筋张拉锚固后，应随即进行孔道灌浆，尤其是钢丝束，张拉后应尽快进行灌浆，以防锈蚀，增加结构的整体性、抗裂性和耐久性。

灌浆宜采用标号不低于 42.5 号普通硅酸盐水泥或矿渣硅酸盐水泥配制的水泥浆，对空隙大的孔道，水泥浆中可掺适量的细砂，但水泥浆和水泥砂浆的强度不应低于 $20\ N/mm^2$，且应有较大的流动性和较小的干缩性、泌水性(搅拌后 3h 的泌水率宜控制在 2% 以内，最大不超过 3%)。水灰比一般为 0.40～0.45。

为使孔道灌浆饱满，增加密实性，可在灰浆中掺入水泥用量 0.05‰～0.1‰ 的铝粉或 0.20% 的木质素磺酸钙或其他减水剂，但不得掺入氯盐或其他对预应力筋有腐蚀作用的外加剂。

灌浆前，用压力水冲洗和润湿孔道。灌浆过程中，可用电动或手动灰浆泵进行灌浆，水泥浆应均匀缓慢地注入，不得中断。灌满孔道并封闭气孔后，宜再继续加压至 0.5～0.6 MPa 并稳定一段时间，以确保孔道灌浆的密实性。对不掺外加剂的水泥浆，可采用二次灌浆法来提高灌浆的密实性。

灌浆顺序应先下后上。曲线孔道灌浆宜由最低点注入水泥浆，至最高点排气孔排尽空气并溢出浓浆为止。

（2）封锚(封端)

预应力筋锚固后，应马上进行封锚。锚具的封闭保护应符合设计要求，当设计无要求时，应采用不低于 C30 的细石混凝土，内配钢筋网片封锚，并应满足：外露预应力筋的保护层厚度处于正常环境时，不小于 20 mm；处于易受腐蚀环境时，不小于 50 mm；凸出式锚固端锚具的保护层厚度不小于 50 mm。

5.4　无黏结预应力混凝土施工

无黏结预应力混凝土通常称为无黏结预应力，无黏结预应力是近几年发展起来的新技术，是后张法预应力混凝土的发展。在普通后张法预应力混凝土中，预应力筋与混凝土通过灌浆或其他措施使其相互间存在黏结力，在使用荷载作用下，构件的预应力筋与混凝土不会产生纵向的相对滑动。

无黏结预应力施工是在预应力筋表面刷涂料并包塑料布(管)后，如同普通钢筋一样先铺设在安装好的模板内,然后浇筑混凝土,待混凝土达到设计要求强度后,进行预应力筋张拉锚固。这种预应力工艺是借助两端的锚具传递预应力,不需要预留孔道灌浆,施工简单,张拉时摩阻力较小,但对锚具锚固能力要求较高。无黏结预应力筋易弯成曲线形状,适用于曲线配筋的结构,并适用于大柱网整体现浇楼盖结构,尤其在双向连续平板和密肋楼板中使用最为经济合理,在多跨连续梁中也很有发展前途。

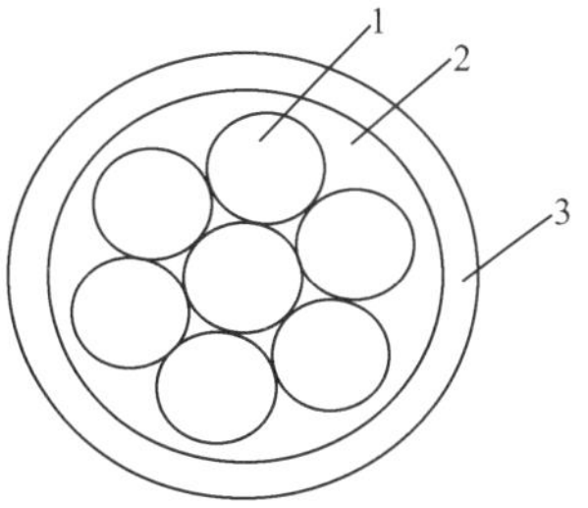

1. 无黏结预应力束的制作

无黏结预应力束由预应力筋、防腐涂料和外包层以及锚具组成,如图5-29所示。

图5-29 无黏结预应力筋组成
1—无黏结筋;2—涂料层;3—外包层

(1)预应力筋

一般选用7根ϕ^s5高强钢丝组成的钢丝束,也可选用7根ϕ^s4或7根ϕ^s5的钢绞线。

(2)涂料层

无黏结筋的涂料层可采用防腐油脂或防腐沥青制作。涂料层的作用是使无黏结筋与混凝土隔离,减少张拉时的摩擦损失,防止无黏结筋被腐蚀等。无黏结预应力束表面涂料需长期保护预应力束不受腐蚀,还应符合下列要求:

①在$-20\,℃\sim+70\,℃$范围内不流淌、不裂缝变脆,并有一定韧性;②使用期内化学稳定性高;③对周围材料无侵蚀作用;④不透水、不吸湿;⑤防腐性能好;⑥润滑性能好,摩擦阻力小。

制作单根无黏结筋时,宜优先选用防腐油脂做涂料层。其塑料外包层应用塑料注塑机注塑成型,防腐油脂应填充饱满,外包层应松紧适度;成束无黏结筋可用防腐沥青或防腐油脂做涂料层,当使用防腐沥青时,应用密缠塑料带做外包层,塑料带各圈之间的搭接宽度应不小于带宽的1/2,缠绕层数应不小于四层。要求防腐油脂涂料层无黏结筋的张拉摩擦系数不应大于0.12;防腐沥青涂料层无黏结筋的张拉摩擦系数不应大于0.25。

(3)外包层

外包层的包裹物必须具有一定的抗拉强度、防渗漏性能。一般常用的包裹物有塑料布、塑料薄膜或牛皮纸,其中塑料布或塑料薄膜防水性能、抗拉强度和延伸率较好。此外,还可将聚氯乙烯、高压聚乙烯、低压聚乙烯和聚丙烯等挤压成型,作为预应力束的涂层包裹层。外包层同时还须符合:①在使用温度范围内($-20\,℃\sim+70\,℃$),低温不脆化,高温化学性能稳定;②具有足够的韧性、抗磨性;③对周围材料无侵蚀作用;④防水性强;⑤保证预应力束在运输、储存、铺设和浇筑混凝土过程中不发生不可修复的损坏。

(4)无黏结预应力束的制作

无黏结预应力束的制作方法有缠纸工艺、挤压涂层工艺。

缠纸工艺是在缠纸机上连续作业,完成编束、涂油、镦头、缠塑料布和切断等工序。挤压涂层工艺主要是钢丝通过涂油装置涂油,涂油钢丝束通过塑料挤压机涂刷塑料薄膜,再经冷却筒或槽成型塑料套管。这种无黏结束挤压涂层工艺与电线、电缆包裹塑料套管的工艺相似并具有效率高、质量好、设备性能稳定的特点。

2. 锚具

无黏结预应力构件中,锚具是把预应力束的张拉力传递给混凝土的工具,外荷载引起的预应力束内力的变化全部由锚具承担。因此,无黏结预应力束的锚具不仅受力比有黏结预应力筋的锚具大,而且承受的是重复荷载。因而对无黏结预应力束的锚具应有更高的要求。

一般要求无黏结预应力束的锚具至少应能承受预应力束最小规定极限强度的95%,且不超过预期的滑动值。

我国主要采用高强钢丝和钢绞线作为无黏结预应力束。高强钢丝预应力束主要采用镦头锚具。钢绞线预应力束则可采用 XM 型锚具。图 5-30 所示是无黏结预应力束的一种锚固方式,埋入端和张拉端均用镦头锚具。

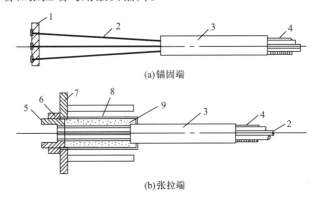

图 5-30 无黏结预应力钢丝束的锚固

1—锚板;2—钢丝;3—塑料外包层;4—涂料层;5—锚环;6—螺母;7—预埋件;8—塑料套筒;9—防腐油脂

3. 无黏结预应力施工工艺

无黏结预应力施工工艺主要有:无黏结预应力束的铺设、张拉和端部锚头处理。

(1)无黏结预应力束的铺设

无黏结预应力束在连续双向平板结构中一般为双向曲线配置,两个方向的无黏结筋互相穿插,给施工操作带来困难,因此确定铺设顺序很重要。一般应先铺设标高低的无黏结筋,再依次铺设标高较高的无黏结筋,并应尽量避免两个方向的无黏结筋相互穿插编结。无黏结筋应严格按设计要求的曲线形状就位并固定牢靠。铺设无黏结筋时,无黏结筋的曲率可通过垫铁马凳控制。铁马凳高度应根据设计要求的无黏结筋曲率确定,铁马凳间隔不宜大于 2 m,并用铅丝将其与无黏结筋扎紧。

一般施工顺序是依次放置钢筋马凳,然后按顺序铺设钢丝束,钢丝束就位后,进行高度及其水平位置的调整,经检查无误后,用铅丝将无黏结预应力束与非预应力钢筋(铁马凳)绑扎牢固,防止钢丝束在浇筑混凝土施工过程中发生位移。

(2)无黏结预应力束的张拉

由于无黏结预应力束一般为曲线配筋,故应采用两端同时张拉。无黏结预应力束的张拉顺序,应根据其铺设顺序,先铺设的先张拉,后铺设的后张拉。张拉程序一般采用 $0 \rightarrow 1.03\sigma_{con}$ 进行锚固。为降低摩阻力损失值,张拉时宜采用多次重复张拉工艺。张拉过程中,当有个别钢丝发生滑脱或断裂时,可相应降低张拉力,但滑脱或断裂的数量不应超过结构同一截面无黏结预应力筋总量的 2%。

（3）端部锚头处理

对无黏结筋端部锚头的防腐处理应特别重视。采用 XM 型夹片式锚具的钢绞线张拉端头构造简单，无须另加设施，端头钢绞线预留长度不小于 150 mm，多余部分切断并将钢绞线散开打弯，埋设在混凝土中以加强锚固，如图 5-31 所示。

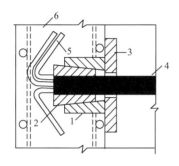

图 5-31　钢绞线端部锚头处理

1—锚环；2—夹片；3—埋件；4—钢绞线；5—散开打弯钢丝；6—圈梁

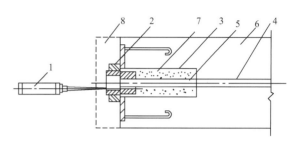

图 5-32　钢丝束端部锚头处理

1—油枪；2—锚具；3—端部孔道；4—有涂层的无黏结预应力束；5—无涂层的端部钢丝；6—构件；7—注入孔道的油脂；8—混凝土封闭

若采用镦头锚具，锚头部位的外径比较大，因此，钢丝束两端应在构件上预留有一定长度的孔道，其直径略大于锚具的外径。钢丝束张拉锚固以后，其端部便留下孔道，并且该部分钢丝没有涂层，为此应加以处理来保护预应力钢丝。

其端部锚头处理（图 5-32），目前常采用两种方法：第一种方法系向孔道中注入油脂并加以封闭；第二种方法系向预留孔道中注入油脂或环氧树脂水泥砂浆后，用 C30 级的细石混凝土封闭锚头部位。

复习思考题

1. 何为预应力混凝土？它有哪些特点？施加预应力混凝土的方法有哪些？

2. 常用的预应力钢筋有哪些？预应力混凝土的强度有何要求？

3. 简述先张法、后张法的施工特点及适用范围。

4. 先张法的施工夹具和张拉机具包括哪些？

5. 简述先张法、后张法施工工艺过程。

6. 先张法施工中的预应力放张时，应注意哪些问题？需要采取哪些措施？

7. 后张法预应力锚具有哪些类型？如何选用？

8. 后张法预应力张拉设备有哪些？如何选用？

9. 后张法预留孔道有哪些方法？如何选用？

10. 何为预应力筋的松弛？超张拉的目的是什么？

11. 对于平卧叠浇的后张法预应力混凝土构件，各层张拉力有何不同？为什么？

12. 后张法施工时，对于预应力筋张拉控制应力如何规定？怎样控制？简述其张拉顺序。

13.预应力筋张拉用千斤顶油泵油表控制张拉应力时,为何需检测预应力筋的伸长值?伸长值如何测定?应注意什么问题 ?

14.后张法预应力筋的张拉方法有哪些?

15.后张法预应力筋的孔道灌浆材料有哪些要求?为什么要进行孔道灌浆?如何进行灌浆?

16.简述无黏结预应力混凝土的施工工艺流程。

17.简述无黏结预应力束的组成。其制作方法有何要求?

计算题

1.先张法施工预应力空心板,用冷拔丝φ64做预应力筋,标准强度值 $f_{ptk}=650$ MPa,控制应力 $\sigma_{con}=0.7f_{ptk}$,采用单根张拉,张拉程序为 $0 \rightarrow 1.03\sigma_{con}$,试求预应力 筋的张拉力。

2.某 30 m 跨预应力混凝土屋架,其下弦孔道长 29.8 m,两端为螺丝端杆锚具,螺丝端杆长 370 mm,外露长 150 mm,实测钢筋冷拉率为 4%,弹性回缩率为 0.4% 。预应力筋由三段钢筋对焊,每个焊头烧化压缩留量为 20 mm,试计算钢筋下料长度

计算题答案

第6章

结构安装工程

　　本章学习要求：了解常用起重机的种类、性能及选用方法，了解钢筋混凝土结构单层工业厂房安装准备工作，掌握单层工业厂房吊装方案的选择、吊装工艺及施工方法，了解钢结构安装工艺，了解大跨度屋盖结构安装方法。

　　本章学习重点：起重机的种类、性能及选用方法，钢筋混凝土结构单层工业厂房吊装方案的选择、吊装工艺及施工方法。

　　结构安装工程是将构件先在工厂或工地预制成型，然后运至施工现场，按照设计要求，用建筑起重机械将其分别吊起并安装到设计位置上，组装成一幢完整的建筑物的整个施工过程。用这种方式施工的结构，称为装配式结构。

　　结构安装工程的施工特点是：构件类型多、质量影响大；应力变化复杂；高空作业多；施工方法取决于所选择的起重机械。

6.1　建筑起重机械

结构安装工程中常用的起重机械有自行杆式起重机、塔式起重机杆。

6.1.1　自行杆式起重机

　　自行杆式起重机分为履带式起重机和轮胎式起重机两种，轮胎式起重机又分为汽车起重机和轮胎起重机。自行杆式起重机的优点是灵活性大，移动方便；缺点是稳定性较差。

1. 履带式起重机

履带式起重机是一种具有履带行走装置、可 360°回转的起重机。由于其起重量和起重高度较大、操作灵活、行驶方便、臂杆可接长或更换;又由于其履带接地面积大,起重机能在较差的地面上行驶和工作,又可负荷行走,并可原地回转;其工作装置改装后,可成挖土机或打桩架。故在单层工业厂房结构安装中,使用较为广泛。但其自重大,行走对路面破坏较大,故转移时需要其他车辆搬运。另外,它的稳定性较差,不宜超载吊装。

(1)履带式起重机的构造与性能

履带式起重机主要由底盘、机身和起重臂三部分组成,如图 6-1 所示。底盘承受机身全部重量,底盘上有转盘,使机身可做 360°回转。机身内部有动力装置、传动机构、工作机构,包括卷扬机、滑轮组等;起重臂多为多节桁架,下端铰装在机身前面,可随机身回转。其上连有起重、变幅两套滑轮组,并与卷扬机相连。

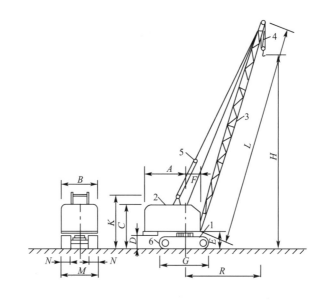

图 6-1 履带式起重机

1—底盘;2—机棚;3—起重臂;4—起重滑轮组;5—变幅滑轮组;6—履带

$A\cdots G$、K、M、N—外形尺寸符号;L—起重臂长度;H—起升高度;R—工作幅度

建筑工程中常用的国产履带式起重机主要有 W_1-50 型、W_1-100 型 W_1-200 型。

W_1-50 型履带式起重机的最大起重量为 10t,起重杆长度有 10m 及 18m 两种,适用于吊装跨度在 18m 以下,高度在 10 m 以内的小型单层工业厂房结构及装卸作业。

W_1-100 型履带式起重机的最大起重量为 15 t,起重杆长度为 13 m 及 23 m 两种,适用于吊装跨度为 18 m~24 m、高度为 15 m 左右的单层工业厂房结构。

W_1-200 型履带式起重机的最大起重量为 40 t,起重杆长度可达 40 m,适用于吊装大型单层工业厂房结构。

履带式起重机外形尺寸如图 6-1 和表 6-1 所示。

表 6-1　　　　　　　　　履带式起重机外形尺寸　　　　　　　　　mm

符 号	名 称	型 号			
		W₁-50	W₁-100	W₁-200	QUY-50
A	机身尾部到回转中心距离	2 900	3 300	4 500	4 000
B	机身宽度	2 700	3 120	3 200	3 080
C	机身顶部到地面高度	3 220	3 675	4 125	3 080
D	机身底部距地面高度	1 000	1 045	1 190	1 065
E	起重臂下铰点中心距地面高度	1 555	1 700	2 100	1 700
F	起重臂下铰点中心至回转中心距离	1 000	1 300	1 600	900
G	履带长度	3 420	4 005	4 950	5 490
M	履带架宽度	2 850	3 200	4 050	4 300
N	履带板宽度	550	675	800	760
J	行走底架距地面高度	300	275	390	360
K	机身上部支架距地面高度	3 480	4 170	6 300	3 662

　　履带式起重机的起重能力常用三个工作参数表示,即起重量 Q、起重高度 H 和起重半径 R。由图 6-2、6-3 所示的 W₁-50、W₁-100 型起重机的工作性能曲线,可见其起重量、起重高度和起重半径的大小取决于起重臂长度和仰角 α。当起重臂长度一定时,随着仰角的增大,起重量和起重高度增加,而起重半径减小;当仰角 α 不变,起重臂长度增加,起重半径和起重高度增加,而起重量减小。起重机的起重量、起重高度和起重半径,三者之间的关系也可用表 6-2 的形式表示。

表 6-2　　　　　　　　　履带式起重机性能

参 数		单位	型 号								
			W₁-50	W₁-100	W₁-200						
起重臂长度		m	10	18	18 带鸟嘴	13	23	27	30	15	30	40
最大起重半径		m	10.0	17.0	10.0	12.5	17.0	15.0	15.0	15.5	22.5	30.0
最小起重半径		m	3.7	4.5	6	4.22	6.5	8.0	9.0	4.5	8.0	10.0
起重量	最小起重半径时	t	10.0	7.5	2.0	15.0	8.0	5.0	3.6	50.0	20.0	8.0
	最大起重半径时	t	2.6	1.0	1.0	3.5	1.7	1.4	0.9	8.2	4.3	1.5
起重高度	最小起重半径时	m	9.2	17.2	17.2	11.0	19.0	23.0	26.0	12.0	26.8	36
	最大起重半径时	m	3.7	7.6	14	5.8	16.0	21.0	23.8	3.0	19	25

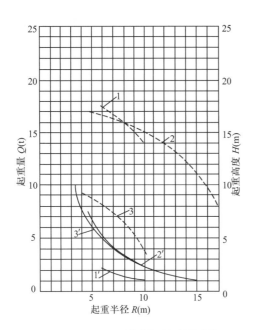

图 6-2 W₁-50 型履带式起重机性能曲线

1,1′—L＝18 m 有鸟嘴时 R-H、Q-R 曲线；

2,2′—L＝18m 时 R-H、Q-R 曲线；

3,3′—L＝10m 时 R-H、Q-R 曲线。

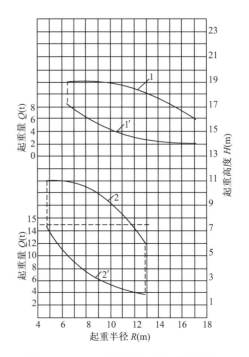

图 6-3 W₁-100 型履带式起重机性能曲线

1,1′—L＝23 m 时 R-H、Q-R 曲线；

2,2′—L＝13m 时 R-H、Q-R 曲线。

（2）履带式起重机的稳定性验算

起重机稳定性是指整个机身在起重作业时的稳定程度。起重机在正常条件下工作，一般可以保持机身稳定，但在超负荷吊装或由于施工需要接长起重臂时，需进行稳定性验算，以保证在吊装作业中不发生倾覆事故。履带式起重机在如图 6-4 所示的情况下（即车身与行驶方向垂直）稳定性最差，此时，应以履带中心 A 为倾覆中心验算起重机的稳定性。

①当考虑吊装荷载及附加荷载（风荷载、刹车惯性力和回转离心力等）时，稳定性安全系数：

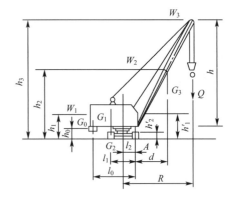

图 6-4 稳定性验算简图

$$K_1＝M_稳/M_倾 \geqslant 1.15 \tag{6-1}$$

②当仅考虑吊装荷载时，稳定性安全系数：

$$K_2＝M_稳/M_倾 \geqslant 1.40 \tag{6-2}$$

倾覆力矩取吊重所产生的力矩；稳定力矩取全部稳定力矩与其他倾覆力矩之差。

按 K_1 验算较复杂，施工现场一般用 K_2 简化验算，由图 6-4 可得

$$K_2 = M_{稳}/M_{倾} = \frac{G_1 l_1 + G_2 l_2 + G_0 l_0 - G_3 d}{Q(R - l_2)} \geqslant 1.40 \tag{6-3}$$

式中　G_0——起重机平衡重量；

　　　G_1——起重机可转动部分的重量；

　　　G_2——起重机机身不转动部分的重量；

　　　G_3——起重臂重量（起重臂接长时，为接长后的重量）为起重机重量的 $4\% \sim 7\%$；

　　　l_0、l_1、l_2、d——以上各部分的重心至倾覆中心 A 点的相应距离。

验算后如不满足要求，应采取增加配重等措施。

（3）起重臂接长验算

当起重机的起重高度或起重半径不足时，可将起重臂接长，此时起重机的最大起重量 Q' 可根据力矩等量换算的原则求得。起重臂接长计算简图如图 6-5 所示。

由 $\sum M_A = 0$ 可得

$$Q'\left(R' - \frac{M}{2}\right) + G'\left(\frac{R' + R}{2} - \frac{M}{2}\right) = Q\left(R - \frac{M}{2}\right)$$

整理后得

$$Q' = \frac{1}{2R' - M}\left[Q(2R - M) - G'(R' + R - M)\right] \tag{6-4}$$

式中　R'——起重臂接长后的起重半径；

　　　G'——起重臂接长部分的重量。

当 Q' 值小于所吊构件重量时，须用式（6-3）进行稳定性验算，并采取相应措施，如在起重臂顶端拉设缆风绳等，以加强起重机稳定性。

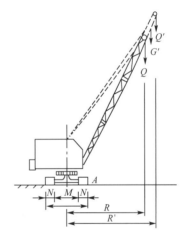

图 6-5　起重臂接长计算简图

2.轮胎式起重机

（1）汽车起重机

汽车起重机（图 6-6）是将起重机构安装在普通载重汽车或专用汽车底盘上的一种自行式全回转起重机。这种起重机的起重臂构造有桁架臂和伸缩臂两种，其汽车驾驶室与起重机操纵室是分开的。这种起重机的优点是运行速度快，能迅速转移，对路面破坏性很小。但吊装作业时必须使用支腿，因而不能负荷行驶，且不适合在松软或泥泞地面作业。

国产汽车起重机常用的有：Q_1 型（机械传动和操纵）、Q_2-12 型、Q_2-16 型（全液压传动和伸缩式起重臂）、Q_3 型（多个电动机驱动各工作机构）以及 YD 型等。可用于构件装卸作业或用于安装标高较低的构件。

国产重型汽车起重机有 Q_2-32 型和 Q_3-100 型。Q_2-32 型，起重臂长 30 m，最大起重量 32t，可用于一般厂房的构件安装；Q_3-100 型，起重臂长 12 m～60 m，最大起重量 100 t，可用于大型构件安装。

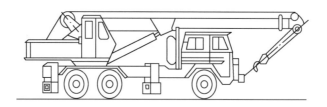

图 6-6 汽车起重机

（2）轮胎起重机

轮胎起重机是把起重机构安装在加重型轮胎和轮轴组成的特制底盘上的自行式全回转起重机械。它的构造基本上与履带式起重机相同，只是底盘上装有可伸缩的支腿（图 6-7），一般吊重时都用 4 个支腿支撑，以增加机身的稳定性并保护轮胎。

轮胎起重机的特点是行驶时对路面的破坏性较小，行驶速度比汽车起重机慢，但比履带式起重机快，稳定性较好，起重量较大。

常 用 的 轮 胎 起 重 机 有 QL$_1$-8 型、QL$_2$-16 型、QL$_3$-25 型 及 QL$_3$-40 型 等，其中 QL$_3$-40 型轮胎起重机最大起重量 400 kN，最大臂长 42 m，可用于一般单层工业厂房的结构吊装。

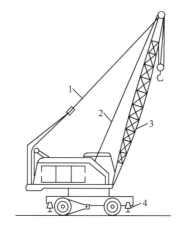

图 6-7 轮胎起重机
1—变幅索；2—起重索；3—起重杆；4—支腿

6.1.2 塔式起重机

塔式起重机是塔身竖直、起重臂安装在塔身顶部并能全回转的起重机，具有较大的起重高度和工作幅度，工作速度快，生产效率高，使用和装拆方便等优点，被广泛应用于多层及高层装配式结构安装工程。塔式起重机类型较多，一般分为轨道式、爬升式和附着式三类。

1. 轨道式塔式起重机

轨道式塔式起重机是目前应用较广泛的一种起重机械，它能负荷行走，能同时完成垂直和水平运输，且能在直线和曲线轨道上运行，使用安全、生产效率高。但需铺设轨道，装拆及转移耗费工时多，因而台班费较高。

轨道式塔式起重机常用的型号有：QT$_1$-2 型、QT$_1$-6 型、QT60/80型、QT20 型等，可扫码了解。

轨道式塔式起重机
常用的型号

2. 爬升式塔式起重机

爬升式塔式起重机是一种安装在建筑物内部（电梯井或特设开间）结构上，依靠套架托梁和爬升系统，随着建筑物的建高而爬升的起重机械。一般每隔 1～2 层楼便要爬升一次,适用于框架结构的高层建筑施工。

爬升式塔式起重机的特点是不需铺设轨道,机身体积小,重量轻、安装简便、不占用施工场地,宜用于施工现场狭窄的高层建筑结构安装。

爬升式塔式起重机由底座、套架、塔身、塔顶、行车式起重臂、平衡臂等部分组成。目前使用的主要型号有:QT₅-4/40 型,QT₃-4 型。

爬升式塔式起重机的爬升过程如图 6-8 所示。即:固定下支座→提升套架→固定套架→下支座脱空→提升塔身→固定下支座。

爬升式塔式起重机的性能见表 6-3。

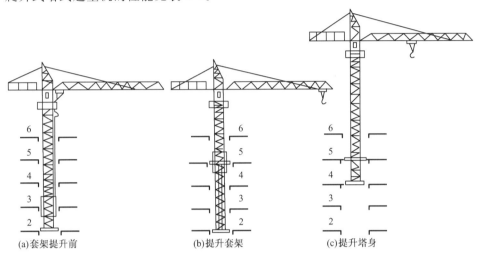

(a)套架提升前　　　(b)提升套架　　　(c)提升塔身

图 6-8　爬升式塔式起重机爬升过程示意图

表 6-3　　爬升式塔式起重机起重性能

型号	起重量/t	幅度/m	起重高度/m	一次爬升高度/m
QT₅-4/40	4	2～11	110	8.6
	4～2	11～20		
QT₃-4	4	2.2～15	80	8.87
	3	15～20		

3. 附着式塔式起重机

附着式塔式起重机是一种能适应多种工作情况的起重机。它直接固定在建筑物近旁的混凝土基础上,可随建筑物的施工进度,借助顶升系统将塔身自行向上接高。为了减少塔身的计算长度,每隔 20 m 左右将塔身与建筑物用锚固装置连接。它适用于高层建筑施工。附着式塔式起重机还可装在建筑物内部作为爬升式塔式起重机使用,或作为轨道式塔式起重机使用。常用的附着式起重机的型号有 QT₄-10 型、QT₁-4 型、ZT100 型、ZT120 型、ST60/23 型等。QT₄-10 型附着式塔式起重机起重能力可达 1 600 kN·m,起重量为 5～10 t,起重半径为 3～30 m,起重高度为 160 m,每顶升一次升高 2.5 m,详情可扫码了解。

QT₄-10型附着式塔式起重机

6.2 钢筋混凝土单层工业厂房结构安装

单层工业厂房一般面积较大、构件类型较少，但数量较多。结构构件有基础、柱、吊车梁、天窗架、屋面板及支撑系统等。除基础为现浇外，其余构件多为预制构件，柱和屋架等大型构件一般均在施工现场就地预制，其他构件则多集中在预制构件厂生产，然后运到现场进行吊装。因此，制定一个切实可行的结构吊装方案是单层工业厂房施工的关键。

6.2.1 构件吊装前的准备工作

预制构件吊装的施工过程包括：绑扎、吊升、就位、临时固定、校正、最后固定等工序。

构件吊装前要做好各项准备工作，其内容包括：清理及平整场地；修建临时道路；构件的运输和堆放；构件的检查与应力核算；构件的弹线与编号以及基础准备、吊具准备等。

1. 基础准备

基础准备系指柱吊装前对杯底抄平和对杯口顶面弹线。装配式钢筋混凝土柱基础一般为杯形基础。在浇筑时应保证基础定位轴线及杯口尺寸准确。同时，为便于调整柱子牛腿面的标高，杯底浇筑后的标高应较设计标高低 50 mm 。柱吊装前需要对杯底标高进行调整（或称抄平）。调整的方法是：先测出杯底的实际标高，量出柱底至牛腿顶面的实际长度，然后根据牛腿顶面的设计标高与杯底实际标高之差，计算柱底至牛腿顶面的应有长度。将其与柱量得的实际长度相比，得到杯底标高应有的调整值 Δh，并在杯口内标出（图 6-9），用 1:2 水泥砂浆或细石混凝土将杯底抹平至标志处。

基础杯口顶面应根据厂房的定位轴线与柱的安装中心线，弹出建筑物的纵、横定位轴线及柱的吊装准线，以作为柱安装、对位和校正时的依据。

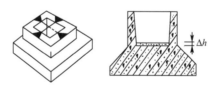

图 6-9　杯口顶面弹线与杯底抄平

2. 构件运输和堆放

运输时构件的混凝土强度应满足设计规定，如设计无规定，则不应小于 75% 的设计强度等级；装卸时的吊装绑扎点位置、堆放时垫木位置，应符合设计规定要求；运输过程中必须保证构件不变形、不倾倒、不损坏。

构件应按施工平面图堆放，避免二次搬运。堆放构件的地面应平整坚实，排水良好，以免构件因地面下沉而倾倒。构件叠放时，构件之间的垫木要在同一条垂直线上，以免构件折断。构件叠放的高度，按构件混凝土强度、地面的耐压力和构件叠放的稳定性确定。

3.构件的检查与应力核算

构件在吊装前应进行全面的检查：混凝土强度、外形尺寸、构件型号与数量、预埋件的数量和尺寸以及位置是否符合设计的要求；还要检查构件有无损伤、裂缝、变形等缺陷。

另外，由于构件吊装与使用时的受力状态不同，可能导致构件吊装损坏，因而构件在吊装前须进行吊装应力的验算，若不满足要求，应增加吊点或采取临时加固措施。

4.构件弹线与编号

构件吊装前应在其表面弹出吊装中心线，作为构件吊装对位、校正的依据。对形状复杂的构件，还要标出它的重心及绑扎点的位置。

柱子应在柱身三个面上弹出吊装中心线，所弹中心线位置应与柱基杯口面上所弹中心线相吻合。此外，在柱顶和牛腿面上还要弹出屋架及吊车梁的吊装中心线。吊车梁在两端及顶面分别弹出吊装中心线；屋架在上弦顶面弹出几何中心线，并从跨度中央向两端分别弹出天窗架、屋面板或檩条的吊装中心线，两端应弹出纵、横吊装中心线。

在对构件弹线的同时，应按设计图纸将构件进行编号，编号要写在明显易见的部位。

6.2.2 构件吊装工艺

1.柱的吊装

(1)柱的绑扎

柱一般均在施工现场预制，用砖或土做底模平卧生产。在制作底模和浇筑混凝土前，应确定绑扎方法，并在绑扎点预埋吊环或预留孔洞，以便在绑扎时穿钢丝绳。

柱的绑扎方法、绑扎位置和绑扎点数目，要根据柱的形状、断面、长度、配筋以及起重机的性能确定。根据柱的绑扎位置和绑扎点数，以及柱起吊后是否垂直，柱的绑扎方法分为：一点绑扎斜吊法、一点绑扎直吊法、两点绑扎法。

①一点绑扎斜吊法

当柱平卧起吊的抗弯承载力满足要求时，可采用该种方法，如图6-10所示。

斜吊绑扎法时起重钩可低于柱顶，当所吊的柱身较长，而选用的起重机起重高度不足时，可采用此法绑扎。斜吊绑扎法可用两端带环的吊索及活络卡环绑扎（图6-10(a)），也可在柱吊点处预留孔洞，采用柱销来绑扎(图6-10(b))。

②一点绑扎直吊法

当柱平卧起吊的抗弯承载力不足，需将柱在吊装前先翻身再绑扎起吊，这时应采取抗弯能力增强的直吊绑扎法(图6-11)。由于此法起吊后，铁扁担跨于柱顶上方，故须有较大的起吊高度。但柱起吊后呈直立状态，便于垂直插入杯口和对正底线，利于校正。

③两点绑扎法

当柱身较长，一点绑扎抗弯承载力不足时，可用两点绑扎法(图6-12)。

(2)柱的吊升

柱的起吊方法，应根据柱的重量、长度、起重机性能和现场条件而定，可采用单机吊装，对重型柱有时也可采用两台起重机抬吊。

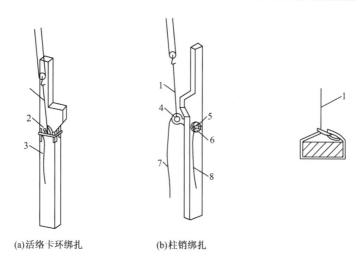

(a)活络卡环绑扎   (b)柱销绑扎

图 6-10   柱的一点绑扎斜吊法

1—吊索；2—活络卡环；3—活络卡环插销拉绳 ；4—插销 ；5—垫圈；6—插销 ；7、8—插销拉绳

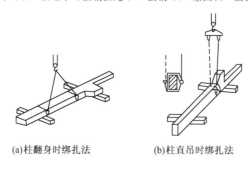

(a)柱翻身时绑扎法   (b)柱直吊时绑扎法

图 6-11   柱的一点绑扎直吊法

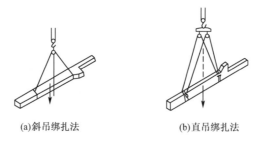

(a)斜吊绑扎法   (b)直吊绑扎法

图 6-12   柱的两点绑扎法

根据柱在吊升过程中运动的特点，柱的吊升可分为旋转法和滑行法两种。

①旋转法

用旋转法吊升柱时，起重机的起重臂边升钩、边回转，使柱身绕柱脚旋转起吊，然后插入基础杯口（图 6-13）。

为了操作方便和起重臂不变幅，柱在预制或排放时，应尽量使柱脚靠近基础，使柱基中心、柱脚中线和柱绑扎点均位于起重机的同一起重半径的圆弧上，该圆弧的圆心为起重

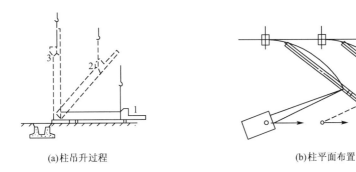

(a)柱吊升过程 (b)柱平面布置

图 6-13 旋转法吊装柱

注:1—准备起吊;2—绕柱脚旋转起吊;3—绕柱脚旋转起吊至直立

机的回转中心,半径为圆心到绑扎点的距离。这种布置方法称为"三点共弧"。

若受施工现场条件限制,柱的绑扎点、柱脚与柱基中心不能同时布置在起重机的同一起重半径的圆弧上时,可采用绑扎点与基础中心或柱脚与基础中心两点共弧来布置,但采用这种布置方法时,柱在吊升过程中起重机要变幅,影响工效。

用旋转法吊升柱子,柱子在吊升过程中所受震动较小,生产率较高,但对起重机的机动性要求高。当采用履带式、轮胎式起重机时,宜采用此法。

②滑行法

用滑行法吊升柱子时,起重机只需升钩,起重臂不需转动,使柱脚沿地面滑行逐渐直立,然后插入杯口(图 6-14)。

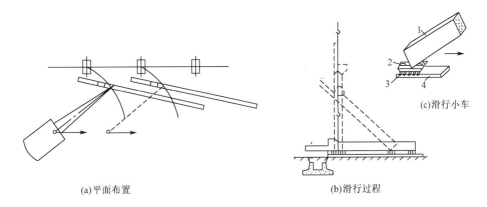

(c)滑行小车

(a)平面布置 (b)滑行过程

图 6-14 滑行法吊升柱

1—柱;2—托板;3—滚筒;4—滑行道

采用滑行法布置柱的预制或排放位置时,应使绑扎点靠近基础,绑扎点与杯口中心均位于起重机的同一起重半径的圆弧上(两点共弧)。

滑行法吊升柱时,柱在滑行过程中受振动较大;但在起吊过程中,起重机只需转动吊杆即可将柱吊装就位,比较安全,对起重机的机动性要求较低。

为减少柱脚滑行时与地面的摩擦力和免受震动,可在柱脚下设置托木、滚筒及滑行小车。滑行法一般用于柱较重、较长,而起重机在安全荷载下的回转半径不够时;或现场狭窄,柱无法按旋转法排放布置等情况。

如果用双机抬吊重型柱时，仍可采用旋转法（两点抬吊）和滑行法（一点抬吊）。

（3）柱的对位与临时固定

柱脚插入杯口后应悬离杯底适当距离（30～50 mm）进行对位，使柱的吊装中心线对准杯口上的吊装准线，并使柱基本保持垂直。柱对位后，从柱四周向杯口放入8个钢（混凝土）楔块，略微打紧，再放松吊钩，检查柱沉至杯底后的对位情况，若符合要求，即可将楔块打紧作柱的临时固定（图6-15），然后起重钩便可脱钩。

吊装重型柱或细长柱时，还须增设缆风绳拉锚。

（4）柱的校正与最后固定

柱的校正包括平面位置、垂直度和标高的校正，标高的校正已在杯底抄平时完成；平面位置在临时固定时已校正好。故此时仅需校正垂直度。

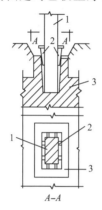

图6-15 柱临时固定
1—柱；2—柱中心线；3—杯形基础

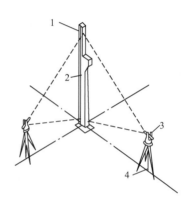

图6-16 测量柱垂直度
1—柱；2—楔块；3—经纬仪；4—锤球

垂直度的检查要用两台经纬仪从柱的相邻两面观察柱的中心线是否垂直（图6-16）。若垂直度偏差大于规定值，应进行校正。

校正方法有千斤顶校正法、钢管撑杆斜顶法、钢钎法、缆风绳校正法等，如图6-17所示。

当垂直偏差值较小时，可用敲打楔块纠正；当垂直偏差值较大时，可用千斤顶校正法、钢管撑杆斜顶法等其他方法进行校正。

柱校正后应立即进行最后固定，其方法是在柱脚与杯口的空隙中浇筑比柱混凝土强度等级高一级的细石混凝土。混凝土浇筑应分两次进行，第一次浇至楔块底面，待混凝土强度达到设计强度的25%后，拔掉楔块，将混凝土灌满杯口。第二次浇筑的混凝土强度达到75%设计强度后，方能吊装上部构件。

2.吊车梁的吊装

吊车梁吊装时应两点绑扎、对称起吊，吊钩应对准重心使其起吊后保持水平（图6-18）。对位时不宜用撬棍在纵轴方向撬动吊车梁，过分撬动会使柱身弯曲产生偏差。一般吊车梁就位时用铁块垫平，不需采取临时固定措施。但当吊车梁的高宽比大于4时，宜用铁丝将吊车梁临时绑在柱上，以防倾倒。

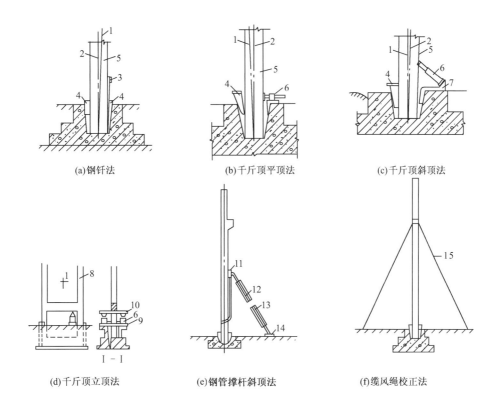

(a)钢钎法 (b)千斤顶平顶法 (c)千斤顶斜顶法

(d)千斤顶立顶法 (e)钢管撑杆斜顶法 (f)缆风绳校正法

图 6-17 柱子垂直度校正方法

1—铅垂线;2—中心线;3—钢钎;4—楔子;5—柱子;6—千斤顶;7—铁簸箕;8—双肢柱;9—垫木;10—钢梁;11—头部摩擦板;12—钢管校正器;13—手柄;14—底板;15—缆风绳

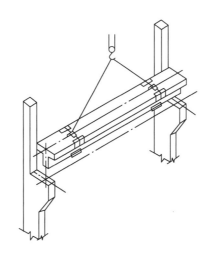

图 6-18 吊车梁吊装

吊车梁的校正主要是对垂直度和平面位置校正,两者应同时进行。吊车梁的标高主要取决于柱牛腿标高,这在柱吊装前已进行过调整。吊车梁的垂直度用靠尺、锤球检查,吊车梁垂直度的允许偏差为 5 mm,若偏差超过规定值,可在支座处加铁片垫平,但每处垫铁不得超过三块。

平面位置的校正，主要检查吊车梁纵轴线和跨距是否符合要求。吊车梁平面位置的校正方法通常用通线法和平移轴线法。

通线法是根据柱的定位轴线,用经纬仪和钢尺先校正厂房两端的四根吊车梁位置(即纵轴线和轨距),再依据校正好的端部吊车梁沿其轴线拉上钢丝通线,逐根拔正(图6-19)。平移轴线法是根据柱和吊车梁的定位轴线间的距离（一般为 750 mm）,逐根拔正吊车梁的安装中心线(图6-20)。

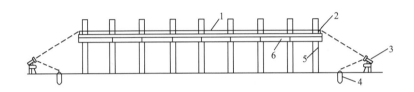

图 6-19　通线法校正吊车梁

1—通线;2—支架;3—经纬仪;4—木桩;5—柱;6—吊车梁

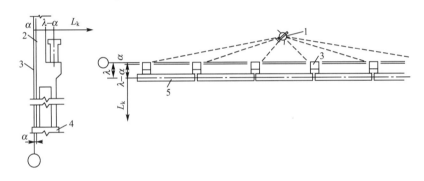

图 6-20　平移轴线法校正吊车梁

1—经纬仪;2—标志;3—柱;4—柱基础;5—吊车梁

吊车梁校正后应立即焊接固定,并在吊车梁与柱的空隙处浇筑细石混凝土。

3. 屋架的吊装

屋架的吊装一般均按节间进行综合安装,即每安好一榀屋架随即将这一节间的全部构件安装上去,包括屋面板、天窗架、支撑、天窗侧板及天沟板等。钢筋混凝土屋架一般在施工现场平卧叠浇,吊装前应将屋架扶直(翻身)、就位(排放)。屋架吊装的施工顺序为:绑扎,扶直与就位,吊升、对位与临时固定,校正和最后固定。

(1)屋架的绑扎

屋架的绑扎点应选在上弦节点处,左右对称于屋架的重心。吊点数目和位置与屋架的型式和跨度有关,一般由设计确定。如施工图未注明或需改变吊点数目和位置时,应事先对吊装应力进行验算。一般当屋架跨度 $l \leqslant 18$ m 时两点绑扎(图 6-21(a));$l >$ 18 m 时四点绑扎(图 6-21(b));$l > 30$ m 时,应考虑采用横吊梁,以减少绑扎高度(图 6-21(c));对刚度较差的组合屋架,因下弦不能承受压力,也宜采用横吊梁四点绑扎（图 6-21(d)）；$l > 30$ m 且刚度很差的钢屋架，应先加固再绑扎起吊（图 6-21(e)）。

屋架绑扎的吊索与水平面夹角 α 不宜小于 45°，以免屋架承受过大的压力。为了减少屋架的起重高度（当吊车的起重高度不够时）或减少屋架所承受的压力，必要时也可采用横吊梁。

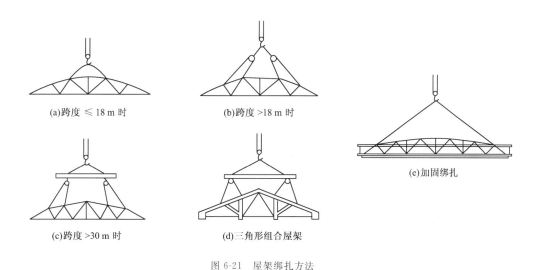

(a)跨度 ≤ 18 m 时　　　(b)跨度 >18 m 时

(c)跨度 >30 m 时　　　(d)三角形组合屋架

(e)加固绑扎

图 6-21　屋架绑扎方法

（2）屋架的扶直与就位

钢筋混凝土屋架是平面受力构件，侧向刚度较差，扶直时，由于自重作用使屋架产生平面外弯曲，部分杆件将改变应力情况，特别是上弦杆极易扭曲开裂，因此必须进行吊装应力验算，如果截面强度不够，应采取加固措施；翻身时，吊索与水平面夹角 α 不宜小于 60°。

按照起重机与屋架预制时相对位置的不同，屋架扶直有正向扶直和反向扶直两种方式。

（3）屋架的吊升、对位与临时固定

屋架一般采用单机悬吊法吊升，屋架跨度大（跨度大于 24 m）或重量很大时，可考虑采用双机抬吊。屋架起吊后旋转至设计位置上方，超过柱顶约 300 mm，然后缓缓下落在柱顶上，力求对准安装准线。

屋架对位后应立即进行临时固定。对第一榀屋架的临时固定必须十分重视，因为它是单片结构，侧向稳定性较差，而且它还是第二榀屋架的支撑。第一榀屋架的临时固定，可用四根缆风绳从两边拉牢（图 6-22）；当先吊装抗风柱时，可将屋架与抗风柱连接。

第二榀屋架以及以后各榀屋架可用工具式支撑临时固定在前一榀屋架上（图 6-23）。

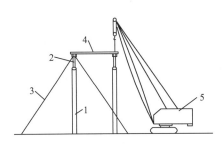

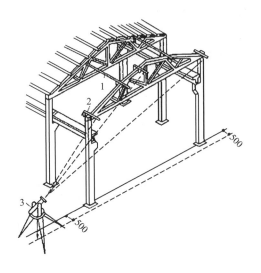

图 6-22　第一榀屋架的临时固定与校正
1—柱;2—屋架;3—缆风绳;4—屋架校正器;
5—履带式起重机

图 6-23　第二榀及以后屋架(工具式支撑)临时固定与校正
1—工具式支撑;2—卡尺;3—经纬仪

（4）屋架的校正与最后固定

屋架校正可用垂球或经纬仪检查屋架的垂直度,并用工具式撑杆或屋架校正器(图6-24)校正屋架的垂直偏差。

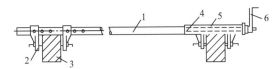

图 6-24　屋架校正器
1—钢管;2—撑脚;3—屋架上弦;4—螺母;5—螺杆;6—摇把

屋架校正完毕应立即按设计规定用螺母或焊接固定,屋架固定后,起重机才可松钩。

4.屋面板的吊装

屋面板四角一般都预埋有吊环,用四根等长的带吊钩的吊索吊装。屋面板就位后,应立即焊接固定,每块屋面板至少有3点与屋架或天窗架焊接。吊装顺序自两边檐口左右对称地逐块吊向屋脊,以避免屋架受荷不均。

6.2.3　结构吊装方案

在拟订单层工业厂房结构吊装方案时,应根据厂房结构形式、跨度、构件重量、安装高度、吊装工程量及工期要求,并结合施工现场条件及现有起重机械设备等因素综合考虑后,着重解决起重机的选择、结构吊装方法、起重机开行路线及构件平面布置等问题。

起重机的选择包括对起重机类型和型号的选择。

1.起重机类型的选择

起重机的类型应根据厂房结构特点、跨度、高度、柱距、构件重量、吊装高度、吊装方法外形尺寸及现场施工条件等确定。

对于一般中小型厂房，由于平面尺寸较大，构件较轻，安装高度不大，厂房内设备安装多在厂房结构安装完成后进行，故采用自行式（履带式）起重机进行结构安装较为合理。当高度、跨度及长度都很大时，可选择塔式起重机。当缺乏自行式起重机或塔式起重机时，可选用桅杆式起重机。大跨度重型厂房还可将几种起重机械配合使用。

2. 起重机型号的选择

起重机型号的选择应满足结构安装的需要，它的选择取决于三个参数：起重量、起重半径和起重高度 。同一型号的起重机，一般均有几种不同长度的起重臂。如果构件的重量、安装高度相差较大时，可用同一型号的起重机，以两种不同长度的起重臂进行吊装。例如柱的重量大于屋架的重量，而屋架的安装高度大于柱，则可用短臂安装柱，长臂（或接长起重臂）安装屋架，以充分发挥起重机效能。

（1）起重量

起重机的起重量必须满足下式：

$$Q \geqslant Q_1 + Q_2 \tag{6-5}$$

式中 Q——起重机的起重量（kN）；

Q_1——构件的重量（kN）；

Q_2——索具的重量（kN）（一般 $\geqslant 2$ kN）。

（2）起重高度

起重机的起重高度必须满足构件的吊装高度要求（图 6-25）。

$$H \geqslant h_1 + h_2 + h_3 + h_4 \tag{6-6}$$

式中 H——起重机的起重高度（m）（停机面至吊钩的距离）；

h_1——安装支座表面的高度（m）（从停机面算起）；

h_2——安装空隙，不小于 0.3 m；

h_3——绑扎点至构件底面的距离（m）；

h_4——索具高度，自绑扎点至吊钩中心的距离（m）。

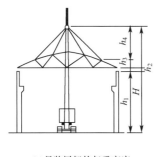
(a)吊装屋架的起重高度

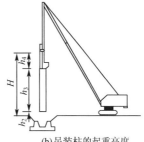
(b)吊装柱的起重高度

图 6-25 履带式起重机起重高度计算简图

（3）起重半径（工作幅度）

当起重机可以开到构件附近去吊装时，对起重半径没什么要求，在计算起重量及起重高度后，便可通过查阅起重机性能表或性能曲线来选择起重机型号及起重臂长度，并可查得在此起重量和起重高度下相应的起重半径,并可以此为依据确定吊装该类构件时起重机开行路线及停机点。

当起重机不能开到构件附近去吊装时,应根据要求的最小起重半径、起重量和起重高度查起重机性能表或性能曲线来选择起重机型号及起重臂长。

当起重机的起重臂需要跨过已安装好的结构去吊装构件时(如跨过屋架或天窗架吊装屋面板),为了不使起重臂与安装好的结构相碰,或当所吊构件宽度较大,为使构件不碰起重臂,均需求出起重机起吊该构件的最小臂长及相应的起重半径。它们可用数解法或图解法求得。

①数解法

构造如图 6-26(a)所示,最小起重臂长:

$$L = l_1 + l_2 = \frac{h}{\sin\alpha} + \frac{a+g}{\cos\alpha} \tag{6-7}$$

式中　L——最小起重臂长度(m);

　　　h——起重臂下铰点至吊装构件支座顶面的高度(m),$h = h_1 - E$;

　　　h_1——支座高度(从停机面算起)(m);

　　　E——起重臂下铰点中心距地面高度(m);

　　　a——起重钩需跨过已安装好的构件的水平距离(m);

　　　g——起重臂轴线与已安装好构件间的水平距离,至少取 1 m;

　　　H——起重高度(m);

　　　d——吊钩中心至定滑轮中心的最小距离,视起重机型号而定,一般为 2.5~3.5 m;

　　　α——起重臂的仰角。

为了求得最小臂长,对式(6-7)进行微分,并令 $\dfrac{\mathrm{d}L}{\mathrm{d}a} = 0$,

$$\frac{\mathrm{d}L}{\mathrm{d}a} = \frac{-h\cos\alpha}{\sin^2\alpha} + \frac{(a+g)\sin\alpha}{\cos^2\alpha} = 0$$

得

$$\alpha = \arctan\sqrt[3]{\frac{h}{a+g}} \tag{6-8}$$

将已求得的 α 值代入式(6-7),即算得所需最小起重臂长度 L 的理论值。

据此可选用适当起重机的起重臂长度,然后根据实际选用的起重臂长度 L 及相应的 α 值计算出起重半径 R。

$$R = F + L\cos\alpha \tag{6-9}$$

式中　F——起重臂下铰点中心至回转中心距离(m)。

根据起重机的性能曲线,复核起重量及起重高度,如能满足构件吊装要求,即可根据 R 值确定起重机吊装屋面板时的停机位置。

②图解法

首先按一定比例(不小于 1:200)绘出厂房的一个节间的纵剖面图,并画出起重机

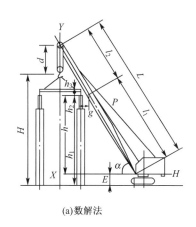
(a)数解法

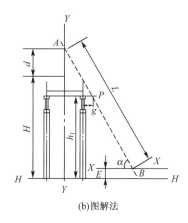
(b)图解法

图 6-26　起重机最小起重臂长计算简图

吊装屋面板时,吊钩需伸到处的垂线 Y-Y(图 6-26(b))。

根据初步选用的起重机型号,从表 6-1 中可查得起重臂下铰点至停机面的距离 E,画出水平线 H-H。

自屋架顶向起重机方向量水平距离 g($g \geqslant 1$ m)得 P 点;根据起重机停机面计算吊钩需要的提升高度 $H+d$,在垂线 Y-Y 上定出 A 点,连接 A、P 两点,其延长线与 H-H 相交于 B,B 点即为起重臂的臂根铰心。

AB 的长度即为所求的起重臂的最小长度 $L_{\min}$。

$L_{\min}$ 的水平投影长度加上 F,即为起重半径 R。

根据图解法所求得的最小起重臂长度为理论值 $L_{\min}$,查起重机的性能表或性能曲线,从规定的几种臂长中选择一种臂长 $L \geqslant L_{\min}$,即为吊装屋面板时所选的起重臂长度。

(4)起重机数量的确定

所需起重机数量,根据厂房的工程量、工期和起重机的台班产量定额按下式计算:

$$N = \frac{1}{TCK} \sum \frac{Q_i}{P_i} \tag{6-10}$$

式中　N——起重机台数(台);

　　　T——工期(d);

　　　C——每天工作班数(班);

　　　K——时间利用系数,取 $0.8 \sim 0.9$(每天所吊件数);

　　　Q_i——每种构件的吊装工程量(件或 t);

　　　P_i——起重机相应的台班产量定额(件/台·班或 t/台·班)。

此外,在决定起重机数量时,还应考虑构件装卸、拼装和排放的工作量。

3.结构吊装方法

单层工业厂房结构的吊装方法,有分件吊装法、节间吊装法和综合吊装法。

(1)分件吊装法

分件吊装法是起重机在车间内每开行一次,仅吊装一种或两种构件。通常分几次开行吊完全部构件(图 6-27)。第一次开行吊装全部柱子,并进行校正和最后固定;第二次

开行吊装全部吊车梁、连系梁及柱间支撑;第三次开行进行屋架扶直与就位;第四次开行
分节间吊装屋架、天窗架、屋面板及屋面支撑等。

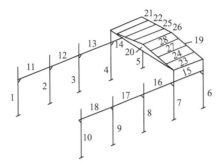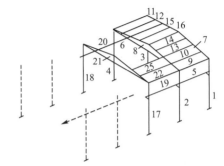

图 6-27　分件吊装法吊装顺序图

图中数字表示构件吊装顺序,其中:1～10—柱;
11～18—吊车梁;19、20—屋架;21～28—屋面板

图 6-28　节间吊装法吊装顺序图

图中数字表示构件吊装顺序,其中第一节间:1～
4—柱;5、6—吊车梁;7、8—屋架;9～16—屋面板
第 二 节 间:17、18—柱;19、20—吊 车 梁;21—屋
架;22…—屋面板

　　分件吊装法的优点是每次吊装同类构件,索具不需经常更换,且操作程序基本相
同,吊装速度快,能充分发挥起重机效率,也能给构件校正、接头焊接、灌筑混凝土、养护
提供充分的时间;且构件可分批进场,供应单一,平面布置比较容易,现场不致拥挤。但
起重机开行路线较长,停机点多,不能为后续工程及早提供工作面。

　　(2)节间吊装法

　　节间吊装法是指厂房结构吊装时,起重机在车间内一次开行中,分节间吊装完各种
类型的构件。吊装顺序(图 6-28)是首先吊装四根柱子,立即加以校正和最后固定;然后
吊装吊车梁、连系梁、屋架及屋面板等构件。如此,一个节间一个节间地进行,直到吊完
全部构件为止。

　　节间吊装法起重机开行路线短,停机次数少,能为后续工程及早提供工作面。但由
于同时要吊装各种不同类型的构件,起重机性能不能充分发挥,吊装速度慢,构件供应
和平面布置复杂,构件校正和最后固定的时间短,给校正工作带来困难。

　　(3)综合吊装法

　　综合吊装法是将分件吊装法与节间吊装法结合使用。一般先用分件吊装法吊装柱、
吊车梁、连系梁,然后,一个节间一个节间地吊装屋架、屋面板等其他构件,直到把整个
厂房结构构件全部吊装完为止。

　　4.起重机开行路线及停机位置

　　起重机开行路线和停机位置与起重机的性能、构件尺寸、重量、构件平面布置、构件供
应方式以及吊装方法等因素有关。

　　起重机的开行路线一般可分为跨中开行和跨边开行两种。当吊装屋架、屋面板等屋
盖构件时,起重机大多沿跨中开行;当吊装柱(或吊车梁)时,则视跨度大小、柱的尺寸、
柱的重量及起重机性能,可沿跨中开行或沿跨边开行。图 6-29 所示为履带式起重机吊

装柱子时的开行路线和停机位置的几种不同方案。

图 6-29(a)及(c)方案为起重机沿跨中开行，起重机停机一次，吊装 2 根或 4 根柱子。当车间跨度小，构件尺寸和重量均较小，能满足起重机三个参数（起重量、起重高度、起重半径）的吊装要求时，此方案是合理的。因起重机停机位置少，可减少停机所花费的时间，能提高吊装速度。该方案适用于轻型车间柱的吊装。

图 6-29(b)、(d)方案为起重机沿跨边开行，起重机停机一次，吊装 1 根或 2 根柱子。当车间跨度较大，构件尺寸和重量均较大，起重机性能受到限制时，往往采用此方案。该方案适用于中、重型车间柱的吊装。

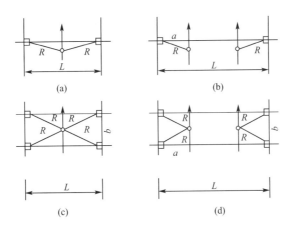

图 6-29　履带式起重机吊装柱子时的开行路线和停机位置

屋架扶直、就位及屋盖结构吊装时，起重机在跨中开行。

当建筑物具有纵向多跨并列，且有横向跨时，可先吊装各纵向跨，然后吊装横向跨，以确保在各纵向跨吊装时，起重机械及运输车辆畅通。如各纵向跨有高低跨时，则应先吊装高跨。

当单层厂房面积较大或具有多跨结构时，为加速吊装工程速度，可将建筑物划分为若干段，选用多台起重机同时进行施工。每台起重机可以独立作业，负责完成一个区段的全部吊装工作，也可以选用不同性能的起重机协同作业，有的专门吊装柱子和吊车梁，有的专门吊装屋盖结构，组织流水施工。

5.构件平面布置

当起重机型号及结构吊装方案确定之后，即可根据起重机性能、构件制作及吊装方法，结合施工现场情况确定构件平面布置。

布置构件时应注意：各跨构件应尽可能布置在本跨内，如确有困难，也可布置在跨外便于安装的地方；要满足吊装工艺要求，尽可能在起重机的起重半径内，以减少起重机"跑吊"（负荷行走）及起重臂起伏次数；应便于支模及浇筑混凝土，对预应力构件尚应考虑抽管、穿筋的操作场地；应首先考虑重型构件（如柱等）的布置，尽量靠近安装地点；各种构件布置均应力求占地最少，以保证起重机、运输车辆的道路畅通，在起重机回转时尾部不致与构件相碰；要注意吊装时构件的朝向，以免在空中调向，影响进度和安全；构件应布置在坚实地基上，在新填土上布置时，土要分层夯实，并采取一定措施防止地基下沉,影响构件质量。

　　构件平面布置可分为预制和吊装两个阶段。

　　(1)预制阶段的构件布置

　　①柱的布置

　　由于柱的起吊方法有旋转法和滑行法两种。为配合这两种起吊方法,柱布置的方式采用斜向布置和纵向布置两种。

　　a.斜向布置是指柱预制位置与厂房纵轴线成一角度的布置。这种布置方式主要是为了配合旋转法起吊。按旋转法起吊柱的工艺要求,柱的绑扎点、柱脚中心点及杯形基础中心点应在起重机同一起重半径 R 的圆弧上,称为三点共弧斜向布置(图 6-30)。圆弧中心即为起重机吊装该柱时的停机位置。这种布置方式起吊方便,但占地面积较大。

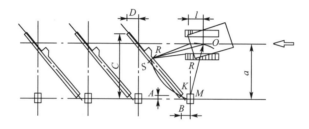

图 6-30　柱子的斜向布置(三点共弧)

　　在布置柱子时,有时由于柱子过长或受场地限制,很难按三点共弧斜向布置,这时可按两点共弧斜向布置。两点共弧斜向布置方法亦有两种:一种是将柱脚与柱基放在半径 R 的圆弧上,吊点放在起重半径 R 之外(图 6-31(a)),吊装时先用较大的起重半径 R' 起吊,并抬升起重臂,当起重半径变为 R 后,停升起重臂,随后用旋转法吊装。

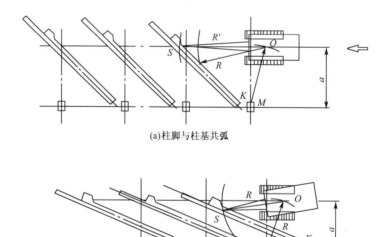

(a)柱脚与柱基共弧

(b)绑扎点与柱基共弧

图 6-31　柱子的斜向布置(两点共弧)

另一种是将绑扎点与柱基共弧(图 6-31(b)),柱脚可斜向任意方向,吊装时,可先用滑行法吊升,待柱直立后再用旋转法吊装。

b.纵向布置是指柱预制位置与厂房纵轴线平行。这种布置方式主要是为了配合用滑行法起吊。

按滑行法起吊柱的工艺要求,柱的绑扎点、杯形基础中心应在起重机同一工作幅度 R 的圆弧上,称为二点共弧纵向布置(图 6-32),预制时与厂房纵轴平行排列。若柱长小于 12 m,为节约模板及场地,两柱可以叠浇,排成一行;若柱长大于 12 m,也可叠浇排成两行。布置时,可将起重机停在两柱之间,每停一点吊两根柱。柱的吊点应安排在起重机吊装该柱时的起重半径上。这种布置方式虽然占地少,但起吊不便。

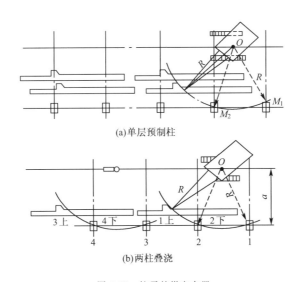

(a)单层预制柱

(b)两柱叠浇

图 6-32　柱子的纵向布置

注:1 上是叠浇上层对应的 1 轴柱;2 下是叠浇下层对应的 2 轴柱;
3 上是叠浇上层对应的 3 轴柱;4 下是叠浇下层对应的 4 轴柱

布置柱时,尚需注意牛腿的朝向问题。当柱布置在跨内时,牛腿应朝向起重机,使柱吊装后牛腿的朝向符合设计要求。

②屋架的布置

屋架一般布置在跨内平卧叠浇预制处,每叠 3~4 榀。布置的方式有正面斜向布置、正反斜向布置和正反纵向布置三种(图 6-33)。其中以正面斜向布置采用较多。为便于屋架的扶直和排放,对于预应力屋架,应在屋架一端或两端留出抽管及穿筋所必需的长度。采用钢管抽芯法预留孔道时,当一端抽管,其预留长度为屋架全长(L)+3 m;当两端抽管,其预留长度为 1/2 屋架全长+3 m。若采用胶管抽芯法预留孔道,则屋架两端的预留长度可适当减少。每两跨屋架之间的间隙应≥1.0 m,以便支模及浇筑混凝土。

屋架的布置还要考虑屋架的扶直、排放要求及屋架扶直的先后次序,先扶直者应放在上层。由于屋架较长,不易转动,因此对屋架的两端朝向及预埋铁件的位置也要注意方向。

③吊车梁的布置

吊车梁可以布置在柱与屋架之间的空地处,一般可靠近柱基顺纵向轴线或略做倾斜

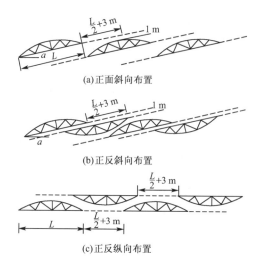

(a)正面斜向布置

(b)正反斜向布置

(c)正反纵向布置

图 6-33 屋架预制时的几种布置方式

布置,也可插在柱之间混合布置。

（2）吊装阶段的构件就位布置和运输堆放

各种构件在吊装前应按吊装要求进行就位布置和运输堆放。柱在预制阶段一般已按吊装要求进行布置就位,在柱混凝土强度达到吊装要求后,可先吊好所有柱子,以便空出场地就位和堆放其他构件。所以吊装阶段构件的就位和堆放主要是指屋架的扶直就位及吊车梁和屋面板的运输堆放。

①屋架的扶直就位

屋架现场预制在本跨内进行,以 3～4 榀叠浇混凝土,在吊装屋架前需要用起重机将屋架由平卧转为直立,这一工作称为屋架扶直。

屋架扶直后应立即进行就位排放,屋架扶直就位排放时,可分为屋架斜向就位排放（图 6-34）和纵向就位排放（图 6-35）两种。排放时,屋架与屋架之间应保持不小于 200 mm 的净距,相互之间用铁丝及支撑拉紧撑牢,以防倾倒。

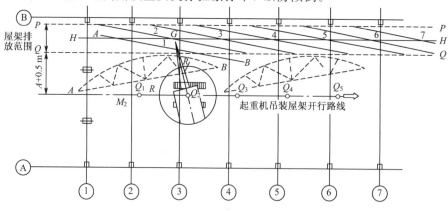

图 6-34 屋架斜向就位排放（虚线表示屋架预制时位置）

注：1～7 为 1 至 7 轴屋架叠浇后需要扶直就位的位置；Q_1～Q_5 为屋架起吊时的停机点

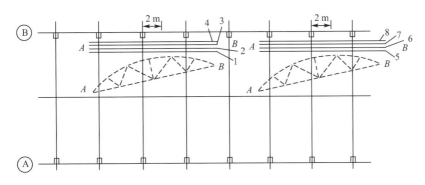

图 6-35　屋架纵向就位排放

注：1～8 表示 8 榀屋架叠浇四层应纵向扶直的位置

②吊车梁、连系梁、屋面板的运输、就位堆放

单层工业厂房除了柱和屋架一般在施工现场制作外，其他构件如吊车梁、连系梁、屋面板等，均在预制厂或工地附近的露天预制场制作，然后运至工地就位吊装。构件运到现场后，应按施工组织设计所规定的位置，按编号及构件吊装顺序进行就位或集中堆放。

吊车梁、连系梁的就位位置，一般在其吊装位置的柱列附近，跨内跨外均可。条件允许的话，也可不就位，而从运输车上直接吊至设计位置。

屋面板的就位位置，跨内跨外均可（图 6-36）。屋面板叠放，不宜超过 8 层。

钢结构安装详情可扫码了解。

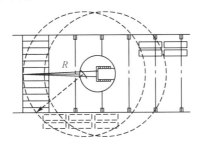

图 6-36　屋面板吊装就位布置

钢结构安装

6.3　大跨度屋盖结构安装

大跨度屋盖结构的特点是跨度大、构件重、安装位置高，因而，如何针对大跨度结构的工程特点与具体条件，选择合理的吊装方案，对设计方案的确定、工程造价、施工进度等都有一定的影响。

工程中常用的安装方法有整体吊装法、高空滑移法、高空散装法、分条分块安装法、整体提升法和整体顶升法几种。

6.3.1　高空散装法

钢网架采用高空散装法进行安装，是先在设计位置处搭设拼装支架，然后用起重机把网架构件分件（或分块）吊至空中的设计位置，在支架上进行拼装。其优点是可以采用简易的运输设备，有时不需大型起重设备；其缺点是拼装支架用量大，高空作业多。

高空散装法适用于非焊接连接（螺栓球节点或高强螺栓连接）的网架。拼装支架是在拼装网架时作为支撑网架、控制标高和操作平台。支架的数量和布置方式，取决于安装单元的尺寸和刚度。

高空散装法分全支架法（即架设满堂脚手架）和悬挑法两种。全支架法可以将一根杆件、一个节点的散件在支架上总拼或以一个网格为小拼单元在设计标高上进行总拼。为了节省支架，总拼时可以对部分网架悬挑拼装。预先拼成小拼单元（小拼单元为可承受自重的结构体系），然后在支架上悬挑拼装。采用小拼单元或杆件直接在高空拼装时，其顺序应能保证拼装的精度，减少积累误差。网架在拼装过程中应随时检查基准轴线位置、标高及垂直偏差，并应及时纠正。

搭设拼装支架时，支架上支撑点的位置应设在下弦节点处。支架应验算其承载力和稳定性，必要时应进行试压，以确保安全可靠。支架支柱下应采取措施，防止支座下沉。

高空拼装应采用高强螺栓连接。

6.3.2　高空滑移法

高空滑移法是利用一般起重设备将屋盖结构组合单元从建筑物的一端吊升到设计标高，然后利用卷扬机等设备将组合单元沿柱顶滑道平移到设计位置。采用这种方法可以使屋盖结构吊装与室内施工同时进行，从而加快施工速度，特别是在场地狭窄、起重机械无法出入时更为有效。

根据平移方式的不同，高空滑移法可分为滚动平移和滑动平移两种。滚动平移时，网架支座搁置在滚轮上，摩擦力小，但装置和操作较复杂；滑动平移时，网架支座直接搁置在轨道上，摩擦力大，但装置简单。

滑动平移又分单条滑移法和逐条积累滑移法两种。单条滑移法是将分条的网架单元在事先设置的滑轨上单条滑移到设计位置后拼接（图 6-37）；逐条积累滑移法是将分条的网架单元在滑轨上逐条积累拼接后滑移到设计位置（图 6-38）。

高空滑移法可利用已建结构物作为高空拼装平台。如无建筑物可供利用时，可在滑移开始端设置宽度约大于两个节间的拼装平台，有条件时，可以在地面拼成条或块状单元，将其吊至拼装平台上进行拼装。滑轨一般固定在钢筋混凝土梁顶面的预埋件上，轨面标高应高于或等于网架支座设计标高。滑轨接头处应垫实，若用电焊连接应锉平高出轨面的焊缝。当支座板直接在滑轨上滑移时，其两端应做成圆导角，滑轨两侧应无障碍。

当网架跨度较大时，宜在跨中增设滑轨。滑轨下支承架同高空散装法支承架的要求一样。当滑轨设置水平导向轮时，可将导向轮设在滑轨内侧，导向轮与滑轨的间隙应为 $10 \sim 20$ mm。

网架滑移一般可用卷扬机或手扳葫芦牵引。根据牵引力大小及网架支座之间的系杆承载力，可采用一点或多点牵引。牵引速度不宜大于 1.0 m/min，牵引力应按规范规定进行验算。

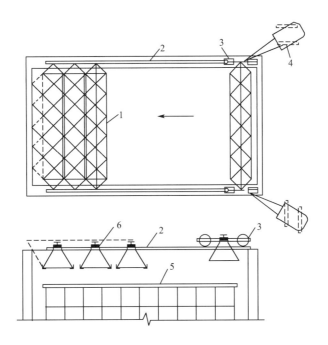

图 6-37　网架高空滑移法(单条滑移)施工示意图

1—网架;2—轨道;3—小车;4—履带式起重机;5—拼装支架;6—后装的杆件

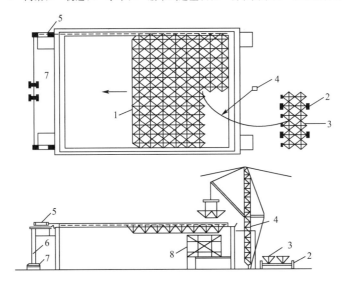

图 6-38　网架高空滑移法(逐条积累滑移)施工示意图

1—网架;2—拖拉架;3—网架分块单元;4—悬臂把杆;5—牵引滑轮组;6—反力架;7　卷扬机;8—脚手架

6.3.3　整体吊装法

整体吊装法就是先将屋盖结构在地面拼装成整体,然后用起重设备吊到设计标高进行固定。这种施工方法不需要高大的拼装支架,高空作业少,易保证焊接质量,但需要

起重量大的起重设备,技术较复杂。

起重设备可用自行式起重机或桅杆式起重机。相对应的吊装方法有多机抬吊法和桅杆吊升法两种。整体安装法对球节点的钢管网架(尤其是三向网架等构件较多的网架)较适宜。

根据所用设备的不同,整体安装法又分为多机抬吊法、拔杆吊升法、千斤顶提升法与千斤顶顶升法等。

1. 多机抬吊法

多机抬吊法是先将屋盖结构在地面与设计位置错开一个距离进行拼装,然后用两台以上的起重机将屋盖结构吊过柱顶,空中移位,落位固定。因受起重机的起重量和起吊高度限制,一般适用于重量不大和高度较低的屋盖结构,特别是中小型网架结构。

图 6-39 所示为某网球馆网架屋盖结构采用多机抬吊法吊装的情况。该网球馆的屋盖结构为双向正交斜放钢管网架,平面尺寸为 40 m×40 m,高度为 2.5 m,重量为 55 t,安装在标高为 12.30 m 的柱顶上。

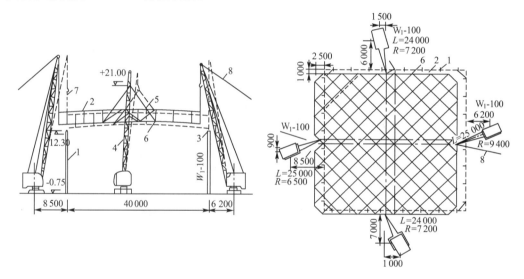

图 6-39 多机抬吊法示意图

1—柱;2—网架;3—弧形铰支座;4—履带式起重机;5—吊索;6—吊点;7—滑轮;8—缆风绳

2. 拔杆吊升法

球节点的大型钢管网架的安装多采用拔杆吊升法,用此法施工时,网架先在地面错位拼装,然后由多根独脚拔杆将网架整体吊升到柱顶以上,空中移位,落位安装如图 6-40 所示。网架拼装的关键是控制好网架框架轴线支座的尺寸和起拱要求。

网架整体吊装时,还应注意:应保证各吊点起升及下降的同步性。否则有的起重机会超负荷致使网架受扭,焊缝开裂。为此,起吊前要测量各台起重机的起吊速度。

提升高差(是指相邻两拔杆间或相邻两吊点组的合力点间的相对高差)不应超过吊点间距离的 1/400,且不宜大于 100 mm,或通过验算确定。当采用多根拔杆或多台起重机吊装网架时,宜将额定负荷能力乘以折减系数 0.75。

当采用四台起重机将吊点连通成两组或用三根拔杆吊装时,折减系数可适当放宽。

在制订网架就位总拼方案时，还应符合下列要求：

(1)网架在任何部位与支承杆或拔杆的净距不应小于 100 mm；

(2)如支承杆上设有凸出构造(如牛腿等)，应防止网架在起升过程中被凸出物卡住；

(3)由于网架错位需要，对个别杆件暂不组装时，应取得设计单位同意。

拔杆、缆风绳、索具、地锚、基础及起重滑轮组的穿法等，均应进行验算，必要时可进行试验检验。

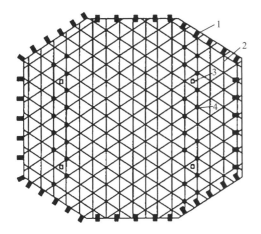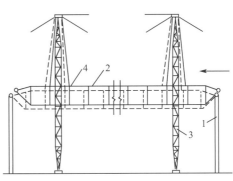

图 6-40 拔杆吊升法示意图
1—柱；2—网架；3—拔杆；4—吊点

复习思考题

1.自行杆式起重机有哪些类型和特点？

2.履带式起重机的组成及工作参数有哪些？各参数之间有何关系？

3.汽车式起重机与轮胎式起重机实际应用有何特点？

4.爬升式起重机由哪些部件组成？简述其爬升过程。

5.附着式起重机如何保证其稳定性？简述其顶升过程。

6.钢筋混凝土单层厂房的主要构件有哪些？

7.预制构件的吊装包括哪些施工过程？

8.预制构件吊装前的准备工作有哪些？

9.简述柱吊装的工艺流程。

10.简述旋转法与滑行法的特点及适用范围。

11.柱的校正包括哪些内容？柱的校正方法有哪些？如何进行柱的最后固定？

12.如何进行吊车梁的安装？如何进行垂直度校正与平面位置校正？

13.屋架的吊装顺序包括哪些？屋架的绑扎方法有哪些？

14.如何进行屋架的临时固定与最后固定？

15.对屋面板的吊装顺序与焊接固定有何要求？

16.拟订单层工业厂房结构吊装方案时应考虑哪些问题？

17.单层工业厂房起重机型号的选择应考虑哪些参数？如何计算？

18.单层工业厂房结构吊装方法有哪些？

19.大跨度屋盖结构安装特点有哪些？安装方法有哪些？简述其适用范围。

20.在何种情况下要进行起重机稳定性验算？如何验算？

21.某厂房柱的牛腿标高 9 m,吊车梁长 6 m,$b \times h = 200 \times 800$ mm,起重机停机面标高为 -0.150 m,索具高 2 m,试计算吊装吊车梁的起重高度。现有 W1-50(臂长 18 m)、W1-100(臂长 13 m、23 m)型履带式起重机进行结构吊装,选用哪种起重机合适？

22.某车间跨度 27 m,柱距 6 m,天窗架顶面标高 18 m,屋面板厚度 240 mm,试选择履带式起重机的最小臂长及起重半径(停机面标高 -0.300 m,起重臂下铰点中心距地面高度 2.1 m,距回转中心 1.6 m)。

第7章

模板与脚手架工程

本章学习要求：模板与脚手架工程是混凝土结构成型和各种结构搭设的临时安全设施。通过本章学习，要求掌握模板和脚手架体系的基本要求，了解其分类及作用，掌握常用模板和脚手架体系的构造组成与安装流程，了解其他模板体系的应用范围，了解早拆模板体系的原理，熟悉模板荷载计算与荷载组合，掌握拆模对混凝土强度的要求，掌握模板和脚手架的拆除顺序、要求。

本章学习重点：模板和脚手架体系的基本要求，常用模板和脚手架体系的构造组成与安装流程，拆模对混凝土的强度要求，模板和脚手架的拆除顺序、安全要求。

7.1　模板工程

7.1.1　模板工程概述

模板工程是指为满足各类现浇混凝土结构工程成型要求的模板及其支撑体系（支架）的总称，包括方案设计、配模、支模、浇筑监控和拆模等全部施工过程。模板是使混凝土结构和构件按所要求的几何尺寸成型的模型板。模板系统包括模板和支架系统两大部分，此外尚需适量的紧固连接件。

1.模板系统的基本要求

在现浇钢筋混凝土结构施工中，对模板的要求是保证工程结构各部分形状、尺寸和相互位置的正确性;具有足够的承载能力、刚度和稳定性;构造简单,装拆方便,接缝不得漏浆。

2. 模板分类

模板工程按所用的材料不同分为组合钢模板、竹木散装胶合板模板、木模板、钢框木(竹)模板、钢框胶合板模板、塑料模板等。

模板工程按结构类型可分为基础模板、柱模板、梁模板、楼板模板、楼梯模板、墙模板、壳模板等。

模板工程按专项技术划分为工具式大模板、滑模、台模(非模)、爬模等。

模板工程量大,材料和劳动力消耗多。因此,要因地制宜,就地取材;正确选择模板材料、模板工程施工方案,合理组织模板工程施工,对加速现浇钢筋混凝土结构施工、降低工程造价具有重要作用。

7.1.2 常用模板构造与安装

1. 组合钢模板

(1)组合钢模板的组成与构造

组合钢模板是由钢模板、配件和支承件三部分组成。

①钢模板

钢模板采用 Q235 钢材制成,钢厚 2.5 mm、2.75 mm、3 mm。钢模板包括通用模板和专用模板两类。通用模板包括平面模板(平模)、阴角模板、阳角模板、连接角模;专用模板包括倒棱模板、梁腋模板、柔性模板等。

平面模板用于基础、墙体、梁、柱和板等各种结构的平面部位(图 7-1)。

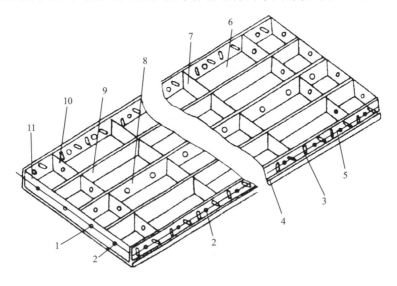

图 7-1 平面模板

1—插销孔;2—U形卡孔;3—凸鼓;4—凸棱;5—边肋;6—主板;7—无孔横肋;

8—有孔纵肋;9—无孔纵肋;10—有孔横肋;11—端肋

平模由面板、边框、纵横肋构成。边框或肋条上设有 U 形卡孔,孔距 150 mm,利用 U

形卡和 L 形插销等拼装成大块板。U 形卡孔两边设凸鼓,以增加 U 形卡的夹紧力。边肋倾角处有 0.3 mm 的凸棱,可增强模板的刚度和拼缝的严密。平模的代号为 P,如宽 300 mm,长 1 800 mm 的平模,其代号为 P3018。

阴角模板用于墙体和各种构件的内角及凹角的转角部位(图 7-2),其代号为 E。

阳角模板用于柱、梁及墙体等外角及凸角的转角部位(图 7-3),其代号为 Y。

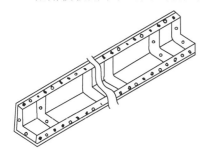

图 7-2　阴角模板

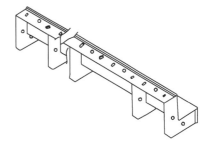

图 7-3　阳角模板

连接角模用于柱、梁及墙体等外角及凸角的转角部位(图 7-4),其代号为 J。

梁腋模板用于暗渠、明渠、沉箱及高架结构等梁腋部位(图 7-5)。

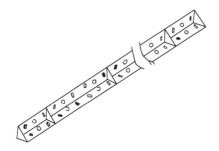

图 7-4　连接角模

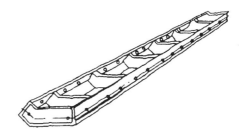

图 7-5　梁腋模板

倒棱模板用于柱、梁及墙体等阳角需倒棱的部位(图 7-6)。倒棱模板有角棱模板和圆棱模板。

柔性模板用于圆形筒壁、曲面墙体等结构部位(图 7-7)。

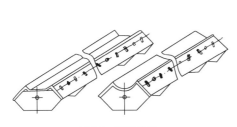

图 7-6　倒棱模板

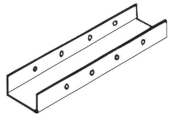

图 7-7　柔性模板

组合钢模板可以根据模板规格拼成不同的尺寸、不同的形状,以适应各种基础、梁、柱、板、墙施工的需要。钢模板的规格见表 7-1。不足模数的空缺可采用少量的木模板或木方,与平模边框连接。

名称	类型代号	宽度	长度	肋高
平面模板	P	600,550,500,450,400,350,300,250,200,150,100	1 800,1 500,1 200,900,750,600,450	55
阴角模板	E	150×150,100×150		
阳角模板	Y	100×100,50×50		
连接角模	J	50×50		

表 7-1　　　　　　　　　　　　钢模板规格　　　　　　　　　　　　　mm

②配件的连接件

配件的连接件包括 U 形卡、L 形插销、钩头螺栓、紧固螺栓、对拉螺栓、扣件等(图 7-8)。

U 形卡用作钢模板纵横向自由拼接,将相邻钢模板夹紧固定的主要连接件。

L 形插销用于增强钢模板纵向拼接刚度,保证接缝处板面平整。

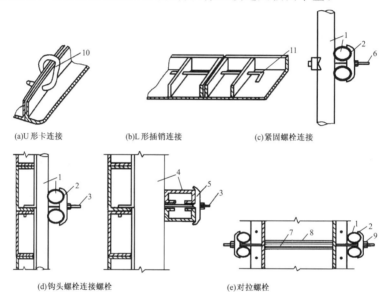

(a)U 形卡连接　　　　(b)L 形插销连接　　　　(c)紧固螺栓连接

(d)钩头螺栓连接螺栓　　　　　(e)对拉螺栓

图 7-8　组合钢模板连接件

1—圆钢管钢楞;2—3 形扣件;3—钩头螺栓;4—内卷边槽钢钢楞;5—蝶形扣件;6—紧固螺栓;

7—对拉螺栓;8—塑料套管;9—螺母;10—U 形卡;11—L 形插销

钩头螺栓用作钢模板与内外钢楞之间的连接固定。

紧固螺栓用作紧固内、外钢楞,增强拼接模板的整体固定性。

对拉螺栓用作拉结两竖向侧模板,保持两侧模板的间距,承受混凝土侧压力和其他荷载,确保模板有足够的刚度和强度。

③配件的支承件

配件的支承件包括钢楞、柱箍、钢支柱、早拆柱头、斜撑、钢桁架、钢管支架、门式支架、碗扣式支架、方塔式支架、梁卡具、圈梁卡等。

a.钢楞

即模板的横档和竖档,分内钢楞与外钢楞。内钢楞配置方向一般应与钢模板垂直,直接承受钢模板传来的荷载,其间距一般为 700 mm～900 mm。钢楞一般用圆钢管、矩形钢管、槽钢或内卷边槽钢。

b.柱箍

柱模板四角设角钢柱箍。角钢柱箍由两根互相焊成直角的角钢组成,用弯角螺栓及螺母拉紧。

c.钢管支架

常用钢管支架如图 7-9(a)所示。它由内外两节钢管制成,其高低调节距模数为 100 mm;支架底部除垫板外,均用木楔调整标高,以利于拆卸。

另一种钢管支架本身装有调节螺杆,能调节一个孔距的高度,使用方便,但成本略高,如图 7-9(b)所示。当荷载较大、单根支架承载力不足时,可用组合钢支架或钢管井架,如图 7-9(c)所示。还可用扣件式钢管脚手架、门式脚手架作支架,如图 7-9(d)所示。

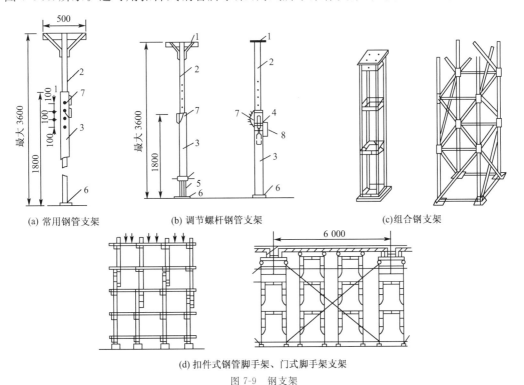

(a) 常用钢管支架　　　　(b) 调节螺杆钢管支架　　　　(c) 组合钢支架

(d) 扣件式钢管脚手架、门式脚手架支架

图 7-9　钢支架

1—顶板;2—插管;3—套管;4—转盘;5—螺杆;6—底板;7—插销;8—转动手柄;

④钢桁架

钢桁架如图 7-10 所示,其两端可支撑在钢筋托具、墙、梁侧模板的横档以及柱顶梁底横档上,以支撑梁或板的模板。

⑤梁卡具

梁卡具又称梁托架,用于固定矩形梁、圈梁等模板的侧模板,可节约斜撑等材料,也可用于侧模板上口的卡固定位,如图 7-11 所示。

⑥钢模配板

同一构件的模板展开配板可用不同规格的钢模作多种方式组合,形成不同的配板方案。此方案的优劣将直接影响到支模效率、工期、质量和成本。合理的配板方案应满足钢

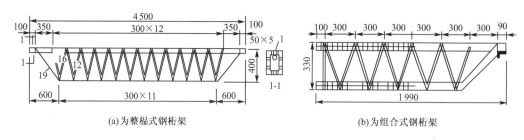

(a)为整榀式钢桁架　　　　(b)为组合式钢桁架

图 7-10　钢管桁架

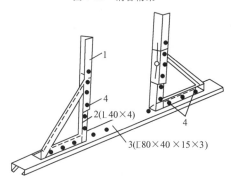

图 7-11　梁卡具

1—调节杆;2—三角架;3—底座;4—螺栓;

模块数少,木模嵌补量少,支承件布置简单,受力合理。配板原则如下:

a.优先选用通用大规格模板。

b.模板的长边沿梁、板、墙长度方向排列,有利于使用长度规格大的钢模,扩大钢模的支撑跨度。模板宜采用错缝拼接,也可齐缝拼接,但齐缝拼接应使每块钢模板下最少有两道钢楞支撑(图 7-12)。

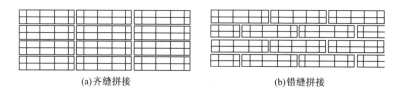

(a)齐缝拼接　　　　　　(b)错缝拼接

图 7-12　钢模板的齐缝拼接与错缝拼接

c.合理使用角模。对无特殊要求的阳角,可用连接角模代替。柱头、梁口及其他短边转角(阴角)处,可用方木嵌补。阴角模宜用于长度大的阴角。

(2)组合钢模板的安装

①柱模板安装

工艺流程:弹柱中心线和模板控制线→安装柱模板→安装柱箍→安装拉杆或斜撑→办预检。

a.弹柱中心线和模板控制线。先按柱底标高和位置抹好水泥砂浆定位找平层,按放线位置做好定位墩,以保证柱轴线和标高的正确(图 7-13);或者按放线位置钉好压脚板;

或在柱四边离地 50 mm～80 mm 处的主筋上焊接支撑筋,从四面顶住模板,以防止位移 (图 7-14)。柱模根部应用水泥砂浆堵严,防止跑浆。

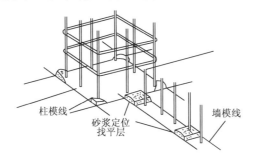

图 7-13 墙、柱模板找平

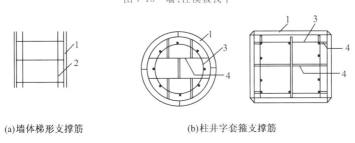

(a)墙体梯形支撑筋   (b)柱井字套箍支撑筋

图 7-14 钢筋定位示意图
1—模板;2—梯形筋;3—箍筋;4—井字支撑筋

b.安装柱模板。通排柱,先安两边柱,经校正、固定,再拉通线,安装中间各柱。模板按柱子大小,预拼成一面一片(一面的一边带两个角模),或两面一片。就位后先用铁丝与主筋绑扎临时固定,用 U 形卡正反交替连接,安装完两面,再安另外两面模板。

c.安装柱箍。柱箍可用型钢(角钢、槽钢)或钢管制成,柱箍间距由力学计算和配板设计确定(图 7-15(a)、(b))。对于截面较大的柱子应按设计增加对拉螺栓,当用钢管、扣件作为柱箍时,扣件受力在有确切依据时才能使用。

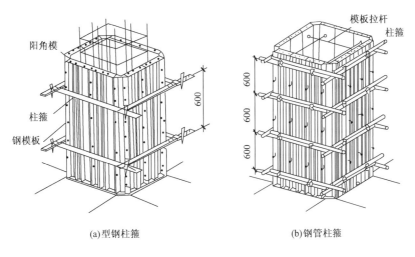

(a)型钢柱箍   (b)钢管柱箍

图 7-15 柱箍

d.安装拉杆或斜撑。柱模每边设两根拉杆,固定于事先预埋在楼板内的钢筋环上,用经纬仪控制,用松紧螺栓调节校正模板的垂直度,拉杆或斜撑与地面夹角宜不大于45°(图7-16(b))。也可采用在柱四周搭设钢管脚手支柱模(图7-16(a))。

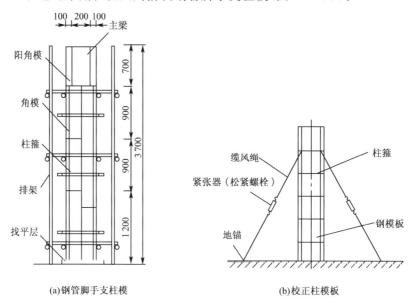

(a)钢管脚手支柱模　　　　(b)校正柱模板

图7-16　柱模与校正

e.柱模安装完毕并与邻柱群体固定前,要复查模板垂直度、对角线差值和支撑、连接件稳定情况,合格后再群体固定。

f.将柱模内清理干净,封闭清理口,办理柱模预检。

②剪力墙模板安装

工艺流程:弹模板控制线→安装墙一侧模板→安装对拉螺栓及顶撑→安装墙另一侧模板→调整固定→办预检。

a.复查墙模板安装位置的定位基准,按放线位置钉好压脚板,按位置线安装门洞口模板,下木砖或预埋件。

b.将预先拼装好的一侧模板,按位置线就位,然后安装拉杆或斜撑,插入穿墙螺栓和塑料套管,穿墙螺栓规格和间距应按配板设计确定。

c.清扫墙内杂物,再安装另一侧模板,调整斜撑(拉杆),使模板垂直度符合要求后,拧紧穿墙螺栓。

d.模板安装校正完毕后,应检查一遍扣件、螺栓是否紧固,模板拼缝及底边是否严密,门洞边的模板支撑是否牢靠等,并办完预检手续。墙模板安装如图7-17所示。

③梁模板安装

工艺流程:弹线→立支柱→调整标高→铺钢楞、梁底模板(起拱)→绑钢筋→安装侧模板→办预检。

a.在柱混凝土上弹出梁轴线、位置线和水平线。

b.安装梁模板钢支柱之前(如土地面必须夯实)下垫通长脚手板。支柱采用钢管支

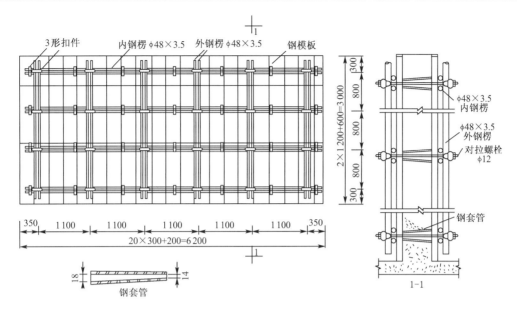

图 7-17　墙模板安装

柱或可调钢支柱,设单排或双排,间距由配板设计确定。一般梁支柱采用单排,当梁截面较大时采用双排或多排,间距以 60 cm~100 cm 为宜,纵横方向水平拉杆离地 50 cm 设一道,以上间距不宜大于 1.5 m,纵横方向的垂直剪刀撑的间距不宜大于 6 m;支柱上面垫 10 cm×10 cm 方木;对跨度大或楼层高的工程必须认真设计,尤其是对支撑系统的稳定性,必须进行结构计算,按设计精心施工。

c.按设计标高调整支柱的标高,然后安装横钢楞和纵钢楞,铺上梁底钢模板,并拉线找直找平。如梁跨度等于或大于 4 m 时,梁底模应按设计要求起拱,如设计无要求时,起拱高度取梁跨的 1‰~3‰。

d.绑扎梁钢筋,经检查合格后办理隐检,清除杂物,安装侧模板,通过连接角模用 U 形卡与底板连接。

e.用型钢(或钢管)梁卡具或梁托架(或三角架)支撑固定梁侧模,卡具或托架间距按配板设计规定,一般间距为 750 mm。当采用梁托架或三角架时,梁模板上口用定型卡子固定。当梁高超过 600 mm 时,侧模宜加穿对拉螺栓加强。

f.梁、柱接头、梁与楼板接头的模板构造,应根据结构外形进行配板设计和加工安装,如图 7-18、7-19 所示。

g.安装后校正梁中线、标高、断面尺寸,办预检手续。

④楼板模板安装

工艺流程:地面夯实→立支柱→安装大、小钢楞→铺模板→校正标高→加支柱的水平拉杆或斜撑→办预检。

a.土地面应整平夯实,并垫通长脚手板,楼层地面立支柱前亦应垫通长脚手板。当采用多层支架支模时,支柱应垂直,上下层支柱应在同一竖向中心线上,并应适当拉结,以确保多层支架间在竖直方向和水平方向稳定。

b.楼板模板下部的支柱和钢楞的排列与间距,根据楼板的混凝土重量和施工荷载大

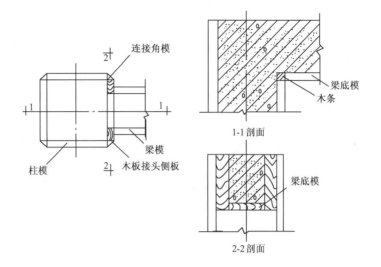

图 7-18　柱顶梁口用方木镶拼

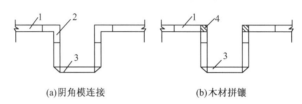

(a)阴角模连接　　　　(b)木材拼镶

图 7-19　梁模板与楼板模板交接

1—楼板模板；2—阴角模板；3—梁模板；4—木方

小确定，一般支柱间距为 800 mm～1 200 mm，大（外）钢楞间距为 600 mm～1 200 mm，小（内）钢楞间距 400 mm～600 mm。支柱安装从边跨一侧开始，依次逐排向另一侧进行，同时安装大钢楞，拉通线调节支柱高度，将大钢楞找平。

c.铺定型组合钢模板宜从一侧开始铺设，大面积铺设尽量采用大尺寸的定型组合钢模板，在拼缝处采用小尺寸的定型组合钢模板，模板间采用 U 形卡连接，U 形卡间距不大于 300 mm，不足一块模板尺寸的，可用木模板代替，但拼缝要严密。

d.楼面模板铺完后，应用水平仪测量模板标高，进行校正。同时应检查支柱是否牢固，模板之间连接的 U 形卡或 L 形插销是否松动、脱落或漏放。发现问题，及时纠正。

e.标高校正完后，在支柱之间应加设水平拉杆或斜撑，一般离地面 200 mm～300 mm 处应设一道，纵横方向每隔 1.6m 左右一道，在梁下支柱应根据荷载情况加设剪力撑，然后将楼面清扫干净，办预检手续。

2.竹木散装胶合板模板

竹木散装胶合板模板是以竹、木为主要材料，在结构部位现配现支的非定型化模板。在我国木材资源短缺的情况下，以竹材为原料，制作混凝土模板用竹胶合板，具有收缩率小、膨胀率和吸水率低，以及承载能力大的特点，是一种具有发展前途的新型建筑模板。

（1）竹胶合板模板的组成与规格

混凝土模板用竹胶合板，是用胶粘剂将面板与芯板粘合为一体。面板通常为编席单

板,即竹子劈成篾片,由编工编成竹席。表面
板采用薄木胶合板。这样既可利用竹材资
源,又可兼有木胶合板的表面平整度。为了
提高竹胶合板(图7-20)的耐水性、耐磨性和
耐碱性,在竹胶合板表面进行环氧树脂涂面
或瓷釉涂料涂面综合效果最佳。

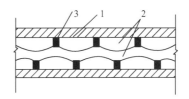

图7-20 竹胶合板构造示意

1—竹席或薄木片面板;2—竹帘芯板;3— 胶粘剂

竹胶合板的规格有 2 000 mm×1 000
mm、2 440 mm×1 220 mm 等规格。常用的厚度有 9 mm、12 mm、15 mm,以 12 mm 最
常用;竹胶合板的密度大,相应的静弯曲强度和弹性模量值也高。

(2)木胶合板模板的组成与规格

模板用的木胶合板通常由 5、7、9、11 层等奇数层单板经热压固化胶合成型。相邻层
的纹理方向相互垂直,通常最外层表板的纹理方向和胶合板板面的长向平行,因此,整张
胶合板的长向强、短向弱,使用时必须加以注意。

模板用木胶合板的规格尺寸有 915 mm×1 830 mm、1 220 mm×1 830 mm、1 220 mm×
2 440 mm 等规格。常用木胶合板厚度有 12 mm(至少 5 层)、18 mm(至少 7 层)。

(3)胶合板使用要点

①必须选用经过板面处理的胶合板。未经板面处理的胶合板用作模板时,因在混凝
土硬化过程中,胶合板与混凝土界面上存在水泥与木材之间的结合力,使板面与混凝土黏
结较牢,脱模时易将板面木纤维撕破,影响混凝土表面质量,这种现象随胶合板使用次数
的增加而逐渐加重。经覆膜罩面处理后的胶合板,增加了板面耐久性,脱模性能良好,外
观平整光滑,最适用于有特殊要求的、混凝土外表面不加装饰处理的清水混凝土工程,如
混凝土桥墩、立交桥、筒仓等。

②未经板面处理的胶合板,在使用前应对板面进行处理。处理的方法为冷涂刷涂料,
把常温下固化的涂料胶涂刷在胶合板表面,构成保护膜。

③经表面处理的胶合板,在施工现场使用中,一般应注意以下几个问题:

脱模后立即清洗板面浮浆,堆放整齐;模板拆除时,严禁抛掷,以免损伤板面处理层;
胶合板周边涂封边胶,及时清除水泥浆。为了保护模板边角的封边胶,最好支模时在模板
拼缝处粘贴防水胶带或水泥纸袋,加以保护,防止漏浆;胶合板板面尽量不钻孔洞,遇有预
留孔洞,可用普通木板拼补;现场应备有修补材料,以便对损伤的面板及时进行修补,使用
前必须涂刷脱模剂。

(4)胶合板模板的配制方法

①按设计图纸尺寸直接配制模板。

形体简单的结构构件,可根据结构施工图纸直接按尺寸列出模板规格和数量进行配
制。模板厚度、横档及楞木的断面和间距,以及支撑系统的配置,都可按支撑要求通过计
算选用。

②采用放大样方法配制模板。

如楼梯、圆形水池等形体复杂的构件,可在平整的地坪上,按结构图的尺寸画出构件
的实样,量出各部分模板的准确尺寸或套制样板,同时确定模板及其安装节点的构造,进

行模板的制作。

③用计算方法配制模板。

形体复杂不易采用放大样方法，但有一定几何形体规律的构件，可用计算方法结合放大样的方法，进行模板的配制。

④采用结构表面展开法配制模板。

一些形体复杂且又由各种不同形体组成的复杂结构构件，如设备基础。其模板的配制，可采用先画出模板平面图和展开图，再进行配模设计和模板制作。

胶合板模板配制应整张直接使用，尽量减少随意锯截，造成胶合板浪费；支撑系统可以选用钢管脚手架或木支撑，木支撑不得严重扭曲和受潮；钉子长度应为胶合板厚度的 1.5～2.5 倍，每块胶合板与木楞相叠处至少钉 2 个钉子，第二块板的钉子要转向第一块模板方向斜钉，使拼缝严密；配制好的模板应在反面编号并写明规格，分别堆放保管，以免错用。

3.大模板

大模板是一种工具式大型模板，一般是一块墙面用一块大模板。因为其重量大，装拆皆需起重机械吊装，可提高机械化程度，抗震性强，整体性好，混凝土表面平整、缝少；但大模板一次投资及耗钢量大、通用性差，也在一定程度上限制了它的推广。它适用于剪力墙及筒体结构体系。

(1)常用大模板的结构类型

①全现浇的大模板建筑。内外墙均采用大模板现浇钢筋混凝土墙体，其结构整体性好，但外墙模板支设复杂，工期长。

②内浇外挂大模板建筑。内墙采用大模板现浇钢筋混凝土墙体，外墙采用预制装配式大型墙板。

③内浇外砌大模板建筑。内墙采用大模板现浇钢筋混凝土墙体，外墙为砖或砌块砌体。

以上三种结构类型的楼板可采用现浇楼板、预制楼板或迭合板。

(2)大模板的构造

大模板是由面板、加劲肋、竖楞、支撑桁架、稳定机构和附件组成(图 7-21)。

①面板。面板常用钢板或胶合板制成，表面平整光滑，并应有足够的刚度，拆模后墙表面可不再抹灰。在胶合板上可刻制装饰图案以减少后期的装饰工作量。

②加劲肋。加劲肋的作用是固定模板，保证模板的刚度并将力传递到竖楞上去。面板若按单向板设计，则只有在水平(或垂直)方向有加劲肋；若按双向板设计，则在水平和垂直方向均有加劲肋。加劲肋一般用∟65 角钢或匚65 槽钢制作，加劲肋与钢面板焊接固定。加劲肋间距一般为 300 mm～500 mm，计算简图为以竖楞为支点的连续梁。

③竖楞。竖楞的作用是保证模板刚度，并作为穿墙螺栓的固定点，承受模板传来的水平力和垂直力，一般用背靠背的两根匚65 或匚80 的槽钢制作，间距为 1 m～1.2 m，其计算简图是以穿墙螺栓为支点的连续梁。

④支撑桁架。支撑桁架的作用是承受水平荷载，防止模板倾覆。桁架用螺栓或焊接

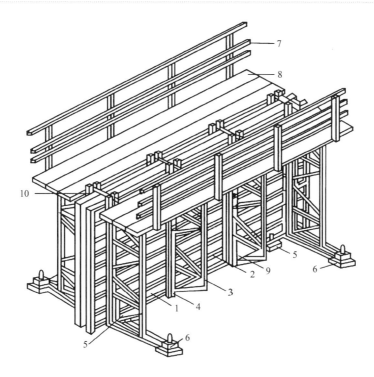

图 7-21 大模板构造示意图

1—面板；2—水平加劲肋；3—支撑桁架；4—竖楞；5—调整水平用的螺旋千斤顶；6—调整垂直用的螺旋千斤顶；
7—栏杆；8—脚手板；9—穿墙螺栓；10—卡具

方法与竖楞连接起来。

⑤稳定机构。稳定机构的作用是调整模板的垂直度，并保证模板的稳定性。一般通过调整桁架底部的螺钉以达到调整模板垂直度的目的。

⑥穿墙螺栓。穿墙螺栓的主要作用是承受竖楞传来的混凝土侧压力并控制模板的间距。为保证抽拆方便，穿墙螺栓外部套一根硬塑料管，其长度为墙体厚度。

（3）大模板的组合方案

根据不同的结构体系可采取不同的大模板组合方案，对内浇外挂或内浇外砌结构体系多采用平模方案，即一面墙用一块平模。对内、外墙全现浇结构体系可采用小角模方案，即以平模为主，转角处用 L 100×10 角钢为小角模，也可采用大角模方案，即内模板采用四个大角模组合成为一个封闭体系。大角模较稳定，但在相交处如组装不平会在墙壁中部出现凹凸线条。有些工程还用筒子模进行施工，将四面墙板模板联成整体就成为筒子模。

4. 滑升模板

滑升模板是一种能随混凝土的浇筑自行向上滑升的工具式模板，简称滑模。滑模用于现场浇筑高耸的构筑物和高层建筑物等，尤其适用于烟囱、筒仓、电视塔、竖井、沉井、双曲线冷却塔和剪力墙体系等截面变动较小的混凝土结构。

滑升模板施工是在构筑物或建筑物底部，沿其墙、柱、梁等构件的周边组装高 1.2 m 左右的滑升模板，随着向模板内不断地分层浇筑混凝土，用液压提升设备使模板不断地沿埋在混凝土中的支承杆向上滑升,直到需要浇筑的高度为止。用滑升模板施工,可以节约大量模板和支撑材料,节省劳动力,减轻劳动强度,加快施工速度和保证结构的整体性,并提高了机械化程度;但模板耗钢量大,一次性投资费用较多,对建筑的立面造型和构件断面变化有一定的限制。施工时宜连续作业,施工组织要求较严。

滑升模板由模板系统、操作平台系统和液压系统三部分组成(图7-22)。

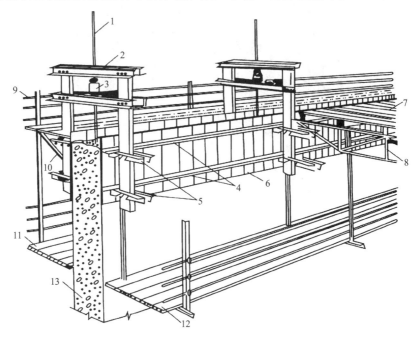

图 7-22　液压滑升模板构造示意图

1—支撑杆;2—提升架;3—液压千斤顶;4—围圈;5—围圈支托;6—模板;7—操作平台;8—平台桁架;

9—栏杆;10—外挑三脚架;11—外吊脚手;12—内吊脚手;13—混凝土墙体

(1)模板系统

模板系统包括模板、围圈和提升架等。模板的高度取决于滑升速度和混凝土达到出模强度(0.2 MPa～0.4 MPa)所需要的时间,一般取 1.0 m～1.2 m。模板拼板宽度一般不超过 500 mm,多为钢模或钢木混合模板。为保证刚度,模板背面设有加劲肋。为减小滑升摩阻力,便于混凝土脱模,内外模板应形成上口小、下口大的形式。一般单面倾斜度为 0.2%～0.5%。模板规格和型号应尽量少,并应具有互换性。

围圈的主要作用是使模板保持组装的平面形状,并将模板与提升架连接成一个整体。工作时,承受模板传来的水平荷载、滑升时的摩阻力和操作平台传来的竖向荷载,并将其传给提升架。通常在侧模板背后上下各设置一道闭合式腰梁,其间距一般为 500 mm～700 mm。上围圈距模板上口距离不宜大于 250 mm,下围圈距模板下端距离不小于 300 mm,使模板具有一定弹性,便于模板滑升及模板与围圈的连接,一般采用挂在围圈上的方式。

提升架又称千斤顶架。它是安装千斤顶并与围圈、模板连接成整体的主要构件。提升架的主要作用是控制模板、围圈由于混凝土的侧压力和冲击力而产生的向外变形;同时承受作用于整个模板上的竖向荷载,并将上述荷载传递给千斤顶和支承杆。当提升机具工作时,通过它带动围圈、模板及操作平台等一起向上滑动。

（2）操作平台系统

操作平台系统包括操作平台、内外吊脚手架、外挑三角架等。

（3）液压系统

液压系统包括支承杆、千斤顶和操纵装置等。利用滑升模板对高层建筑施工时,滑升模板只用来浇筑竖向承重构件（墙、柱、筒等）,而楼板的施工则须采用以下方法。

采用预制楼板有以下三种施工方法:第一种是利用滑模一次将墙体滑到顶部,然后自下而上逐层安装楼板,此法施工速度快,但应事先验算墙体稳定性,以防失稳,此法在高层建筑中应用不多;第二种是将竖向墙体分为几段（每段数层）,滑一段,使模板全部脱模,空滑一定高度再吊几层板,如此循环直至楼顶;第三种是滑一层墙体,使模板脱模,空滑一定高度,再吊一层楼板,如此循环直至楼顶,此种方法应对每层墙体上部的混凝土掺早强剂,使墙体尽早达到支承楼板的强度（2 N/mm²）。

采用现浇楼板有以下三种施工方法:第一种为当墙体滑到一定高度时（当层数不多时也可滑到顶）,将每间楼板模板组装成整体,用吊杆、钢丝绳悬吊于结构承重构件上,浇筑的楼板达到一定强度后,将楼板模板下降到下一层楼板底面的标高后固定,再进行浇筑,如此自上而下逐层浇筑。也可在滑完墙体后,利用滑模的操作平台代替楼板模板,自上而下逐层浇筑楼板,此法应注意施工期间墙体稳定性问题。第二种为逐层空滑现浇楼板法,此法是当墙体滑到上一层楼板板底标高后,将模板空滑至模板下端脱离墙体一定高度后,吊去操作平台的活动平台板,提供工作面,进行楼板的支模、扎筋和浇筑混凝土工作,然后再继续滑升墙体,如此逐层进行。第三种是在滑升墙体的同时,间隔3～5层自而上现浇楼板的方法,此法需要在楼板标高处的墙体上预留插入钢筋的孔洞。

5. 爬升模板

爬升模板简称爬模,国外亦称跳模。爬模既保持了大模板墙面平整的优点,又保持了滑模利用自身设备向上提升的优点,它是一种适用于现浇钢筋混凝土竖直或倾斜结构施工的模板工艺,如墙体、桥梁、塔柱等。目前已逐步发展形成"模板与爬架互爬""爬架与爬架互爬""模板与模板互爬"三种工艺,其中第一种应用最为普遍。爬模分有爬架爬模和无爬架爬模两类。下面重点介绍第一种。

（1）组成与构造

爬升模板是由悬吊着的大模板、爬架和爬升设备三部分组成（图7-23）。模板顶端装有提升外爬架用的提升设备,爬升架顶端装有提升模板的提升设备。爬升设备可用手拉葫芦或液压千斤顶。爬

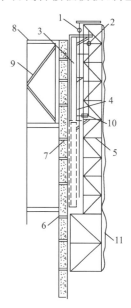

图 7-23　爬升模板构造

1—提升外模板的葫芦;2—提升外爬架的葫芦;3—外爬升模板;4—预留孔;5—外爬架;6—螺栓;7—外墙;8—楼板模板;9—楼板模板支撑;10—模板校正器;11—安全网

架和其悬吊的大模板可随结构浇筑混凝土的升高而交替升高,它实际上是一种模板不落地的大模板施工体系,它减少了施工中吊运大模板的工作量,加快了施工速度。

外爬架为格构式钢架,外爬架由附墙架和上部支承架两部分组成,上部支承架超过二层高,附墙架通过螺栓固定在下层墙体上。其上端有挑梁,用以悬吊大模板。内爬架为断面较小的格构式钢架,高度超过二层。亦可不设内爬架,由普通的内墙大模板代替,但其提升就需依靠塔吊帮助,即为外爬内吊式模板了。

(2)施工原理

爬模是以建筑物的钢筋混凝土墙体为支承主体,通过附着于已完成的钢筋混凝土墙体上的爬升支架或大模板,利用连接爬升支架与大模板的爬升设备,使一方固定,另一方做相对运动,交替向上爬升,以完成模板的爬升、下降、就位和校正等工作。

6.台模

台模是一种大型工具式模板,整体性好,混凝土表面容易平整,施工速度快。台模主要用于浇筑平板式或带边梁的楼板,一般是一个房间一块台模,有时甚至更大。按台模的支承形式分为支腿式(图7-24)和无支腿式两类。前者又有伸缩式支腿和折叠式支腿之分;后者是悬架于墙上或柱顶,故也称悬架式。支腿式台模由面板(胶合板或钢板)、支撑框架、镶条等组成。支撑框架的支腿底部一般带有轮子,以便移动;有的台模没有轮子,则要在滚道上滚动。浇筑后待混凝土达到规定强度,落下台面,将台模推出墙面放在临时挑台上,再用起重机整体吊运至上层或其他施工段。亦可不用挑台,推出墙面后直接吊运。

目前我国使用的台模,除铝合金制作的正规台模外,还利用由小块的定型组合钢模板和钢管支撑等拼装成的台模。利用台模施工楼板可省去模板的装拆时间,能降低劳动消耗和加速施工,但一次性投资较大。

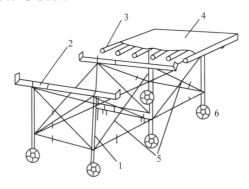

图7-24 台模
1—支腿;2—可伸缩横梁;3—檩条;4—面板;5—斜撑;6—滚轮

7.模板早拆体系

早拆原理是根据短跨支撑早期拆模的思想,利用早拆柱头、立柱和丝杠组成的竖向支撑,使原设计的楼板跨度处于短跨(立柱间距<2m)受力状态,在混凝土楼板强度达到施工规范规定的设计强度标准值的50%时,即可拆除模板,而立柱仍支在混凝土板上不动。当混凝土强度增大到足以在全跨条件下承受自重和施工荷载时,方可拆去竖向支撑。

图 7-25 为模板早拆体系,它可利用施工企业原有组合钢模板、轻钢支撑、脚手钢管等,只需增添早拆支撑调整器(早拆柱头),即可达到早拆模板的目的。一般夏季 3~4 天即可旋转早拆头上翼托螺母(图 7-26),将模板及龙骨降落拆除,而立柱继续支撑着楼板。此种早拆体系可节省模板和钢楞 2/3,具有良好的经济效益。

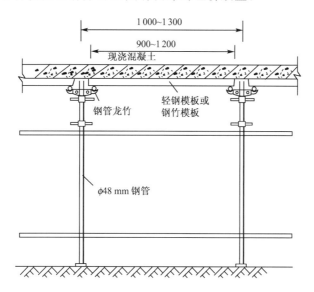

图 7-25 模板早拆体系

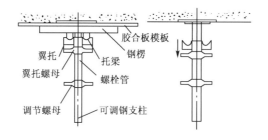

图 7-26 螺旋式早拆柱头

7.1.3 模板荷载计算与荷载组合

1. 荷载标准值的计算

(1)模板及支架重量

肋梁楼板及无梁楼盖模板的自重标准值见表 7-2。

表 7-2	模板及支架自重标准值		kN/m³
模板构件的名称	木模板	组合钢模板	钢框胶合板模板
平板的模板及小楞	0.30	0.50	0.40
楼板模板(其中包括梁的模板)	0.50	0.75	0.60
楼板模板及其支架(楼层高度为 4 m 以下)	0.75	1.10	0.95

（2）新浇混凝土的自重

普通混凝土 24 kN/m³，其他混凝土按实际重力密度确定。

（3）钢筋自重

根据施工图确定。一般梁、板结构每立方米混凝土钢筋重量：楼板 1.1 kN/m³；梁 1.5 kN/m³。

（4）施工人员及设备荷载

计算模板及小楞时，均布活荷载为 2.5 kN/m²；另以集中荷载 2.5 kN 进行验算，取两者产生的较大弯矩值；

计算直接支撑小楞（大楞）结构构件时，均布活荷载为 1.5 kN/m²；

计算支架支柱及其他支撑结构构件时，均布活荷载为 1.0 kN/m²；对大型浇筑设备如上料平台、混凝土输送泵等按实际情况计算；

（5）振捣混凝土时产生的荷载

水平面模板（底模）可取 2.0 kN/m²；垂直面模板（侧模）可取 4.0 kN/m²（作用范围在有效压头高度之内）。

（6）新浇筑混凝土对模板的压力标准值

影响混凝土侧压力的因素很多，如混凝土的骨料种类、水泥用量、外加剂、坍落度等；但更重要的是外界影响，如混凝土的浇筑速度、温度、振捣方式、模板情况及构件厚度等。

混凝土的浇筑速度是一个重要影响因素，最大侧压力一般与其成正比。但当其达到一定速度后，再提高浇筑速度，则对最大侧压力的影响就不明显。混凝土的温度影响混凝土的凝结速度，温度低，凝结慢。混凝土侧压力的有效压头高，最大侧压力就大；反之，最大侧压力就小。模板情况和构件厚度影响拱作用的发挥，因此对侧压力也有影响。

由于影响混凝土侧压力的因素很多，想用一个计算公式全面加以反映是有一定困难的。国内外研究混凝土侧压力，都是抓住几个主要影响因素，通过典型试验或现场实测取得数据，再用数学方法分析归纳后提出计算公式。

我国目前采用的计算公式为：采用内部振动器时，按下列两式计算新浇筑的混凝土作用于模板的最大侧压力，并取两式中的较小值：

$$F_1 = 0.22\gamma_c t_0 \beta_1 \beta_2 V^{\frac{1}{2}} \tag{7-1}$$

$$F_2 = \gamma_c H \tag{7-2}$$

式中　F_1、F_2——新浇混凝土对模板的最大侧压力（kN/m²）；

　　　γ_c——混凝土的重力密度（kN/m³）；

　　　t_0——新浇混凝土的初凝时间（h），可按实测确定。当缺乏试验资料时，可采用 $t_0 = 200/(T+15)$ 计算（T 为混凝土的温度，℃）；

　　　V——混凝土的浇筑速度（m/h）；

　　　H——混凝土侧压力计算位置处至新浇混凝土顶面的总高度（m）（图 7-27）；

　　　β_1——外加剂影响修正系数，不掺外加剂时取 1.0，掺具有缓凝作用的外加剂时取 1.2；

　　　β_2——混凝土坍落度影响修正系数，当坍落度小于 30 mm 时，取 0.85；当坍落度为 50 mm～90 mm 时，取 1.0；当坍落度为 110 mm～150 mm 时，取 1.15。

（7）倾倒混凝土时产生的荷载标准值

倾倒混凝土时，对垂直面模板产生的水平荷载标准值，按表 7-3 采用。

计算滑升模板、水平移动式模板等特种模板时，荷载应按专门的规定计算。对于利用模板张拉和锚固预应力筋等产生的荷载应另行计算。

计算钢模板、木模板及支架时都要遵守相应结构的设计规范。

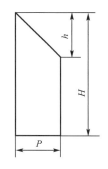

图 7-27　混凝土侧压力分布图形

表 7-3　　向模板中倾倒混凝土时产生的水平荷载标准值

项 次	向模板中供料方法	水平荷载标准值（kN/m^2）
1	用溜槽、串筒或由导管输出	2
2	用容量 < 0.2 m^3 的运输器具倾倒	2
3	用容量 0.2 m^3 ～ 0.8 m^3 的运输器具倾倒	4
4	用容量 > 0.8 m^3 的运输器具倾倒	6

注：作用范围在有效压头高度以内。

2. 荷载设计值与荷载设计值的调整

计算模板及其支架的荷载设计值，应采用荷载标准值乘以相应的荷载分项系数，荷载分项系数按表 7-4 采用。

表 7-4　　　　　　　　　　荷载分项系数

项 次	荷 载 类 别	r_i
1	模板及支架自重	
2	新浇筑混凝土自重	1.2
3	钢筋自重	
4	施工人员及施工设备荷载	
5	振捣混凝土时产生的荷载	1.4
6	新浇筑混凝土对模板侧面的压力	1.2
7	倾倒混凝土时产生的荷载	1.4

当有下列情况时，应对荷载设计值进行调整：

（1）对钢模板及其支架的设计，应符合现行国家标准《钢结构设计规范》的规定，其荷载设计值可乘以 0.85 系数予以折减，但其塑性发展系数取 1.0。

（2）采用冷弯薄壁型钢，应符合现行国家标准《冷弯薄壁型钢结构技术规范》的规定，由于规范对钢材容许应力值不予提高，因此荷载设计值也不予折减，系数为 1.00。

（3）对木模板及其支架的设计，应符合现行国家标准《木结构设计规范》的规定，当木材含水率小于 25% 时，其荷载设计值可乘以 0.9 系数予以折减。

（4）当验算模板及支撑系统在自重和风荷载作用下，抗倾覆稳定时，抗倾覆系数不应小于 1.15；风荷载应根据《建筑结构荷载规范》（GB 50009—2012）有关规定取用，强度设计值不应提高。

3. 荷载组合

模板及其支架荷载效应组合应按《建筑结构荷载规范》(GB 50009—2012)中第 3.2 节规定进行,见表 7-5。参与组合的荷载类别编号与上述七种荷载标准值对应。

表 7-5　　参与模板及其支架荷载效应组合的各项荷载

模 板 类 别	参与组合的荷载类别	
	计算承载能力	验算刚度
平板和薄壳的模板及支架	(1)+(2)+(3)+(4)	(1)+(2)+(3)
梁和拱模板的底板及支架	(1)+(2)+(3)+(5)	(1)+(2)+(3)
梁、拱、柱(边长≤300 mm)、墙(厚≤100 mm)的侧面模板	(5)+(6)	(6)
大体积结构、柱(边长>300 mm)、墙(厚>100 mm)的侧面模板	(6)+(7)	(6)

4. 挠度验算的规定

模板结构除必须保证足够的承载能力外,还应保证有足够的刚度。因此,应验算模板及其支架的挠度,挠度验算应取荷载标准值,其最大变形值不得超过下列允许值:

(1)对结构表面外露的模板,最大变形值不得超过的允许值为模板构件计算跨度的 1/400;

(2)对结构表面隐蔽的模板,最大变形值不得超过的允许值为模板构件计算跨度的 1/250;

(3)对支架的压缩变形值或弹性挠度,最大变形值不得超过的允许值为相应的结构计算跨度的 1/1 000。

支架的立柱或桁架应保持稳定,并用撑拉杆件固定。验算模板及其支架在自重和风荷载作用下的抗倾倒稳定性时,应符合有关的专门规定。

(4)《组合钢模板技术规范》(GB 50214—2013)规定:

①模板结构允许挠度按表 7-6 执行。

②当验算模板及支架在自重和风荷载作用下的抗倾覆稳定性时,其抗倾倒系数不小于 1.15;

表 7-6　　　模板结构及其配件的容许挠度　　　mm

构 件 名 称	容许挠度
钢模板的面板	1.5
单块钢模板	1.5
钢楞	$l/500$
柱箍	$b/500$
桁架	$l/1\,000$
支承系统累计	4.0

注:l 为计算跨度,b 为柱宽。

(5)《钢框胶合板模板技术规程》(JGJ 96—2011)规定：

① 模板面板各跨的挠度计算值不宜大于面板相应跨度的 1/300，且不宜大于 1 mm；

② 钢楞各跨的挠度计算值，不宜大于钢楞相应跨度的 1/1 000，且不宜大于 1 mm。

7.1.4 模板拆除

现浇混凝土结构模板的拆除日期，取决于结构的性质、模板的用途和混凝土硬化速度。如过早拆模，因混凝土未达到一定强度，过早承受荷载会产生变形，甚至会造成重大的质量事故。

1. 模板拆除的规定

(1)非承重模板(如侧板)应在混凝土强度能保证其表面及棱角不因拆除模板而受损坏时，方可拆除。

(2)底模被拆除时混凝土的强度应符合设计要求，当设计无要求时，应符合表 7-7 的规定。

表 7-7　底模被拆除时混凝土应达到的强度

构件类型	构件跨度/m	达到设计的混凝土立方体抗压强度标准值的百分率/%
板	≤2	≥50
	>2,≤8	≥75
	>8	≥100
梁、拱、壳	≤8	≥75
	>8	≥100
悬臂构件	—	≥100

(3)在拆除模板过程中，如发现混凝土有影响结构安全的质量问题时，应暂停拆除。经过处理后，方可继续拆除。

(4)已拆除模板及其支架的结构，应在混凝土强度达到设计强度后，才允许承受全部计算荷载。当承受施工荷载大于计算荷载时，必须经过核算，加设临时支撑。

2. 拆除顺序和方法

(1)模板的拆除顺序一般是后支先拆，先支后拆。

(2)先拆非承重模板，后拆承重模板；先拆侧模后拆底模；重大复杂模板、组合大模板的拆除，事先应制订拆除方案。

(3)拆模时不要用力过猛，拆下来的模板要及时运走、整理、堆放，以便再用。

(4)拆除框架结构模板的顺序，首先拆除柱模板，然后拆除楼板底模板，最后拆除梁底模板。拆除跨度较大的梁下支柱时，应先从跨中开始，分别拆向两端。

(5)楼层板支柱的拆除，应按下列要求进行：上层楼板正在浇筑混凝土时，下一层楼板的模板支柱不得拆除，再下一层楼板模板的支柱，仅可拆除一部分。跨度 4 m 及 4 m 以上的梁下均应保留支柱，其间距不大于 3 m。

(6)拆模时，应尽量避免混凝土表面或模板受到损坏，注意整块板落下时不要伤人。

7.2 脚手架工程

7.2.1 概 述

1. 脚手架的分类

脚手架是建筑施工中必不可少的临时设施,可供工人操作使用,也可以用于堆放材料、构件安装等。随着建筑施工技术的不断发展,脚手架的种类也愈来愈多。脚手架的种类按照划分方式的不同有以下几种类别:

(1)按搭设部位不同分为外脚手架和内脚手架。外脚手架是沿着建筑物外围从地面搭起,既可用于外墙砌筑,又可用于外墙装饰施工。主要有扣件式钢管脚手架、碗扣式脚手架、门式脚手架等。

(2)按搭设材质的不同分为:钢管脚手架、竹脚手架(毛竹脚手架将逐步淘汰)、木脚手架、塑料脚手架、玻璃钢脚手架等。

(3)按用途不同分为:结构用脚手架、装饰装修用脚手架、支撑用脚手架等。

(4)按平立杆的连接方式不同分为:承插式脚手架(碗扣式钢管脚手架)、扣件式钢管脚手架、销栓式脚手架。

(5)按立杆排数不同分为:单排脚手架、双排脚手架、满堂脚手架。

(6)按构造形式不同分为:多立杆式脚手架、门式脚手架、桥式脚手架、吊篮式脚手架、悬挂式脚手架、挑架式脚手架、工具式(常做成操作平台)脚手架等。

2. 脚手架的基本要求

为满足施工使用和承载作用,对脚手架应具有如下基本要求:

(1)要有足够的宽度、步架高度及离墙距离。用作堆料和操作的脚手架宽需 1 m～1.5 m;如果还需在脚手架上运输材料,宽度应在 2m 以上,如图 7-28 所示。步架高度也称"可砌高度",用于砖墙砌筑一般为 1.2 m～1.4 m。

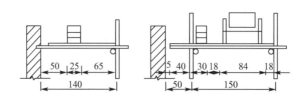

图 7-28 脚手架宽度示意图

(2)有足够的强度、刚度和稳定性。$H > 18$ m 需有计算设计说明。

(3)使用荷载必须控制。砌筑脚手架施工均布荷载不大于 3.0 kN/m²,装修脚手架不大于 2.0 kN/m²。

（4）搭拆简便，能多次周转。

（5）选材用料经济合理。

7.2.2 外脚手架构造与施工要求

搭设于建筑物外围的脚手架称外脚手架。它既可用于外墙砌筑，又可用于外墙装饰施工。其主要形式有多立杆式脚手架和框组式脚手架。根据多立杆式脚手架杆件连接方式的不同，可以分为钢管扣件式脚手架和钢管碗扣式脚手架。

多立杆式脚手架主要由立杆、纵向水平杆（大横杆）、横向水平杆（小横杆）、斜撑与脚手板等部件构成（图7-29）。为了防止脚手架在风载作用下外倾，还需设置连墙杆，将脚手架与建筑物主体结构相连。

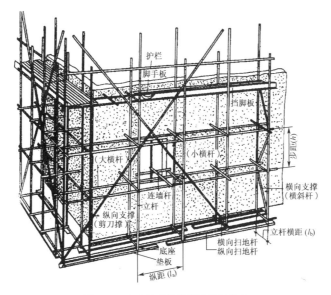

图 7-29 多立杆式钢管脚手架的组成

1.钢管扣件式脚手架

（1）扣件式钢管脚手架的组成

扣件式钢管脚手架是将立杆、大横杆、小横杆、纵横向扫地杆用不同形式的扣件扣接，并安装在底座上面。扣件基本形式有三种，如图3-30所示。对接扣件用于两根钢管的对接连接；旋转扣件用于两根钢管成任意角度交叉的连接。

 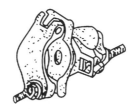 

(a)对接扣件　　　(b)直角扣件　　　(c)旋转扣件

图 3-30 扣件形式

　　钢管一般采用外径 48 mm、壁厚 3.5 mm 的焊接钢管；为便于操作和运输，规定每根钢管的最大长度不超过 6.5 m，重量不超过 25 kg；有严重锈蚀、弯曲、压扁或裂纹的钢管不得使用，钢管上严禁打孔。

　　扣件式钢管脚手架的搭设分双排和单排两种形式。现行《建筑施工扣件式钢管脚手架安全技术规范》(JGJ 130—2011)规定了脚手架搭设高度的限值。单排脚手架 $H \leqslant 24$ m；双排脚手架 $H \leqslant 50$ m。

　　(2)扣件式钢管脚手架的构造要求

　　①双排脚手架搭设的设计尺寸，宜按表 7-8 的规定。

表 7-8　　　　　常用密目式安全立网全封闭式双排脚手架的设计尺寸　　　　　　　　　m

连墙件设置	立杆横距 l_b	步距 h	下列荷载时的立杆纵距 l_a(m)				脚手架允许搭设高度(H)
			$2+0.35$ (kN/m²)	$2+2+2\times0.35$ (kN/m²)	$3+0.35$ (kN/m²)	$3+2+2\times0.35$ (kN/m²)	
二步三跨	1.05	1.5	2.0	1.5	1.5	1.5	50
		1.8	1.8	1.5	1.5	1.5	32
	1.3	1.5	1.8	1.5	1.5	1.5	50
		1.8	1.8	1.2	1.5	1.2	30
	1.55	1.5	1.8	1.5	1.5	1.5	38
		1.8	1.8	1.2	1.5	1.2	22
三步三跨	1.0	1.5	2.0	1.5	1.5	1.5	43
		1.8	1.8	1.2	1.5	1.2	24
	1.3	1.5	1.8	1.2	1.5	1.2	30
		1.8	1.8	1.2	1.5	1.2	17

　　注：1.表中所示 $2+2+2\times0.35$(kN/m²)，包括下列荷载：$2+2$(kN/m²)是二层装修作业层施工荷载标准值；2×0.35(kN/m²)包括二层作业层脚手板自重荷载标准值。

　　　　2.作业层横向水平杆间距，应按不大于 $l_a/2$ 设置。

　　②纵向水平杆(大横杆)、横向水平杆(小横杆)和脚手板的构造要求

　　纵向水平杆(大横杆)宜设置在立杆内侧，其长度不宜小于 3 跨，纵向水平杆接长宜采用对接扣件连接，也可采用搭接，但需符合规定；纵向水平杆的对接扣件应交错布置；两根相邻纵向水平杆的接头不宜设置在同步或同跨内；不同步或不同跨的两个相邻接头在水平方向错开的距离不应小于 500 mm；各接头中心至最近主节点的距离不宜大于纵距的 1/3。搭接长度不应小于 1 m，应等间距设置 3 个旋转扣件固定，端部扣件盖板边缘至搭接纵向水平杆端的距离不应小于 100 mm。

　　主节点处需设置横向小横杆，以保持脚手架的稳定性，小横杆用直角扣件扣接。为防止节点荷载偏心过大，主节点处两个直角扣件的中心距不应大于 150 mm。在双排脚手架中，靠墙一端的外伸长度不应大于 $0.4l_b$，且不应大于 500 mm。

　　作业层上非主节点处的小横杆，宜根据支承脚手板的需要等间距设置，最大间距不应大于纵距的 1/2。

　　作业层脚手板应铺满、铺稳，脚手板端部探头长度不大于 150 mm，其板长两端均与支承杆可靠固定。

③立杆构造要求

为保证脚手架的稳定性,需设置纵、横向扫地杆。纵向扫地杆应采用直角扣件固定在距底座上皮不大于 200 mm 处的立杆上。横向扫地杆亦应采用直角扣件固定在紧靠纵向扫地杆下方的立杆上。每根立杆底部应设置底座或垫板。

脚手架底层步距不应大于 2 m。立杆接长除顶层顶步可采用搭接外,其余各层各步接头必须采用对接扣件连接。立杆顶端宜高出女儿墙上皮 1 m,高出檐口上皮 1.5 m。立杆必须用连墙件与建筑物可靠连接,连墙件布置间距宜按表 7-9 的规定。

表 7-9　　　　　　　　　　连墙件布置最大间距　　　　　　　　　　m

脚手架高度		竖向间距/h	水平间距/l_a	每根连墙件覆盖面积/m^2
双 排	≤50	3	3	≤40
	>50	2	3	≤27
单 排	≤24	3	3	≤40

注：h—步距；l_a—纵距。

④连墙件

连墙件可按二步三跨或三步三跨设置,其间距应不超过表 3-13 的规定,且连墙件应设置在框架梁或楼板附近等具有较好抗水平力作用的结构部位,宜靠近主节点设置,偏离主节点的距离不应大于 300 mm。一字型、开口型脚手架的两端必须设置连墙件,连墙件的垂直间距不应大于建筑物的层高,并不应大于 4m(2 步)。

连墙件应从底层第一步纵向水平杆处开始设置,连墙件宜优先采用菱形布置,也可采用方形、矩形布置。

⑤剪刀撑与横向斜撑

双排脚手架应设剪刀撑与横向斜撑,单排脚手架应设剪刀撑。每道剪刀撑宽度不应小于 4 跨,且不应小于 6m,其跨越立杆的最多根数应符合表 7-10 的规定;斜杆与地面的倾角宜为 45°～60°。

表 7-10　　　　　　　　　剪刀撑跨越立杆的最多根数

剪刀撑斜杆与地面的倾角 α	45°	50°	60°
剪刀撑跨越立杆的最多根数 n	7	6	5

高度在 24 m 以下的单、双排脚手架,均必须在外侧立面的两端各设置一道剪刀撑,并应由底至顶连续设置;中间各道剪刀撑之间的净距不应大于 15 m。高度在 24 m 以上的双排脚手架应在外侧整个长度和高度上连续设置剪刀撑;剪刀撑斜杆的接长宜采用搭接。

一字型、开口型双排脚手架的两端均必须设置横向斜撑。高度在 24 m 以上的封闭型双排脚手架,除拐角设置横向斜撑外,中间应每隔 6 跨设置一道。高度在 24 m 以下的封闭型双排脚手架可不设置横向斜撑。

(3)扣件式脚手架施工

①地基处理和底座安装

脚手架底座底面标高宜高于自然地坪 50 mm。脚手架基础经验收合格后,进行定位放线,铺设垫板和安放立杆底座,并确保位置准确、铺放平稳、不得悬空。垫板可采用长度不少于 2 跨,厚度不小于 50 mm 的木垫板或槽钢。

②脚手架搭设

脚手架必须配合施工进度搭设,一次搭设高度不应超过相邻连墙件以上两步。底立杆应按立杆接长的要求选择不同长度的钢管交错设置。

开始搭设立杆时,应每隔 6 跨设置一根抛撑,直至连墙件安装稳定后,方可根据情况拆除。当搭至有连墙件的构造节点时,在搭设完该处的立杆、纵向水平杆、横向水平杆后,应立即设置连墙件。

杆件端部伸出扣件之外的长度不得小于 100 mm;自顶层作业层的脚手板往下计,宜每隔 12 m 满铺一层脚手板。

2. 碗扣式钢管脚手架

碗扣式钢管脚手架是一种杆件轴心相交的承插锁固式钢管脚手架,采用带连接件的定型杆件、碗扣接头,不仅承载力大,加工容易,接头构造合理,杆件便于搬运,拼装迅速省力,组装简便,而且结构简单,受力稳定可靠,完全避免了螺栓作业,不易丢失、损坏零散扣件,使用安全方便,适用功能多。但是其设置位置固定,任意性低,杆件较重。它不仅可以组装各式脚手架,而且适合构造各种支撑架,特别是重载支撑架、模板的支架和物料提升架等。

(1)构造

碗扣式钢管脚手架(图 7-31)是在一定长度的 $\phi48$ mm $\times 3.5$ mm 钢管立杆和顶杆上,每隔 600 mm 设一套碗扣接头的定型立杆和两端焊有接头的定型横杆。碗扣接头是该脚手架系统的核心部件,它由上、下碗扣、横杆接头和上碗扣的限位销组成。上、下碗扣和限位销按 600 mm 间距设置在钢管立杆上,其中下碗扣和限位销则直接焊在立杆上。碗扣式接头可以同时连接四根横杆,横杆可相互垂直,亦可成其他角度,因而可以搭设各种形式,如曲线形的脚手架。碗扣式立杆纵距为 1.2 m～2.4 m,可根据脚手架荷载选用,立杆横距为 1.2 m。

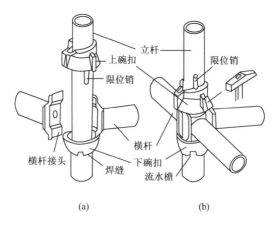

(a)　　　　　　　　(b)

图 7-31　碗扣式钢管脚手架示意图

（2）碗扣式钢管脚手架的施工要求

其组装顺序为：立杆底座→立杆→横杆→斜杆→接头锁紧→脚手板→上层立杆→立杆连接销→横杆。

在已处理好的地基上按设计位置安放立杆垫座（或可调底座），其上再交错安装3.0m和1.8m长立杆，调整立杆可调底座，使同一层立杆接头在同一平面内即可。

安装接头时，将上碗扣的缺口对准限位销后，立即将上碗扣向上抬起，把横杆接头插入下碗扣圆槽内，随后将上碗扣沿限位销滑下并顺时针旋转扣紧并用小锤轻击，即完成接点的连接。

搭设中应注意调整脚手架的垂直度，最大偏差不得超过100 mm；连墙杆应随脚手架的搭设而随时在设计位置设置，并尽量与脚手架和建筑物外表面垂直；脚手架应随建筑物升高而随时搭设，但不应超过建筑物2个步架。

7.2.3 里脚手架施工要求

搭设于建筑物内部的脚手架称为里脚手架。它用于在楼层上砌砖、内粉刷等，当砌完一层墙体或内粉刷后，即将其转移到上一层楼板，进行新一层的墙体或内粉刷施工。当采用里脚手架砌外墙时，必须沿墙外侧搭设安全网，确保施工安全。

由于里脚手架装拆频繁，故要求其轻便灵活，易装易拆。通常情况下，采用工具式里脚手架。其形式有折叠式里脚手架、支柱式里脚手架和门架式里脚手架等。按构造形式分有扣件式里脚手架和框组式里脚手架。

1.折叠式里脚手架

角钢折叠式里脚手架（图7-32）采用角钢制成，上铺脚手板。其架设间距：砌筑时≤1.80 m；装修时≤2.20 m。

里脚手架可搭设两步，第一步为1 m，第二步为1.65 m。

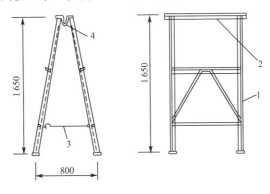

图7-32 角钢折叠式里脚手架
1—立柱；2—横楞；3—挂钩；4—铁铰链

2.支柱式里脚手架

支柱式里脚手架是在支柱上安放横杆，在横杆上铺设脚手板。支柱式里脚手架的支柱有套管式和承插式两种。其搭设间距：砌墙时≤2 m，装修时≤2.50 m。

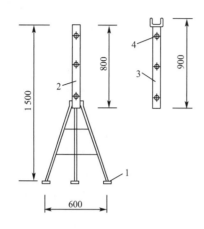

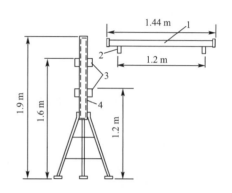

图 7-33　套管支柱式里脚手架
1—支脚;2—立管($\phi 50$ mm $\times$ 3 mm);3—插管
($\phi 42$ mm $\times 2.5$ mm);4—销孔

图 7-34　承插式里脚手架
1—钢管($\phi 48$ mm $\times$ 3 mm);2—销孔;3—承插管
($\phi 48$ mm $\times$ 3 mm);4—立管($\phi 50$ mm $\times$ 3 mm)

套管支柱式里脚手架(图 7-33)搭设时插管插入立杆中,以销孔间距调节高度,插管顶端的 U 形支托搁置方木横杆用以铺设脚手板。架设高度为 1.57 m~2.17 m。

承插式里脚手架(图 7-34)架设高度为 1.2 m、1.6 m、1.9 m,当搭设第三步时,要加销钉以确保安全。

7.2.4　脚手架施工安全与拆除的一般规定

1.脚手架施工安全措施

为了确保脚手架施工的安全,脚手架应具有足够的强度、刚度和稳定性。使用脚手架时,必须沿外墙设置安全网,以防材料下落伤人和高空操作人员坠落。安全网要随楼层施工进度逐层上升。

过高的脚手架必须有防雷设施。

钢脚手架、钢井架、钢龙门架、钢独杆提升架等,不应搭设在距离外电架空线路的安全距离以内。

2.脚手架拆除注意事项

架子拆除时应划分作业区,周围设绳绑围栏或竖立警戒标志;地面应设专人指挥,禁止非作业人员入内。

拆除顺序应遵守由上而下,先搭后拆、后搭先拆的原则。即先拆栏杆、脚手板、剪刀撑、斜撑,而后拆小横杆、大横杆、立杆等。并按一步一清原则依次进行,要禁止上下同时进行拆除作业。

连墙杆应随拆除进度逐层拆除,拆抛撑前,应用临时撑支住,然后才能拆抛撑。

拆下的材料,应用绳索拴住杆件利用滑轮徐徐下运,严禁抛掷。运至地面的材料应按指定地点,随拆随运,分类堆放,当天拆当天清,拆下的扣件或铁丝要集中回收处理。

3.脚手架的立网和平网

为防止人和物从高处坠落,除了在作业面正确铺设脚手板、安装防护栏杆及挡脚板外,还需在脚手架外侧挂设立网。对于高层建筑、悬挑结构和临街房屋应采用全封闭的立网。立网可以采用塑料编织布、竹篾、席子、篷布,还可采用小眼安全网;脚手架不能采用全封闭立网时,应设置能用于承接坠落人和物的安全防护网(图 7-35),使高处坠落人员能安全软着陆。对高层房屋,为了确保安全则应设置多道安全平网。

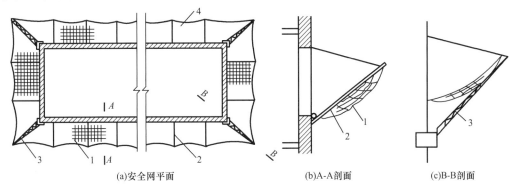

(a)安全网平面　　　　　(b)A-A剖面　　　　　(c)B-B剖面

图 7-35　设置安全防护网整体构造图

1—安全网;2—支杆;3—抱角架;4—钢丝绳

复习思考题

1.在现浇钢筋混凝土结构施工中,对模板及支架的基本要求有哪些?

2.模板工程在所用材料、结构类型和专项技术方面如何分类?

3.组合钢模板由哪几部分组成?

4.通用模板包括哪些? 说明其用途。

5.组合钢模板配件的主要连接件包括哪些? 各主要连接件的作用是什么?

6.柱、梁、楼板模板如何安装? 梁模板起拱有何要求?

7.胶合板模板的使用要求有哪些?

8.大模板的构造组成有哪些?

9.滑升模板的构造组成有哪些?

10.阐述爬升模板的施工原理。

11.阐述模板早拆体系的原理及特点。

12.梁、板底膜拆除时对混凝土强度有何要求?

13.模板拆除顺序有哪些要求?

14.模板所承受的恒载和活载包括哪些?

15.楼板和柱承受的恒载和活载有哪些?

16.荷载标准值与设计值如何确定?

17.在混凝土结构施工中,拆装方便、通用性较强、周转率高的模板应选用哪种?

18.某跨度为 8m、强度为 C30 的现浇混凝土梁,当混凝土强度至少达到多少时方可拆除底模?

19.某梁的跨度为 6.6 m,采用钢模板、钢支柱支模时,其跨中起拱高度的范围是多少?

20. 模板 P3318 表达什么意思？Y1018 表达什么意思？

21. 悬挑梁悬挑长度为 2.1 m，混凝土设计强度 C30，当施工中强度达到多少方可拆模？

22. 在滑模装置中，每次浇筑混凝土模板的高度是多少？

23. 按构造形式不同，脚手架分为哪些类型？按连接方式不同分为哪些类型？按用途不同分为哪些类型？

24. 简述脚手架的作用及基本要求。

25. 扣件式钢管脚手架的组成有哪些？

26. 扣件式钢管脚手架的纵向水平杆的构造要求有哪些？

27. 扣件式钢管脚手架横向水平杆和脚手板的构造要求分别有哪些？

28. 扣件式钢管脚手架立杆和连墙件的构造要求分别有哪些？

29. 扣件式钢管脚手架如何施工？

30. 简述碗扣式钢管脚手架节点构造原理和组装顺序。

31. 什么是可砌高度和一步架高？

32. 常用里脚手架有哪些？其构造特点如何？

33. 脚手架底层步距不应大于多少？立杆顶端高出女儿墙上皮及高出檐口上皮有哪些要求？纵向扫地杆距底座上皮尺寸有何要求？

34. 单排与双排脚手架搭设高度限值各是多少？

35. 外脚手架和里脚手架的作用各是什么？

第8章

道路与桥梁工程

本章学习要求:了解路基、路面的类型与特点,熟悉路面等级划分和适用范围,掌握路基、路面工程施工程序和技术要求;了解桥梁的基本组成与结构体系,了解桥梁基础、墩台施工方法与技术要求,了解桥梁上部结构的施工方法。

本章学习重点:路面等级划分和适用范围,路基、路面工程施工程序;桥梁的基本组成与结构体系,桥梁基础、墩台施工方法,桥梁上部结构的施工方法。

8.1　道路工程

8.1.1　路基工程施工

8.1.1.1　概　述

路基是道路的重要组成部分,它是路面或道路的基础,是由土、石等材料按一定的技术要求填筑压实而成的结构物。它承受路面传递的行车荷载、制动荷载,是支撑路面的基础部分。因此,路基的强度和稳定性直接影响整个道路的质量,并关系到交通运输的畅通与安全。

1.路基的类型

路基一般可分为路堤、路堑及半填半挖路基三种,如图 8-1 所示。

图(a)为路堤:路基顶面高于原地面的填高路基称为路堤,在低矮路堤的两侧设置边沟。

图(b)为路堑:全部由地面开挖出的路基称为路堑。路堑分为全路堑、半路堑和半山洞三种。

图(c)为半填半挖路基：在横断面上，部分为挖方、部分为填方的路基称为半填半挖路基，通常出现在地面横坡较陡的时候，它兼有上述路堤和路堑的构造特点和要求。

2. 路基工程的特点

路基工程土石方量大，沿线分布不均匀，与路基排水、防护与加固等相互制约，并与道路工程的其他项目，如桥涵、隧道、路面及附属设施相互交叉。路基施工在质量标准、技术操作、施工管理等方面具有特殊性，其质量关系到整个道路的质量。因此，路基工程必须采取合理的施工方法，选择合适的填筑材料、施工机械设备及先进的施工技术，进行周密的施工组织。

3. 路基工程施工的基本方法

路基土石方的施工作业主要包括开挖、运输、铺填、压实和修整等。路基施工的基本方法主要有：人工及半机械化、机械化、水力机械化和爆破施工等。

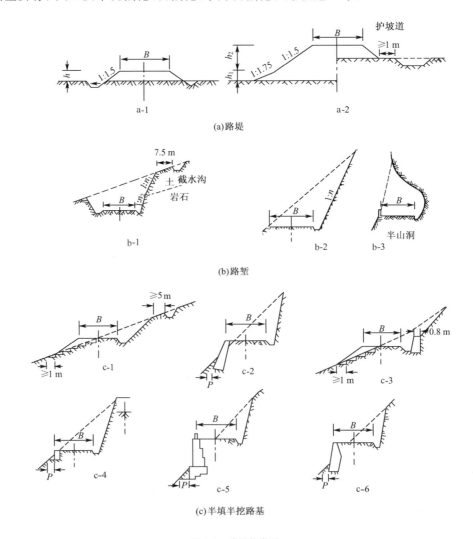

图 8-1　路基的类型

a-1—矮路堤；a-2——一般路堤；b-1—全路堑路基；b-2—半路堑路基；b-3—半山洞路基；c-1——一般填挖路基；c-2—砌石护坡路基；c-3—矮挡土墙路基；c-4—护肩路基；c-5—挡土墙支撑路基；c-6—砌石护墙路基；B—路堤宽；h—路堤高

（1）人工及半机械化施工。主要依靠人力，使用手工工具和简易机械施工。它具有造价低、工效较低、劳动强度大的特点。适用于缺乏机械的地方道路工程和工程量小而分散的工程等。

（2）机械化施工。主要采用土方施工机械，如推土机、单斗挖掘机、铲运机、松土机、压路机等。其特点为：减轻劳动强度，显著地加快施工进度，极大地提高劳动生产率，降低造价，并可有效地保证施工安全及施工质量。

（3）水力机械化施工。主要运用水泵、水枪等水力机械，将土冲散，并将其泵送至指定地点沉积。主要适用于水力、电力充足的土方工程。

（4）爆破施工。主要用来爆破岩石、坚土、冻土，开挖路堑、采集石料等。打眼可手工，也可机械钻孔。

施工前的准备工作

施工前的准备工作详情可扫码查看。

8.1.1.2 路基填筑

路基填筑的主要工作内容包括：土料的选择和处理，填筑施工的各种方法和工艺流程，以及路基压实。

1. 土料的选择和处理

《公路路基施工技术规范》（JTG/T 3610—2019）中对一般路基用土规定：

（1）宜选用级配良好的砾、砂等粗粒土作为填料。

（2）路堤填料使用含草皮、生活垃圾、树根和腐植的土。

（3）泥炭土、淤泥、冻土、有机质土、强膨胀土及易融盐超标的土等不得直接用于填筑路基，确需使用时要做技术处理检验合格方可使用。

（4）粉质土不宜直接用于填筑二级及以上公路的路床，不得用于冰冻地区的路床及浸水部分的路堤。

填料应具有一定的承载比和适当的颗粒粒径。公路路堤填料最小承载比和最大粒径要求见表8-1。

表8-1　　　路基填料最小承载比和最大粒径要求

填料应用部位（路面底面以下深度）		填料最小承载比（CBR）（%）		填料最大粒径（cm）
		高速公路、一级公路	二级公路	
填方路堤	上路床（0～30 cm）	8.0	6.0	10
	下路床（30～80cm）	5.0	4.0	10
	上路堤（80～150cm）	4.0	3.0	15
	下路堤（>150cm）	3.0	2.0	15

注：①路面底面以下深度30～150 cm适用于轻、中及重型交通；
②表列承载比按《公路土工试验规程》，对试样浸水96h后，根据CBR试验方法测定；
③若需了解特重级等更多内容可以查阅公路路基施工技术规范。

2. 路基填筑施工工艺流程

（1）填方路基主要施工工艺流程

一般填方路堤的施工程序按图8-2所示进行。

（2）挖方路基（路堑）主要施工工艺流程

一般挖方路基的施工程序按图8-3所示进行。

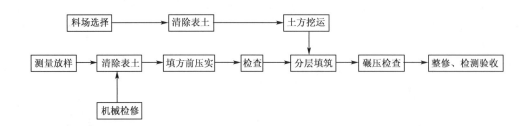

图 8-2 填方路基主要施工工艺流程图

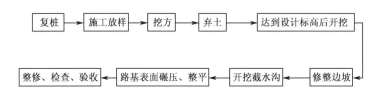

图 8-3 挖方路基主要施工工艺流程图

3.路基填筑施工的各种方法

(1)填筑方式

①水平分层填筑

水平分层填筑,是按设计的路堤横断面,将填料沿水平方向分层,自下而上逐层压实填筑路堤的方法。水平分层填筑可以控制压实层的厚度。一般松铺厚度不超过 30 cm,以保证压实的质量,使土体易于形成必需的强度和稳定性。此法施工操作方便、安全、压实质量容易保证。

水平分层填筑有横向分层填筑和纵向分层填筑之分。

平坦地区一般采用横向分层填筑,填料是沿线供应堆放,填筑由边缘至中央推进,一般松铺厚度不超过 30 cm,以保证压实的质量。

横向分层填筑应形成一定横坡土路拱(2%～4%),以利于横向排水,如图 8-4 所示。

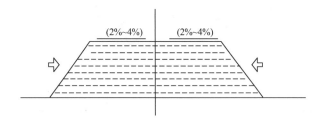

图 8-4 横向分层填筑

坑洼地区、不小于 12% 纵坡的地段、临近路堑挖方地段,可采用纵向分层填筑,如图 8-5 所示。

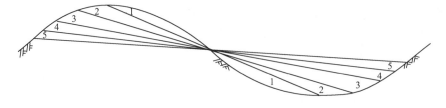

图 8-5 纵向分层填筑

②竖向分层填筑

竖向分层填筑方法是从路堤的一侧，在一个高度将填料倾倒至路堤基底上，并逐渐沿纵、横向向前填筑推进，形成符合路堤横断面设计要求的填筑方法，如图 8-6 所示。

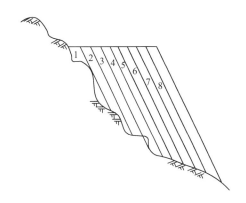

图 8-6　竖向分层填筑

由于竖向分层填筑压实厚度大，不易压实，且还有沉陷不均匀的缺点。一般只有不能采用水平分层填筑时才予以采用，如深谷、陡坡、深沟、陡坎地段。为尽可能提高竖向分层填筑的填筑质量，应采用必要的技术措施，如选用高效能的振动式压路机碾压；采用沉陷量较小、强度较高的砂性土、碎石土或废石方等易压实的材料作为填筑全断面的填筑材料。

③混合填筑

当高等级公路路线穿过深谷陡坡，尤其是要求上部的压实度标准较高时，一般下层采用竖向分层填筑，上层采用水平分层填筑，如图 8-7 所示。

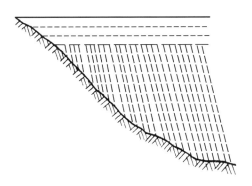

图 8-7　混合填筑

(2)不同土质混填方法

对于不同性质的土混合填筑时，应根据土的透水能力的大小，进行分层填筑压实，并应符合下列规定：

①以透水性较小的土填筑路堤下层时，其顶面应做成 4% 的双向横坡。

②不同性质的土应分别填筑，不得混填。每层填料层累计总厚度不宜小于 0.5 m。

③凡不因潮湿及冻融而变更其体积的优良土应填在上层，强度较小的土填在下层。如用透水性较差的土填筑路基上层时，不应包覆在透水性较好的下层填土的边坡上。

不同土质填筑路堤的方式如图 8-8 所示。

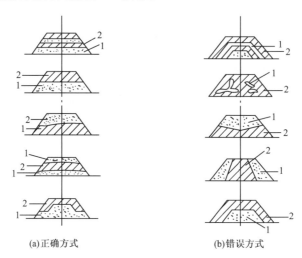

(a)正确方式　　　　　　　　(b)错误方式

图 8-8　路堤内不同土质的填筑方式示意图

1—透水性较大土质；2—透水性较小土质

8.1.1.3 路基压实

1.土质路基压实标准

路堤、路堑和路堤基底均应进行压实，土质路堤的压实度应不低于表 8-2 的标准。压实度 K 用下式表达

$$K = \frac{\gamma}{\gamma_0} \times 100\% \qquad (8-1)$$

表 8-2　　　　　　　　　　土质路堤压实度标准

填挖类型		从路面底面计起的深度范围(cm)	压实度(%)		
			快速路、主干路	次干路	支路
路堤	上路床	0～30	≥95	≥93	≥90
	下路床	30～80	≥95	≥93	≥90
	上路堤	80～150	≥93	≥90	≥90
	下路堤	>150	≥90	≥90	≥87
零填及路堑路床		0～30	≥95	≥93	≥90

注：1.表列压实度均以部颁《公路土工试验规程》重型击实试验法为准；

2.修建高级路面时，其压实标准，应采用快速路、主干路的规定值；

3.特殊干旱地区的压实度标准可降低 2%～3%；

4.用灌砂法、灌水(水袋)法检查压实度时，取土样的底面位置为每一个压实层的底部；用环刀法试验时，环刀中部处于压实层厚的 1/2；用核子仪试验时，应根据其类型，按说明书要求进行。

2.影响填土压实的因素

影响填土压实的因素同 1.6.3。

8.1.2 路面工程施工

8.1.2.1 概 述

1.路面结构构造

路面结构一般由面层、基层、垫层组成,如图 8-9 所示。

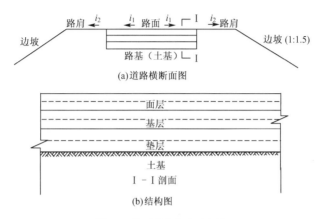

(a)道路横断面图

(b)结构图

图 8-9 路面结构构造示意图

路面是用各种材料或混合料分层修筑在路基顶面的层状构筑物,它是道路的重要组成部分,它除了直接承受行车荷载外,还受到温度、水、阳光和空气等自然因素的影响。

因此路面工程必须具备足够的强度、足够的稳定性(水稳定性、温度稳定性和时间稳定性等)、足够的平整度及抗滑性能。所以路面工程的施工工艺和施工质量,直接影响到道路的行车速度、行车安全。

2.路面分类与路面等级

(1)路面分类

①路面按力学性能分类,见表 8-3。

表 8-3   路面按力学性能分类表

路面类型	特 征	设计理论与方法
柔性路面	在柔性基层上铺筑沥青面层或用有一定塑性的细粒土稳定各种骨料的中、低级路面结构,因具有较大的塑性变形能力而称这类结构为柔性路面	采用双圆均布与水平垂直荷载作用下的多层弹性连续体系理论,以设计弯沉值为路面整体刚度的设计指标
半刚性路面	在半刚性基层上铺筑一定厚度沥青混合料面层的结构称为半刚性路面	设计理论同上,对半刚性材料的基层、底基层进行底层拉应力验算
刚性路面	采用水泥混凝土做面层或基层的路面结构	根据弹性半空间假设,从薄板理论出发,采用矩形有限元法计算荷载临界位置的应力

②路面按材料分类,见表8-4。

表 8-4　　　　　　　　　路面按材料分类表

路面名称	路 面 种 类
沥青路面	沥青面层包括:沥青混凝土、沥青玛蹄脂碎石混合料,热拌沥青碎石、乳化沥青碎石混合料等
水泥混凝土路面	水泥混凝土面层包括:普通混凝土、钢筋混凝土、碾压式混凝土、钢纤维(化学纤维)混凝土、连续配筋混凝土等
其他路面	普通水泥混凝土预制块路面、连锁型路面、砖路面、石料砌块路面、水(泥)结碎石路面及级配碎石路面等

注:路面基层一般采用半刚性基层或柔性基层。

(2)路面等级

路面等级一般按面层使用品质、材料组成类型以及结构强度和稳定性分为四个等级,见表8-5。

表 8-5　　　　　　　　　路面等级及适用范围表

路面等级	面层类型	设计使用年限(年)	适用范围
高级路面	沥青混凝土、沥青玛蹄脂碎石	15	快速路,主干、次干路
	水泥混凝土	20,30	
次高级路面	热拌沥青碎石、沥青贯入式	12	次干路、支路
中级路面	砌块路面,水(泥)结碎石,级配碎石	8	步行路、支路
低级路面	粒料改善土	5	乡村道路

8.1.2.2　路面基层施工

路面基层(底基层)由半刚性基层(固化类基层)和粒料类基层组成。

半刚性基层一般包括水泥稳定类、石灰稳定类和综合稳定类。粒料类包括级配碎(砾)石、填隙碎石、泥(灰)结碎石和天然砂砾(石)。

半刚性基层整体性好、承载力高、刚度大、水稳性好,且较为经济。目前,已广泛地应用于各等级道路的路面基层(底基层)。

半刚性基层(底基层)路用性能的比较见表8-6。

表 8-6　　　　　　半刚性基层(底基层)路用性能比较表

类 型	种 类	强 度 形 成	影响强度及稳定性因素
石灰稳定类	石灰土、石灰砂砾土、石灰碎石土	石灰与细粒土的相互作用	土质、石灰的质量与剂量、养生条件与龄期
水泥稳定类	水泥稳定土、水泥稳定砂砾、水泥稳定砂砾土、水泥稳定碎石土	水泥与细粒土的相互作用	土质、水泥性能与剂量、水
综合稳定类	石灰粉煤灰类(二灰、二灰土、二灰砂、二灰砂砾、二灰碎石)、水泥石灰稳定土	石灰、水泥(粉煤灰)与砂土的相互作用	土质、石灰及水泥的性能与剂量、养生条件

1.路面基层(底基层)常用材料

（1）水泥

水泥应采用满足技术标准规定的硅酸盐水泥、矿渣硅酸盐水泥或火山灰质硅酸盐水泥,但应选用终凝时间较长（宜在 6 h 以上）的水泥,并宜采用低标号的硅酸盐水泥。快凝水泥、早强水泥以及受潮变质水泥不得使用。

（2）石灰

生石灰粉在土内的消解过程中放出大量水化热,可促进石灰与土化学反应的进行,且刚消解的石灰有较高的活性,所以生石灰粉稳定土的强度、刚度、稳定性均高于消石灰稳定土。对于快速路和主干路,宜采用磨细生石灰粉。磨细生石灰粉宜选用钙质生石灰粉,其有效钙加氧化镁含量应不小于 70%,细度全部通过 0.8 mm 筛的筛孔,且 0.075 mm 筛的筛余量宜小于 30% 。

（3）集料

路面基层（底基层）所用的碎石、砾石应具有一定的抗压能力,一般道路的基层不大于 35%,底基层不大于 40%,高等级公路不大于 30% 。

水泥稳定类和石灰稳定类集料的颗粒组成应满足表 8-7、表 8-8 的要求。

表 8-7　　　　　　　　　水泥稳定类集料的颗粒组成范围

筛孔尺寸(mm)		40	30	20	10	5	2	0.5	0.075
通过百分率 (%)	底基层	100	90～100	75～90	50～70	30～55	15～35	10～20	0～7
	基层		100	90～100	60～80	30～50	15～30	10～20	0～7

注:集料中 0.5 mm 以下细粒土有塑性指数时,小于 0.075 mm 的颗粒含量不应超过 5%;细粒土无塑性指数时,
小于 0.075 mm 的颗粒含量不应超过 7% 。

表 8-8　　　　　　　　　石灰稳定类集料的颗粒组成范围

类型	通过下列筛孔(mm)的质量百分比(%)								
	40	30	20	10	5	2	1	0.50	0.075
底基层	100	90～100	60～85	50～70	40～60	27～47	20～40	10～30	0～15
基层		100	90～100	55～80	40～65	28～50	20～40	10～20	0～10

注:硅、铝、镁氧化物含量之和大于 5% 的生石灰,有效钙加氧化镁含量指标,Ⅰ 等≥75%,Ⅱ 等≥70%,
Ⅲ 等≥60%;未消化残渣含量指标与镁质生石灰指标相同。

（4）土

按照土中单个颗粒的粒径大小和组成,将土分为下列三种:

细粒土,颗粒的最大粒径小于 9.5 mm,且其中小于 2.36 mm 的颗粒含量不少于 90%;

中粒土,颗粒的最大粒径小于 26.5 mm,且其中小于 19 mm 的颗粒含量不少于 90%;

粗粒土,颗粒的最大粒径小于 37.5 mm,且其中小于 31.5 mm 的颗粒含量不少于 90%。

土用作基层时,粗粒土的最大粒径不超过 40 mm;用作底基层时,最大粒径不超过 50 mm。

土的塑性指数宜为 11～25,并不得小于 6 或大于 30。做水泥稳定类时,塑性指数不宜超过 17;做石灰稳定类时,塑性指数宜为 15～20。

土中有机质含量:做水泥稳定类时,有机质含量不应超过 2%,硫酸盐含量不应大于 0.25%;若超过,必须先用石灰处理,才可用水泥稳定。做石灰稳定类时,有机质含量不应超过 10%,硫酸盐含量不应大于 0.8%。

(5)粉煤灰

粉煤灰中的 SiO_2、Al_2O_3 和 Fe_2O_3 的总含量应大于 70%,烧失量不应超过 20%,比表面积宜大于 2 500 cm^2/g。

干粉煤灰堆放时,应适量加水,其含水量不宜超过 35%。使用时,应将凝固的粉煤灰打碎或过筛,同时清除有害杂质。

(6)级配碎(砾)石

石料应具有足够的强度,且不低于Ⅳ级;碎(砾)石的压碎值,高等级公路不大于 30%,一般公路不大于 35%。用于基层时,碎(砾)石的最大粒径不应超过 40 mm,用作底基层时,碎(砾)石的最大粒径不应超过 50 mm。同时,级配曲线宜圆滑居中,严格控制小于 0.5 mm 以下的细料含量。

级配碎(砾)石混合料的塑性指数,潮湿多雨地区的基层采用的塑性指数不大于 6,其他地区的基层采用的塑性指数不大于 9。

2.半刚性路面基层(底基层)施工

在半刚性路面基层(底基层)的施工中,混合料的拌和方式主要有路拌法和厂拌法,其摊铺方式有人工和法及机械摊铺两种。

(1)水泥稳定土的施工

水泥稳定土的施工主要有路拌法(就地拌和法)、厂拌法(集中拌和法)、移动拌和机沿线拌和法。

①路拌法施工

路拌法施工工序主要流程如图 8-10 所示。

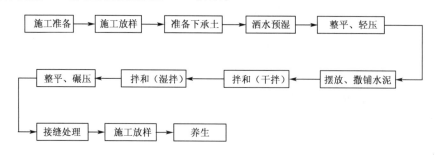

图 8-10　水泥稳定土路拌法施工工序流程图

a.施工准备

测量断面高程,并在两侧路肩边缘外设置指示桩,并标定水泥稳定土的设计高程。

b.准备下承土

水泥稳定土施工前,应检查下承层是否合格。对于土基,应用碾压机械进行碾压检验，发现土过干、过湿，应采取挖开晾晒、换土、掺生石灰或粒料等措施进行处理。

运料前，应用洒水车对底基层均匀洒水，使表面湿润。

c.洒水预湿与整平轻压

翻松、粉碎和运到现场的选料，均需洒水预湿。一般预湿后，土的含水量应为最佳含水量的70%左右。预湿后，应整形成要求的路拱和坡度，并用压路机碾压1～2遍，使表面平整，具有一定的密实度。

d.摊铺水泥并拌和

根据水泥稳定土层的压实厚度、预定的干密度、水泥剂量等计算每袋水泥的摊铺面积和堆放间距，并画出摊铺水泥的边线，用刮木板将水泥均匀摊开。然后先用稳定土拌和机进行"干拌"1～2遍，使石灰分布到全部土中，然后边洒水边拌和，进行"湿拌"。

e.整平、碾压

混合料拌和均匀后，应立即用平地机进行初平。一般在直线段，由两侧向路中心刮平；在曲线段，由内侧向外侧刮平。然后，用轮胎压路机、轮胎拖拉机或平地机快速碾压一遍。

为避免出现薄层贴补，在总厚度满足要求的情况下，摊铺时宜"宁高勿低"；整平时，宜"宁刮勿补"；整形后如表面水分不足，应适当洒水。

当混合料处于最佳含水量(1%～2%)时，进行碾压。

f.养生

水泥稳定土经拌和、压实后，采取洒水保湿措施养生，一般养生期为7 d。

还可以用帆布、粗麻袋、稻草、麦秸或农用地膜湿润养生。若用砂养生，砂层需7～10 cm厚，铺匀后，洒水保持湿润。

养生期结束，应立即进行上层施工，以免产生收缩裂缝；或先铺一封层，开放交通，待基层充分开裂后，再进行上层施工，以减少反射裂缝。

②厂拌法(集中拌和法)

厂拌法即集中拌和法，一般在中心站利用强制式拌和机或双转轴桨叶式拌和机集中拌和。

对于高等级公路，尤其是高速公路，为确保拌和质量和消除"素土"夹层的危险，一般采用这种集中拌和法制备基层和底基层混合料。

集中拌和好的混合料，应立即运输到铺筑现场进行施工。

(2)石灰稳定土施工

石灰稳定土施工，主要采用路拌法、厂拌法，高等级公路现已较多采用厂拌法。

①路拌法

施工工序主要流程如图8-11所示。

a.施工准备、放样

b.准备下承土(施工同水泥稳定土的路拌法)

c.集料摊铺

根据试验确定的松铺系数准备集料。

图 8-11 石灰稳定土路拌法施工工序流程图

d.集料整形、轻压

集料摊铺均匀后,必须进行整形,使表面具有规定的路拱。然后用压路机轻压 1～2 遍,使表面平整、密实。

e.摊铺石灰

根据计算的石灰松铺厚度、堆放间距,画出摊铺石灰的边线并用刮木板将石灰均匀刮平,并量测石灰的松铺厚度。根据石灰的含水量和松密度,校核石灰的用量。

f.拌和洒水

使用灰土拌和机或稳定土拌和机进行"干拌"1～2 遍,使石灰分布到全部土中,然后边洒水边拌和,进行"湿拌"。拌和过程中应及时检查混合料的含水量,一般宜比最佳含水量略大 1%～2%,拌和直至水量足够、混合料颜色及含水量均匀为止。

g.整平、碾压

混合料拌和均匀后,应立即用平地机进行初平。一般在直线段,由两侧向路中心刮平;在曲线段,由内侧向外侧刮平。然后,用轮胎压路机、轮胎拖拉机或平地机快速碾压一遍。

不平整的地方,用齿耙把表面 5 cm 的一层耙松;必要时,用新拌的混合料找平,再进行碾压。每次整平碾压,均需按要求调整坡度和路拱。

整形后,当混合料处于最佳含水量不超过 1%～2%时,进行碾压。如表面水分不足,应适当洒水。

碾压结束之前,用平地机终平一次,使高程、路拱符合设计要求。

h.养生

碾压结束后,应立即采取洒水保湿措施养生,一般为 7d 左右。

未采用覆盖措施时,应封闭交通。采用覆盖砂或喷洒沥青膜养生,不能封闭交通时,应限制车速不得超过 30 km/h。

②厂拌法施工

厂拌法拌和土料时,土块要粉碎,且最大尺寸不超过 15 mm,配料要准确,含水量要略大于最佳含水量1‰～3‰。

拌成的混合料运送到现场,用摊铺机、平地机或人工按松铺厚度摊铺均匀,如有离析现象,应用机械或人工补充拌和。

整形、碾压及养生与路拌法相同。

3.级配碎(砾)石施工

级配碎(砾)石基层的施工关键是保证配料准确、集料拌和均匀、含水量合适并均匀、压实度达到规定要求。

级配碎（砾）石的施工一般采用路拌法，为保证质量要求，级配碎石有时采用集中拌和法。

（1）路拌法

路拌法的施工工艺如图 8-12 所示。

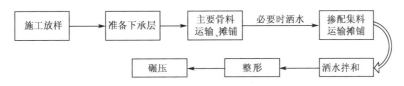

图 8-12　级配碎（砾）石路拌法施工工序流程图

①下承层准备

级配碎（砾）石的下承层表面应平整、坚实，具有一定的路拱，下承层的平整度和压实度应满足规范要求。

②骨料运输与摊铺

集料堆放的时间不宜过长，一般仅提前数天。料堆间每隔一定距离应留缺口用以排水。通过试验确定集料的松铺系数，一般为 1.25～1.50。

级配碎石采用粗细不同的多种集料时，应将粗集料铺在下面，并处于湿润状态，再将细集料铺在上面。

③拌和及整形

对于级配碎石，可采用稳定土拌和机拌和，也可采用平地机拌和。

拌和时，稳定土拌和机应拌 2 遍以上，且深度应到级配碎石底层。用平地机时，一般需拌 5～6 遍；结束时，混合料的含水量应均匀，并比最佳含水量大 1% 左右，且不应出现离析现象。

在整形中，应禁止车辆通行。

④碾压

整形后，应立即进行碾压。碾压工艺基本同半刚性基层的碾压工艺。

含有土的级配碎（砾）石层，应进行滚浆碾压，直到表层没有多余的细土为止，然后将表层薄层土清除干净。

（2）厂拌法

级配碎石混合料可以在中心站利用强制式拌和机、卧式双转轴桨叶式拌和机、普通混凝土拌和机等进行集中拌和。然后将混合料运到现场，用沥青混凝土摊铺机、水泥混凝土摊铺机或稳定土摊铺机等摊铺混合料。在摊铺过程中，应注意消除粗细集料离析现象。

摊铺后用振动压路机、三轮压路机等进行碾压，其他方法与路拌法相同。

8.1.2.3　路面面层施工

道路路面面层包括柔性路面（沥青类）和刚性路面（水泥混凝土）。

1.沥青类路面

沥青类路面主要有沥青混凝土、沥青碎石、沥青贯入式路面等。

（1）材料要求

①沥青

沥青最重要的性能是稠度。工程中常采用不同稠度的黏稠石油沥青,细粒式沥青混凝土应选用稠度较高的沥青;其他类路面,可采用稠度较低的沥青。

②集料

集料分为粗集料、细集料和矿粉。它们组合起来必须满足设计中相应类型的级配要求,不同类型沥青混凝土对矿料的级配要求不同。

③沥青混凝土混合料

沥青混凝土混合料的设计一般采用马歇尔方法。在施工中应根据混合料的设计做好生产配合比调整、试拌、试铺等工作。

沥青混凝土混合料质量对沥青混凝土路面的质量影响很大。因此,必须保证沥青混凝土混合料的质量。

a.影响沥青混凝土混合料质量的因素

集料的质量与规格是影响沥青混凝土路面质量的关键。

拌和设备的性能与状态是影响沥青混凝土混合料质量的重要因素之一。因此应重点检查计量称、温度计以及冷粒料输出量和沥青输出量。

b.马歇尔试验技术标准

沥青混合料的性能应符合表 8-9 的规定;矿料间隙率(VMA)宜符合表 8-10 的规定。

表 8-9 热拌沥青混合料马歇尔试验技术标准

试验项目	沥青混合料类型	高等级道路	一般道路	行人道路
击实次数 （次）	沥青混凝土及抗滑表层 沥青碎石	两面各 75 两面各 50	两面各 50 两面各 50	两面各 35
稳定度 （kN）	Ⅰ型沥青混凝土 Ⅱ型沥青混凝土、抗滑表层	7.0 5.0	5.0 4.0	3.0
流值 （0.1 mm）	Ⅰ型沥青混凝土 Ⅱ型沥青混凝土、抗滑表层	20～40 20～40	20～45 20～45	20～50
空隙率 （%）	Ⅰ型沥青混凝土 Ⅱ型沥青混凝土、抗滑表层沥青碎石	3～6 6～10 >10	3～6 6～10 >10	2～5
沥青 饱和度	Ⅰ型沥青混凝土 Ⅱ型沥青混凝土、抗滑表层	70～85 60～75	70～85 60～75	75～90
残留稳定 度（%）	Ⅰ型沥青混凝土 Ⅱ型沥青混凝土、抗滑表层	>75 >70	>75 >70	>75

注:1.一般道路抗滑表层的技术标准与高等级道路抗滑表层相同;

　　2.细粒式沥青混凝土的空隙率为 2%～6%。

表 8-10 沥青混凝土矿料间隙率（VMA）

集料最大粒径(mm)	37.5	26.0	19.0	13.0	9.5	4.75
VMA 不小于(%)	12	13	14	15	16	18

（2）沥青混凝土路面面层施工

沥青混凝土路面面层的施工应在基层的检查验收工作完成后进行。

①准备工作

准备工作包括原材料准备、混合料设计、场地选择和设备安装及试拌等。

②安装路缘石或培路肩

准备工作做好后，即可安装路缘石或培路肩。路缘石厚度应与沥青混凝土层厚度相等。两侧距离应等于路面宽度。

③清扫基层或下卧层及浇洒透层或黏层沥青

为了使沥青混凝土路面面层与基层或下卧层紧密结合，加强路面结构的整体性，需将基层或下卧层清扫干净，并浇洒透层或黏层沥青，又称为透层油或黏层油。这一工序是在摊铺混合料前按规定要求，在下卧层表面均匀撒上一层沥青。

④摊铺沥青混合料

沥青混合料在拌制、运输完成后，即可摊铺。摊铺的关键是沥青混合料的温度。通常，沥青混合料的拌制温度不得低于 160 ℃（石油沥青），经运输后，要求摊铺温度不低于 110 ℃，但不应超过 160 ℃；煤沥青不低于 80 ℃。具体温度应视气温、气候、沥青品种和施工条件而定。

摊铺方法应视具体情况而定。一般下面层施工宜采用弦线法，在双侧或单侧布设基准钢丝线，控制摊铺厚度，调整高程。在基层表面平整度较好的情况下，下面层也可采用基准平衡梁，来控制摊铺厚度和平整度。中上面层施工可采用移动平衡梁，保证摊铺厚度和平整度。

摊铺一般采用摊铺机。摊铺机就位后，根据确定的松铺系数，定出摊铺层的松铺厚度。沥青混合料的松铺系数见表 8-11。

表 8-11　沥青混合料的松铺系数

种类	机械摊铺	人工摊铺
沥青混凝土混合料	1.15～1.35	1.125～1.50
沥青碎石混合料	1.15～1.30	1.20～1.45

⑤混合料碾压

碾压工作分初压、复压和终压三个阶段完成。

初压一般用 6～8t 的双轮钢碾压路机，或采用轮胎压路机。初压一般应压 4～6 遍。复压紧接初压进行，一般用 6～10 t 的双轮振动压路机往返振动碾压。碾压遍数为 4～6 遍。终压一般用 6～8t 的双轮钢碾压路机，静压 1～2 遍，以消除轮胎压路机的碾压轮迹，追加混合料的密实度。

压路机的碾压速度见表 8-12；沥青混凝土的碾压温度见表 8-13。

表 8-12　压路机的碾压速度　km·h⁻¹

最大碾压速度 / 压路机类型	初压	复压	终压
双轮钢碾压路机	1.5～2.0	2.5～3.5	2.5～3.5
轮胎压路机	—	3.5～4.5	4～6
振动压路机	1.5～2（静压）	4～6（振动）	2～3（静压）

表 8-13	沥青混凝土的碾压温度		℃
施 工 阶 段		石油沥青	煤沥青
开始碾压时		110～140	80～110
碾压终了温度	双轮钢碾压路机	不低于 70	不低于 50
	轮胎压路机	不低于 80	不低于 60
	振动压路机	不低于 65	不低于 50

（3）沥青贯入式路面面层施工

沥青贯入式路面是在初步压实的碎（砾）石上，用沥青浇灌，再分层撒铺嵌缝料和浇洒沥青，并通过分层压实而形成的一种较厚的路面面层；其厚度通常为 4～8 cm。

沥青贯入式路面强度高、稳定性好、施工简便、不易产生裂缝，但沥青材料撒在矿料中不易均匀，因此，强度不均匀。

沥青贯入式路面面层的施工一般按图 8-13 程序进行。

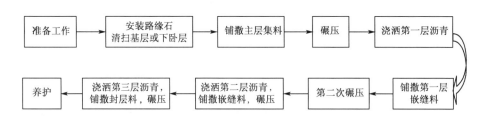

图 8-13　沥青贯入式路面面层施工工序流程图

①准备工作：施工前应将基层或下卧层清扫干净，并将路缘石安装完成。

②铺撒主层集料。主层集料松铺系数宜为 1.25～1.30，铺撒时，应注意路拱及平整度。铺撒主层集料时应严禁车辆通行。

③碾压。初压一般用 6～8 t 的双轮钢碾压路机，速度为 2 km/h。碾压应由路两侧边缘向路中心进行，碾压遍数一般为 4～6 遍。再用 10～12 t 的压路机往返碾压，直至主层集料稳定，无明显碾压轮迹为止。

④浇洒第一层沥青。主层集料碾压完成，即刻浇洒第一层沥青。

沥青浇洒应均匀，不得留白和有积聚现象。浇洒温度应根据气温和沥青标号确定。石油沥青宜为 130～170 ℃；煤沥青宜为 80～120 ℃。

⑤铺撒第一层嵌缝料，进行第二次碾压。

沥青浇洒后，立即均匀铺撒第一层嵌缝料。随即用 8～12 t 的双轮钢碾压路机碾压 4～6 遍，直至稳定。

⑥浇洒第二层沥青，铺撒第二层嵌缝料，碾压 2～4 遍。然后进行第三层沥青浇洒，铺撒封层料，用 6～8 t 的钢碾压路机碾压 2～4 遍。

施工后应立即进行养护。

2. 水泥混凝土路面

水泥混凝土路面面层是指不配筋或少配筋的普通混凝土路面。具有刚度大、强度高、稳定性好、养护维修费用低、使用寿命长等优点。因此,在道路工程,特别是高等级、大交通量的道路中被广泛应用。

根据交通量的大小,水泥混凝土路面面板厚度一般为 18～24 cm,重交通道路的面板厚度可达 28 cm。

为确保混凝土路面面板的质量,混凝土必须具有较高的抗弯、抗压、抗折强度(抗弯强度 4.0～5.0 MPa;抗压强度不低于 30 MPa;抗折强度不低于 4.0 MPa)。并应具有良好的抗冻性、耐磨性和施工和易性。因此对混凝土路面面层的组成材料的质量、技术性能均有严格的要求。

(1)水泥混凝土路面面层的组成材料

水泥混凝土路面面层由水泥、细集料(砂)、粗集料(碎石、砾石)、水及外加剂组成。

①水泥

作为混凝土的胶结材料,水泥应具有强度高、干缩性小、抗磨性与耐久性好的特点。

水泥品种及强度等级的选用,必须根据道路路面等级、工期、铺筑时间和方法及经济性等因素综合考虑决定。一般道路宜采用不小于 42.5 级硅酸盐水泥和普通硅酸盐水泥,特重交通路面应采用 52.5 级硅酸盐水泥和普通硅酸盐水泥;轻交通路面可采用 32.5 级硅酸盐水泥和普通硅酸盐水泥。

②集料

为保证混凝土具有足够的强度、良好的抗滑性、耐磨性、耐久性,混凝土中粗、细集料必须满足规定的要求。

细集料可采用天然砂(河砂、江砂或山砂),也可采用机轧的人工砂(如石屑等)。细集料应坚硬、耐久、清洁,满足一定的级配及细度模数。

粗集料应质地坚硬、耐久、洁净,且符合一定的级配。

③水

混凝土所用水应达到饮用水标准。

④混凝土材料配合比

a.混凝土配合比,应保证混凝土设计强度及符合耐磨耐久等性能。

b.混凝土试配强度应比设计强度提高 10%～15%。

c.混凝土水灰比一般在 0.46 左右,最大不超过 0.5。

d.每立方米混凝土水泥用量不小于 300 kg,一般为 300～350 kg/m³。碎石集料一般为 150～170 kg/m³,砾石集料一般为 140～160 kg/m³。

e.混凝土砂率应按碎(砾)石和砂的用量、种类、规格等确定。

(2)水泥混凝土路面面层的施工工艺

目前,水泥混凝土路面面层的施工方法有人工施工法和机械施工法;机械施工法又分为滑模施工法和轨道施工法。这些施工方法只是在摊铺及相应的工序上不同,总的施工工艺流程是相同的。

其施工工艺流程图如图 8-14 所示。

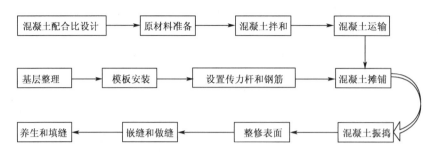

图 8-14　人工施工法工序流程图

①模板安装

基层整理好达到要求后,即可安装模板。位置模板的尺寸及相互间位置应正确,应符合设计规定;模板安装必须牢固、稳定。模板应采用钢模,钢模的宽度应至少是浇筑的路面厚度的 10%。

采用机械施工法时,其模板应按具体施工机械而定。模板安装必须符合规范的规定。

②设置传力杆和钢筋

为了使水泥混凝土路面面层达到使用和性能要求,普通水泥混凝土路面面层也应设置一些钢筋。模板安装好后,按照设计要求安装传力杆,将传力杆两端固定在钢筋支架上,支架固定在基层内。

③混凝土摊铺、振捣

混凝土完成拌和,并运送到现场后,即可摊铺。若混凝土出现离析现象,应二次搅拌后再摊铺。

混凝土摊铺(虚铺)厚度应高出设计高度 10%。经振捣,厚度同设计高度。

④表面整修、压纹和养生

混凝土表面整平后,即可进行表面整修,使路面不缺浆、漏浆;但禁止对整个表面用加铺薄砂浆层修补路面标高。

为了保证混凝土路面的行车安全,路面除了须保证结构的各种所需功能外,还须有足够的粗糙度。可用纹理制作机,也可用人工对混凝土路面进行拉槽或压槽。槽深一般控制在 1~2 mm。纹理走向应与路面前进方向垂直。

混凝土表面整修、压纹后,应进行养生。养生时间,使用普通硅酸盐水泥时,一般为 14 d,使用早强水泥时,可为 7 d。

8.2　桥梁工程

8.2.1　桥梁工程概述

8.2.1.1　桥梁的基本组成与结构体系

桥梁由桥跨结构、桥墩或桥台以及基础三个主要部分组成。桥梁的墩、台及基础部分称为下部结构或下部构造;墩、台以上的桥跨结构部分称为上部结构或上部构造(图 8-15)。

桥梁的形式有很多种,按照结构体系划分,有梁式桥、拱式桥、刚架桥、吊桥和组合体系桥等五种。

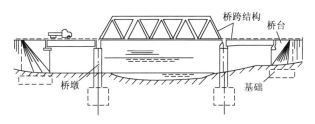

图 8-15 桥梁的基本组成

1.梁式桥(梁桥)

梁桥的承重结构是以它的抗弯能力来承受荷载的,桥跨结构在垂直荷载作用下,支座只产生垂直反力而无推力。按静力特性分为简支梁、悬臂梁、固端梁和连续梁等。后三者都是利用支座上的卸载弯矩来减少跨中弯矩,使梁跨内的内力分配更合理,以提高梁的跨越能力。梁式桥的建筑高度较小,特别适用于对建筑高度要求严格的平原地区。

2.拱式桥(拱桥)

拱桥在竖向荷载作用下,拱的两端支承处除有竖向反力外,还存在水平推力。正是由于这个水平推力的作用,使拱内弯矩大大减小,拱圈截面以承压为主。

拱式桥的主要承重结构是主拱圈,因其以承压为主,所以采用抗压能力强的混凝土等来建造。与同跨径的梁相比,拱的弯矩和变形比梁要小得多。拱分无铰拱、双铰拱和三铰拱。

3.刚架桥

刚架桥(图 8-16)是介于梁、拱之间的一种体系,它是由受弯的上部梁(或板)与承压的下部柱(或墩)整体结合在一起的结构,梁、柱连接处刚性大;刚架桥施工较复杂,其桥下净空比拱桥大,一般用于跨径不大的城市公路高架桥和立交桥。

4.吊桥

由大缆、塔架、吊杆、加劲梁和锚锭五部分组成。吊桥(图 8-17)的主要承重结构是悬挂在两边塔架上的强大缆索,缆索由高强度钢丝编制而成。吊桥结构自重轻,刚度小,抗风能力较弱。

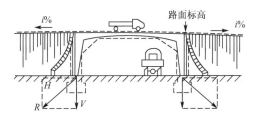

图 8-16 刚架桥

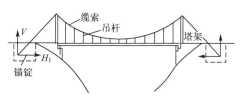

图 8-17 吊桥

5.组合体系桥

根据结构的受力特点可将梁、拱、刚架以不同体系组合而成,包括:

（1）梁和刚架组合的体系。

（2）梁、拱组合的体系有系杆拱、桁架拱、多跨拱梁结构等。这种体系因造型美观，常用于城市跨河桥上（图 8-18）。

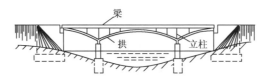

图 8-18　梁、拱组合体系桥

（3）斜拉桥是由承压的塔、受拉的索与受弯的梁体组合起来的一种结构体系。梁体用拉索多点拉住，相当于多跨弹性支承连续梁，使梁体内弯矩大大减小，从而使其跨越能力大幅度提高。斜拉桥在跨径 1 000 m 以内，可与吊桥竞争（图 8-19）。

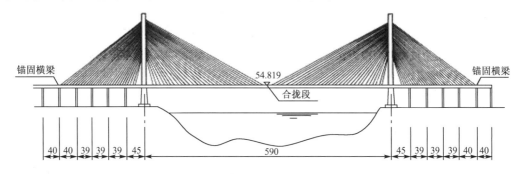

图 8-19　斜拉桥

8.2.1.2　桥梁施工技术的发展

1. 桥梁施工技术的发展

在桥梁的经济指标、施工技术和施工管理水平之间，各国把研究桥梁施工技术放到了相当重要的位置，而"最少用料"的问题已退居为次要的位置。施工技术的发展和进步主要表现在以下几个方面：

（1）对于中小跨桥梁构件，首先应更多地考虑工厂（现场）预制，采用装配式结构。对先张法预应力混凝土梁、板大多采用工厂预制生产，后张法梁和大型预制节段大多采用在工地现场预制，避免大型构件的运输。

在国外，预制梁的架设能力更高些，因此可以采取全宽整孔梁架设或大型预制构件架设。

（2）悬臂施工技术在建造大跨径桥梁中应用最多，施工效率较高，特别是预应力混凝土桥梁，由于充分利用了预应力结构的受力特点，而得以迅速发展。

目前采用悬臂施工的预应力混凝土梁式桥的跨径达 270 m，钢筋混凝土拱桥的跨径达 420 m，钢架桥的悬臂施工跨径已超过了 500 m，斜拉桥的跨径达 900 m。

（3）桥梁机具设备向着大功能、高效率和自动控制的方向发展，尤其是深水基础的施工机具、大型起吊设备、长大构件的运输装置、高吨位的预应力设备、大型移动模架、绕丝机等，这些施工设备对加快施工速度和提高施工效率起着重要的作用。此外，在模板、支架和一些附属设备中,广泛采用钢结构和常备式钢构件,提高了设备的使用功效。

(4)依据桥梁结构的体系、跨径、材料和结构的受力状况,可以更方便、合理地选取最适合的施工方法。桥梁施工技术的发展,能更好地满足结构设计的要求。随着桥梁技术的发展,桥梁设计与施工之间的相互关系更加密切。

2. 对桥梁发展的要求

随着世界各国技术、经济的进步,交通量的猛增和人们对物质文化要求的提高,对道路和桥梁的要求也越来越高。对桥梁的要求主要表现为:

(1)对桥梁功能的要求越来越高,如桥梁的跨越能力、通过能力、承载能力等;

(2)对桥梁造型的艺术要求越来越高,特别是城市桥梁,往往被视为城市的特征,其建筑造型成为重要的评价条件;

(3)对桥梁的施工速度、施工质量和管理水平的要求有所提高,施工中普遍采用大型机具设备快速施工;

(4)对桥梁的环保要求越来越高,如对行车污染和噪声限制,文明施工等。

上述要求对不同的国家和地区会有所不同,但桥梁工程应尽量达到经济实效、技术先进、安全舒适、美观实用、快速优质已成为人们的共识。

3. 桥梁工程施工程序

桥梁工程施工的一般程序如图 8-20 所示。其中,基础和上部构造施工是主体工序。

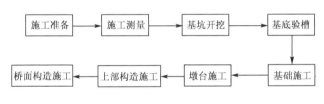

图 8-20　桥梁工程施工程序

8.2.2　桥梁基础与桥梁墩台施工

8.2.2.1　桥梁基础施工

桥梁基础工程由于在地面以下或在水中,涉及水和岩土的问题,从而增加了它的复杂程度,使桥梁基础的施工无法采用统一的模式。但是根据桥梁基础工程的形式大致可以归纳为扩大基础、桩和管柱基础、沉井基础、地下连续墙基础和组合基础几大类。

1. 扩大基础施工

扩大基础或明挖基础是将基础底板埋设在承载地基上,来自上部结构的荷载通过基础底板直接传给承载地基。

扩大基础的施工方法通常是采用明挖的方式进行。根据水文、地质条件,结合现场实际情况可以选用垂直开挖、放坡开挖或加固护壁的开挖方式。在开挖过程中有渗水时,则需要在基坑四周挖边沟或集水井以利排除积水。

在水中开挖基坑时,通常需预先修筑临时性的挡水结构物(称为围堰),围堰的结构形式和材料要根据水深、流速、地质情况、基础形式及通航要求等条件确定。

常用的围堰形式包括：土石围堰、草（麻）袋围堰、木（竹）笼围堰、钢板桩围堰等，如图8-21 所示。

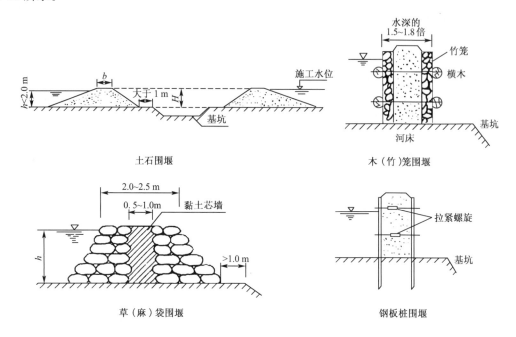

图 8-21 围堰示意图

土石围堰适用于水深在 2.0 m 以内，流速小于 0.5 m/s，河床土质渗水性较小的情况，当坡面有受冲刷危险时，外坡可以用草皮、草袋等防护；草（麻）袋围堰适用于水深 3.0 m 以内、流速 1.5 m/s 以内，河床土质渗水性较小的情况；木（竹）笼围堰适用于水深 4～5 m，流速在 1.5～2.0 m，或风浪较大时用木（竹）笼黏土填心围堰，木（竹）笼有时用铁丝笼替代，注意加强纵向筋，以利竖直；钢板桩围堰适用于水流较深，流速较大的河床，钢板桩可以拔出另行使用，也可成为结构工程的组成部分加以利用。

明挖扩大基础施工的工艺流程如下：

基础定位放线、基坑开挖、基坑排水、基底处理、基底验槽、砌筑或浇筑基础。

2. 桩与管柱基础施工

当地基浅层土质较差，持力土层埋藏较深，需要采用深基础才能满足结构物对地基强度、变形和稳定性要求时，可用桩基础。桥梁基础中应用较多的是预制桩和钻（挖）孔灌注桩。

（1）钻孔灌注桩的施工

钻孔灌注桩施工的主要工艺包括：准备工作、钻孔、护壁、清除、下钢筋笼和灌注桩身混凝土。任何一个工艺处理不当，都影响钻孔灌注桩施工的成败。

钻孔的方法很多，主要有冲击、冲抓、旋挖机等成孔方式，见第 2 章。

（2）管柱基础

管柱基础适用于基底岩面不平、紧密黏土或页岩基础；深水、潮汐影响较大，覆盖淤泥比较厚的情况。管柱基础的结构，可采用单根或多根形式，使之穿过覆盖层或溶洞、孤石，支承于较密实的土壤或新鲜岩面。管柱基础施工系在水面上进行,不受季节影响,使用机械操作,改善劳动条件,提高工作效率,加快工程进度。

目前国内管柱基础深度已达 70 m(其中穿过 45 m 覆盖层),最大直径达 5.8 m。日本将管柱基础称为多柱式基础,大鸣门大桥管柱直径达 7.0 m,横滨港湾大桥管柱直径达 10.0 m,使管柱基础的适用范围由内河深水基础,走向海洋深水基础。

①管柱基础组成

管柱基础主要由三部分组成,即承台、多柱式柱身和嵌岩柱基。按承台座板的高低分为低承台管柱基础和高承台管柱基础两类。施工方法分为两类:需要设置防水围堰的管柱基础、不需要设置防水围堰的管柱基础。前者施工较为复杂,技术难度较高,图 8-22 为其施工示意图。图 8-23 为设置防水围堰管柱基础施工程序图。

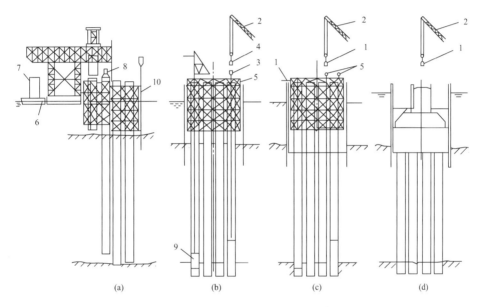

图 8-22 设置防水围堰管柱基础施工示意图

1—吸泥机;2—吊机;3—钻机平台;4—混凝土吊斗;5—灌注混凝土导管;6—运输铁驳;7—管柱;8—振动沉桩机;9—钻头;10—钢板桩;11—钻机

②管柱制作

管柱一般包括管柱体、连接法兰盘和管靴(刃脚)三部分。管柱体有钢筋混凝土、预应力混凝土和钢管柱三种。管柱分节制作,系装配式构件。

钢筋混凝土管柱适用于入土深度不大于 25 m,下沉振动力不大的情况,其制造工艺和设备较简单。预应力混凝土管柱下沉深度可超过 25 m,能承受较大的振动荷载,管壁抗裂性强,但制造工艺较复杂。

③管柱下沉

管柱下沉前首先设置导向设备,以控制其倾斜和位移,保证管柱符合设计要求。在浅水时采用导向框架,在深水时采用整体围笼。管柱下沉方法根据土质情况和管柱下沉的深度,采用振动沉桩机振动下沉管柱;振动配合管内除土下沉管柱;振动配合吸泥机吸泥下沉管柱;振动配合高压射水下沉管柱以及振动配合射水、射风、吸泥下沉管柱。

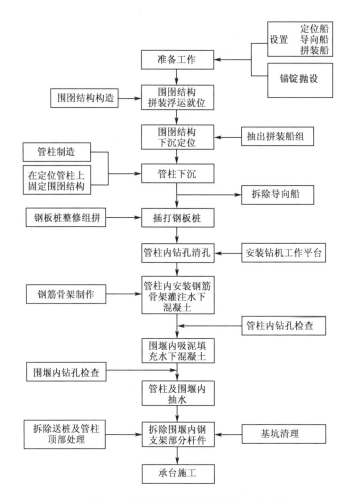

图 8-23　设置防水围堰管柱基础施工程序图

④管柱内灌注水下混凝土

管柱下沉到设计标高后,钻基岩成孔并清孔,安装钢筋骨架,用垂直导管法灌注水下混凝土。

3. 沉井基础施工

沉井基础施工适用于表层地基土的承载力不足,地下深处有较好的持力层;河中较大卵石不便于桩基施工;岩层表面较平坦,覆盖层不厚,但河水较深等条件。即当水文土质条件不宜修筑天然地基和桩基时,根据经济比较分析,可考虑采用沉井基础。

沉井基础的特点是埋置深度可以很大、整体性强、稳定性好、刚度大、能承受较大的荷载作用。沉井本身既是基础,又是施工时的挡土、防水围堰结构物,且施工设备和工艺简单,可以几个沉井同时施工,在桥梁工程中得到较广泛应用。

（1）沉井制作

沉井一般用钢筋混凝土制作,也可用钢制作,刃脚下应铺垫木,沉井下沉前,必须在其达到混凝土设计强度后方可抽垫木。

（2）沉井下沉

首先从井孔除土,消除刃脚正面阻力及沉井内壁摩阻力后,依靠沉井自重下沉。井内挖土方法视土质情况而定。在稳定性较好且渗水量不大的土层中(每平方米沉井面积渗水量小于 $1.0 \text{ m}^3/\text{h}$),抽水时不会发生翻砂现象,可采用排水挖土下沉,否则应采用不排水挖土下沉方法(图 8-24)。

不排水开挖下沉的挖土方法,可根据土质情况确定。当土质为砂土时,宜采用抓土、吸泥下沉除土方法;当土质为黏土时,采用吸泥、抓土并辅以高压射水冲碎土层的下沉除土方法。

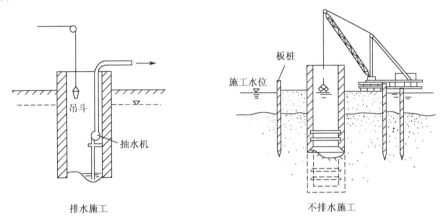

排水施工　　　　　　　　不排水施工

图 8-24　沉井下沉施工法

8.2.2.2　桥梁墩台施工

桥梁墩台施工是桥梁工程施工中的一个重要部分,其位置、尺寸和材料强度等都必须符合设计规范要求。在施工过程中,首先应准确地测定墩台位置,正确地进行模板制作与安装,采用经检验合格的建筑材料,严格执行施工规范的规定,以确保施工质量。

桥梁墩台施工方法通常分为两大类:一类是现场浇筑与砌筑;另一类是拼装预制的混凝土砌块、钢筋混凝土或预应力混凝土构件。

就地浇筑的混凝土墩台施工有两个主要工序:一是制作与安装墩台模板;二是混凝土浇筑。

1. 浇筑混凝土墩台施工

（1）墩台定位

定位桩确定后,每个墩台应设十字桩,用以控制墩台的纵轴和横轴,纵轴顺线路方向,称为纵向中心线,横轴垂直于线路方向,称为横向中心线。

（2）墩台模板

常用的模板类型有:拼装式模板、整体吊装模板、组合钢模板、滑动钢模板等。

各种模板在工程中的应用,可根据墩台高度、墩台形式、机具设备、施工工期等条件,因地制宜,合理使用。有关模板制作与安装的允许偏差见《公路桥涵施工技术规范》(JTJ 041—2000)的规定。

（3）墩台钢筋制备

墩台钢筋的绑扎应和混凝土的灌注配合进行。在配置第一层垂直钢筋时，应有不同的长度，同一断面的钢筋接头应符合施工规范的规定。水平钢筋的接头，应内外、上下互相错开。成型安装时，与桩顶锚固筋连接应牢固，形成一体。

（4）混凝土浇筑

除混凝土章节所述内容外，还应注意以下几点：

①墩台是大体积混凝土，为避免其水化热过高，导致其因内外温差引起裂缝，应采用大体积混凝土浇筑措施，也可以在混凝土中埋放石块，埋放石块的数量不宜超过混凝土结构体积的 25%，石块应清洗干净，分布均匀，净距不小于 10 cm，距结构侧面和顶面净距不小于 15 cm，石块不得紧靠钢筋或预埋件，受拉区混凝土或气温低于 0 ℃时，不得埋放石块。

②墩台混凝土体积较大，当不能在前层混凝土初凝前浇筑次层混凝土时，为保证结构的整体性，宜分块浇筑。分块应合理布置，各分块面积不宜小于 50 m²，每块高度不宜超过 2 m。上下邻层间的竖向接缝应错开位置做成企口，并按施工缝处理。

③对墩台基底处理，除应符合天然地基的有关规定外，尚应符合以下规定：

a.基底为非黏性土或干土时，应将其润湿；

b.如为过湿土时，应在基底设计标高下夯填一层 10～15 cm 厚片石或碎（卵）石层；

c.基底面为岩石时，应加以润湿，铺一层厚 2～3 cm 水泥砂浆，然后于水泥砂浆凝结前浇筑第一层混凝土。

2.石砌墩台施工

石砌墩台系用片石、块石、粗料石以及水泥砂浆砌筑的，石料与砂浆的规格要符合有关规定。浆砌片石一般适用于高度小于 6 m 的墩台身、基础、镶面以及各式墩台身填腹；浆砌块石一般用于高度大于 6 m 以下的墩台身、镶面或应力要求大于浆砌片石砌体强度的墩台；浆砌粗料石则用于磨耗和冲击严重的分水体及破冰体的镶面工程以及有整体美观要求的桥墩台身等。

用于砌石的脚手架应环绕墩台搭设，施工人员在其上操作及堆放材料，脚手架一般常用固定式轻型脚手架（适用于 6 m 以下的墩台）、简易活动脚手架（用于 25 m 以下的墩台）以及悬吊式脚手架（用于较高的墩台）。

砌筑前应按设计图放出实样，挂线砌筑。砌筑基础第一层砌块，当基底为土质时，基底不需坐浆，只在已砌石块的侧面铺上砂浆即可；当基底为岩石时，应将其表面清洗、润湿后，坐浆再砌石。砌筑斜面墩台时，斜面应逐层放坡，以保证规定的坡度。砌块间用砂浆黏结，所有砌缝要求砂浆饱满。

砌筑方法：同一层石料及水平灰缝的厚度要均匀一致，每层按水平砌筑，丁顺相间，如图 8-25 所示，砌石灰缝互相垂直。砌石顺序为先角石，再镶面，后填腹。填腹石的分层高度应与镶面相同。圆端、尖端及转角形砌体的砌石顺序，应自顶点开始，按丁顺排列接砌镶面石（图 8-26）。

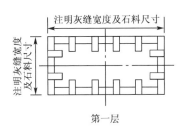
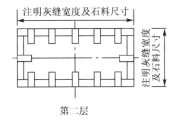

图 8-25　桥墩配料大样图

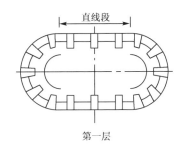
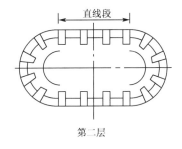

图 8-26　圆端形桥墩的砌筑

8.2.3　桥梁上部结构施工

桥梁上部结构的施工及作业环境复杂,施工方法多,本节主要阐述以下 7 种方法:就地浇筑法、预制安装法、悬臂浇筑法、移动式模架逐孔浇筑法、悬臂拼装法、连续梁顶推安装法和转体施工法。

8.2.3.1　就地浇筑法

就地浇筑法是在桥位处搭设支架,在支架上浇筑桥体混凝土,达到强度后拆除模板、支架。

1.施工特点

就地浇筑施工无须预制场地,而且不需要大型起吊、运输设备,梁体的主筋可不中断,桥梁整体性好。它的缺点主要是工期长,施工质量不容易控制;对预应力混凝土梁,由于混凝土的收缩、徐变引起的应力损失比较大;施工中的支架、模板耗用量大,施工费用高;搭设支架影响排洪、通航,施工期间可能受到洪水和漂流物的威胁,一般仅在小跨径桥或交通不便的边远地区使用。

2.施工工艺

(1)支架、拱架及模板

①支架、拱架型式

就地浇筑梁桥时,需要在梁下搭设支架(或称脚手架)、拱架来支承模板及模板上浇筑的钢筋混凝土以及其上施工荷载的重量。

目前在桥梁施工中采用较多的是立柱式木支架或工具式钢管脚手架。拱架多采用钢、木混合拱架,以减少木材用量。虽然钢拱架一次投资大,但可多次周转使用,宜在多跨拱桥中使用。支架、拱架的主要型式如图 8-27 所示。

②模板型式与模板拆除

就地浇筑桥梁的模板常用木模和钢模。模板型式的选择主要取决于同类桥跨结构的数量和模板材料的供应。当建造单跨或 n 跨的不同桥跨结构时,一般采用木模,木模的基本构造由紧贴于混凝土表面的壳板(又称面板)、支承壳板的肋木和立柱或横档组成。当有 n 跨同样的桥跨结构时,为了经济可采用大型模板块件组装或用钢模。实践表明:模板工程的造价与上部结构主要工程造价的比值,在工程数量和模板周转次数相同的情况下,木模为 4%～10%;钢模为 2%～3%。

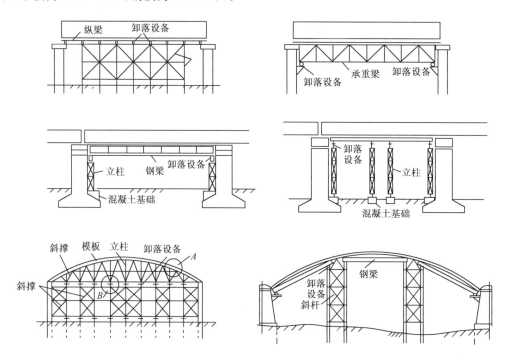

图 8-27　常用支架、拱架的主要型式

(2)钢筋工程

钢筋工程的特点是:加工工序多,包括钢筋整直、切断、除锈、下料、弯制、焊接或绑扎成型等,而且钢筋的规格和型号尺寸也比较多。钢筋骨架的焊接一般采用电弧焊。骨架要有足够的刚性,以便在搬运、安装和灌筑混凝土过程中不致变形、松散。

(3)混凝土运送、浇筑与振捣

①混凝土运送

a.桥面运输

跨径不大的桥梁可在模板上铺以跳板和马凳,利用手推车运输。

b.索道吊机运输

索道吊机一般以顺桥方向跨越全部桥跨设置,可设一条或两条索道,在桥的横向可用牵引或搭设平台的方法分送混凝土。索道吊机适用于河谷较深或水流湍急的桥梁。

c. 水上运输

较大的、可通航的河流,可在浮船上设置水上混凝土工厂和吊机,以便供应混凝土和将混凝土运送至浇筑部位。需另由小船运送时,应尽可能使用同一装载工具。

d. 输送泵运输

混凝土数量较大的大型桥梁,宜在岸或船上设置混凝土拌和厂,采用混凝土输送泵运输。

②混凝土浇筑

a. 混凝土浇筑速度

为达到桥跨结构的整体性要求和防止浇筑上层时破坏下层,浇筑层次的增加需有一定的速度,保证在先浇筑的一层混凝土初凝以前完成次层的浇筑。最小增长速度的计算可采用公式(8-2)。

$$h \geqslant s/t \tag{8-2}$$

式中　h——浇筑时混凝土面上升速度的最小允许值(m/h);

　　　s——搅动深度,以浇筑时的规定为准,一般可取 0.25 m～0.50 m;

　　　t——水泥实际初凝时间 h。

b. 简支梁混凝土的浇筑

跨径不大而较高的简支梁桥,可在钢筋全部扎好后,沿一跨全部长度水平分层浇筑,在跨中合拢。为避免支架不均匀沉陷的影响,浇筑工作宜尽量快速进行,以便在混凝土失去塑性前完成。

对于又高又长的梁桥,不宜采用水平分层浇筑时,可采用斜层法向跨中浇筑,在跨中合拢。采用斜层法时,混凝土的倾斜角与混凝土的稠度有关,一般可用 20°～25°。

c. 悬臂梁、连续梁混凝土的浇筑

桥墩为刚性支撑,桥跨下的支架为弹性支撑,在浇筑上部构造的混凝土时,桥墩和支架将发生不均匀沉降。因此,在浇筑悬臂梁及连续梁混凝土时,于桥墩上设置临时工作缝,待梁体混凝土浇筑完成、支架稳定、上部构造沉降停止后,再将此工作缝填筑起来。同理,当支架中有较大跨径的梁式构造时,在该梁的两端支点上也应设置临时工作缝。

另外,混凝土在空气中凝固时,由于水分的蒸发,将使混凝土发生收缩。如果一次灌筑时间过长,则在梁体中会发生收缩裂缝(纵向分布钢筋和主筋仅能部分地避免收缩裂缝)。因此,如设工作缝分段浇筑即可避免此收缩裂缝的发生。

大跨径梁桥,除在桥墩处设置接缝外,还可在支架的硬支点附近设置接缝。

梁段间的接缝一般宽 0.8～1.0 m,两端用模板间隔,并留出分布加强钢筋通过的孔洞。浇筑时先将两端面浮浆除掉、凿毛,用清水冲洗后,绑扎接缝分布钢筋,浇筑接缝混凝土。

③混凝土振捣

混凝土振捣设备有插入式振捣器、附着式振捣器、平板式振捣器和振动台等。平板式振捣器用于大面积混凝土施工,如桥面基础等;附着式振捣器是挂在模板外部振捣,借振动模板来振捣混凝土;插入式振捣器常用软管式的,只需构件断面有足够的地方插入振捣器,它的效果比平板式及附着式要好。

混凝土养护见前面混凝土章节所述。

8.2.3.2　预制安装法

在预制工厂或在运输方便的桥址附近设置预制场进行梁的预制工作,然后采用一定的架设方法进行安装。预制安装法施工一般是指钢筋混凝土或预应力混凝土简支梁的预制安装。

预制构件安装的方法很多,各需不同的安装设备,可根据施工的实际情况合理选择。

1.预制安装法施工的主要特点

(1)由于是工厂生产制作,构件质量好,有利于确保构件的质量和尺寸精度,并尽可能多地采用机械化施工;

(2)上下部结构可以平行作业,因而可缩短现场工期;

(3)由于施工速度快,可适用于紧急施工工程;

(4)将构件预制后,由于要存放一段时间,因此在安装时已有一定龄期,可减少混凝土收缩、徐变引起的变形。

2.安装方法

在岸上或浅水区,预制梁的安装可采用龙门吊机、汽车吊机及履带吊机安装;水中梁跨常采用穿巷吊机安装、浮吊安装及架桥机安装等方法。

穿巷吊机可支承在桥墩和已架设的桥面上,不需要在岸滩或水中另搭脚手架或铺设轨道。因此,它适用于在水深流急的大河上架设水上桥孔。

采用浮吊安装预制梁,通常预制梁由码头或预制厂直接运到桥位,浮吊船宜逆流而上,先远后近安装。浮吊船吊装前应下锚定位,航道要临时封锁。此方法施工速度快,高空作业较少,是航运河道上架梁常用的办法。

公路上一般采用贝雷梁构件拼装架桥机;铁路上采用800 kN、1 300 kN、1 600 kN架桥机。公路斜拉式双导梁架桥机,50/150型号可架设跨径50 mT梁,40/100型号可架设40 mT梁,XMQ型号可架设30 mT梁。

8.2.3.3　悬臂浇筑法

悬臂浇筑法(简称悬浇)施工不需要在河中搭设支架,直接从已建墩台顶部逐段向跨径方向延伸施工。主要设备是一对能行走的挂篮。挂篮可在已经张拉锚固并与墩身连成整体的梁段上移动,绑扎钢筋、立模、浇筑混凝土、预施应力都在挂篮上进行。完成本段施工后,挂篮对称向前各移动一段(一般每段长2 m~5 m),进行下一段梁段施工,如此循序前进,直至悬臂梁段浇筑完成。

1.施工特点

(1)桥梁在施工过程中产生负弯矩,桥墩也要承受由施工而产生的弯矩,因此悬臂施工宜在营运中的结构受力状态与施工阶段的受力状态比较接近的桥梁中选用,如预应力混凝土T型刚构桥、变截面连续梁桥和斜拉桥等;

(2)非墩、梁固接的预应力混凝土梁桥,采用悬臂施工时应采取措施,使墩、梁临时固结,因而,在施工过程中有结构体系的转换;

（3）采用悬臂施工的机具设备种类很多，就挂篮而言，有桁架式、斜拉式等多种型式，可根据实际情况选用；

（4）悬臂施工简便，结构整体性好，施工中可不断调整位置，常在跨径大于 100 m 的桥梁上选用；

（5）悬臂施工法可不用或少用支架，施工不影响通航或桥下交通。

2. 梁体悬浇程序

（1）梁体分段悬浇

悬臂浇筑施工时，梁体一般要分四大部分浇筑，如图 8-28 所示。A 为墩顶梁段，B 为由 A 段两侧对称分段悬臂浇筑部分（对称悬浇梁段），C 为边孔在支架上浇筑部分（支架现浇梁段）；D 为主梁在跨中浇筑合龙部分（合龙梁段）。主梁各部分的长度视主梁形式和跨径、挂篮的形式及施工周期而定。A 段一般为 5 m～10 m，悬浇分段一般为 3 m～5 m。支架现浇段一般为 2～3 个悬臂浇筑分段的长度，合龙段一般为 1 m～3 m。

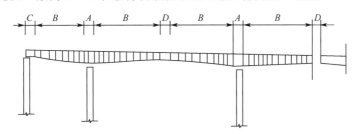

图 8-28　悬臂浇筑分段示意图

A—墩顶梁段；B—对称悬浇梁段；C—支架现浇梁段；D—合龙梁段

（2）悬浇程序

①在墩顶托架上浇筑 A 段并实施墩梁临时固结系统。

②在 A 段上安装悬臂挂篮，向两侧依次对称地分段浇筑主梁至合龙前段。

③在临时支架或梁端与边墩间的临时托架上支模浇筑现浇梁段。当现浇段较短时，可利用挂篮浇筑；当与现浇段相接的连接桥是采用顶推法施工时，可将现浇段锚在顶推梁前端施工，并顶推到位。此法无须现浇支撑，省料省工。

④主梁合龙段可在改装的简支挂篮托架上浇筑。多跨合龙段浇筑的顺序按设计或施工要求进行。

（3）挂篮施工

挂篮是悬臂浇筑施工的主要机具。挂篮是一个能沿着轨道行走的活动脚手架，挂篮悬挂在已经张拉锚固的箱梁梁段上，悬臂浇筑时，箱梁梁段的模板安装、钢筋绑扎、管道安装、混凝土浇筑、预应力张拉、压浆等工作均在挂篮上进行。当一个梁段的施工程序完成后，移向下一梁段施工。所以挂篮既是空间的施工设备，又是预应力筋未张拉前梁段的承重结构。

挂篮形式有梁式挂篮、斜拉式挂篮及组合斜拉式挂篮三种。

梁式挂篮形式如图 8-29 所示。其特点是可以充分利用施工单位备有的万能杆件或贝雷梁作为挂篮的承重结构，所以挂篮本身的投资较少，挂篮设计时受力明确，施工时装拆较方便。

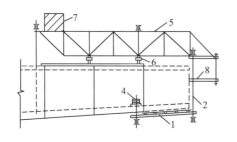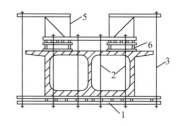

图 8-29　梁式挂篮结构简图

1—底模板；2、3、4—悬吊系统；5—承重结构；6—行走系统；7—平衡重；8—工作平台

①挂篮承重结构是挂篮主要受力构件，可以采用万能杆件或贝雷梁拼装的钢桁架，也可采用钢板梁或大号型钢作为承重结构。

②底模板供立模板、绑扎钢筋、浇筑混凝土、养生等工序用。

③悬吊系统的作用是将底模板、张拉工作平台的自重及其上面的荷重传递到承重结构上，悬吊系统可采用钻有销孔的扁钢或两端有螺纹的圆钢组成。

④设置锚固系统及平衡重的目的是防止挂篮在行走状态及浇筑混凝土梁段时倾覆失稳。在挂篮行走状态时解除锚固系统，依靠平衡重作用防止行走时挂篮失稳。在进行检验时，稳定系数不应小于 1.5。

⑤挂篮整体纵移采用电动卷扬机牵引，挂篮上设上滑道，梁上铺设下滑道，中间可用滚轴，也可采用聚四氟乙烯板做滑道。目前现场常采用上滑道覆一层不锈钢薄板，下滑道采用槽钢，槽钢内放聚四氟乙烯板，行走方便、安全，稳定性较好。

⑥工作平台设于挂篮承重结构的前端，用于张拉预应力束、压浆等操作用的脚手架。

用梁式挂篮施工初始的几对梁段时，由于墩顶位置限制，施工中常将两侧挂篮的承重结构临时连接在一起，如图 8-30(a)所示，待梁段浇筑到一定长度后，再将两侧承重结构分开，如图 8-30(b)所示。

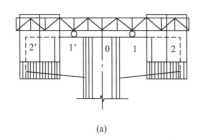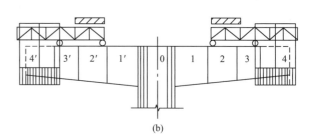

(a)　　　　　　　　　　　　　　(b)

图 8-30　挂篮的两种施工状态

注：0 表示支撑梁的柱；1-4 及 1'-4' 表示对称于柱两侧的不同梁段编号

8.2.3.4　移动式模架逐孔浇筑法

逐孔施工是中等跨径预应力混凝土连续梁中的一种就地浇筑施工方法，它使用一套设备从桥梁的一端逐孔施工，直到对岸。连续梁施工时每孔仅在 $0.2L \sim 0.25L$ 附近处（L 为跨长）设一道横向工作缝，浇完一孔后，将移动模架前移到下孔位置，如此重复推进和连续施工。

1.采用移动模架逐孔施工的主要特点

（1）移动模架法不需设置地面支架，不影响通航和桥下交通，施工安全、可靠；

（2）有良好的施工环境，保证施工质量，一套模架可多次周转使用，具有在预制场生产的优点；

（3）机械化、自动化程度高，节省劳力，降低劳动强度，上下部结构可以平行作业，缩短工期；

（4）通常每一施工梁段的长度取用一孔梁长，接头位置一般可选在桥梁受力较小的部位；

（5）移动模架设备投资大，施工准备和操作都较复杂；

（6）移动模架逐孔施工宜在桥梁跨径小于 50 m 的多跨长桥上使用。

2.移动式模架逐孔浇筑法施工程序

（1）模架安装

该模架主要由两根主桁梁和一根导梁构成。先安装导梁，再安装主桁梁。导梁可先拼装数节，运到现场后再组拼。

（2）混凝土的浇筑

模架安装后，依次安装钢筋和预应力筋及内模、浇筑混凝土及张拉预应力筋等。冬季施工时，可利用主桁梁及侧模，整孔设置轻型装配式保温棚。

（3）模架移动

模架移动程序如图 8-31 所示。

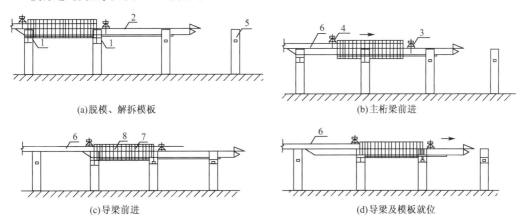

(a)脱模、解拆模板　　　　　　　　　　(b)主桁梁前进

(c)导梁前进　　　　　　　　　　　(d)导梁及模板就位

图 8-31　承托式移动模架移动程序

1—托架；2—导梁；3—前方台车；4—后方台车；5—桥墩；6—已浇梁段；7—模板系统；8—待浇梁段

8.2.3.5　悬臂拼装法

悬臂拼装法（悬拼）是悬臂施工法的一种，悬拼和悬浇均利用悬臂原理逐段完成全联梁体的施工，悬浇以挂篮为支承逐段现浇，悬拼用吊机逐段完成预制块件梁体拼装。预制块件的悬臂拼装可根据现场布置和设备条件，采用不同的方法来实现。

当靠岸边的桥跨不高且可在陆地或便桥上施工时，可采用自行式吊车、门式吊车来拼装。对于河中桥孔,也可采用水上浮吊进行安装。如果桥墩很高或水流湍急,不便在陆上、水上施工时,就可利用各种吊机进行高空悬拼施工。

1. 悬臂拼装法施工特点

(1)梁体的预制可与桥梁下部构造施工同时进行,平行作业缩短了建桥工期。

(2)预制梁段的混凝土龄期比悬浇成梁的龄期长,从而减少悬拼成梁后混凝土的收缩和徐变。

(3)预制场或工厂化的梁段预制生产有利于整体施工的质量控制。

悬拼的核心是梁的吊拼,梁段的预制是悬拼的基础。

2. 梁段拼装施工

连续桁架悬拼施工可分移动式和固定式两类。移动式连续桁架的长度大于桥的最大跨径,桁架支承在已拼装完成的梁段和待拼墩顶上,由吊车在桁架上移运块件,进行悬臂拼装。固定式连续桁架的支点均设在桥墩上,而不增加梁段的施工荷载。

图8-32表示移动式连续桁架,其长度大于两个跨度,有三个支点,其每移动一次可以同时拼装两孔桥跨结构。

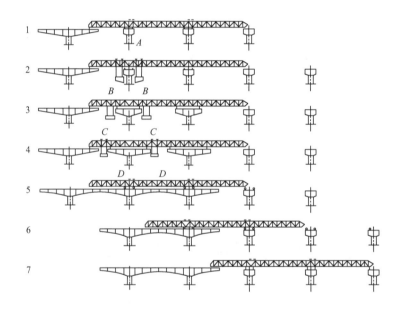

图 8-32　移动式连续桁架拼装法

梁段的拼装是悬拼施工过程中最关键的一环,应注意下列工序。

(1)支座临时固结或设置临时支架

为了确保连续梁分段悬拼施工的平衡和稳定,常与悬浇方法相同,将 T 构支座临时固结。当临时固结支座不能满足悬拼要求时,一般考虑在墩的两侧或一侧加临时支架,悬拼完成,T 构合龙(合龙要点与悬浇相同),即可恢复原状,拆除支架。

(2)梁段拼装程序

梁段拼装过程中的接缝有湿接缝、干接缝和胶接缝等几种。不同的施工阶段和不同的部位,将采用不同的接缝形式。

　　胶接缝是在梁段接触面上涂一层约 0.8 mm 厚的环氧树脂加水泥薄层而形成。它在施工中起润滑作用,使接缝密贴,在凝固后提高结构的抗剪能力、整体刚度和不透水性。

　　梁段吊上并基本定位后(此时接缝宽为 10 cm～15 cm),先将临时预应力筋穿入,安好连接器,再开始涂胶及合龙,张拉临时预应力筋,使固化前胶接缝的压应力不低于 0.3 MPa,这时可解除吊钩。

　　拆除吊机后,穿永久预应力筋,张拉预应力筋后,可移动挂篮,进行下一段梁的吊装。

　　胶接缝拼装梁段的拼装程序如图 8-33 所示。

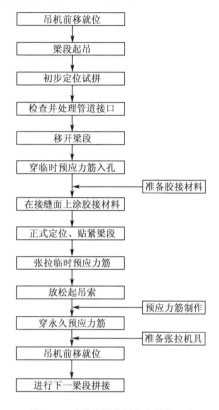

图 8-33　胶接缝拼装梁段的拼接程序

8.2.3.6　连续梁顶推安装法

　　顶推安装法是在被顶推梁体的后部,设置预制平台,在平台上分节段预制混凝土梁体,并施加应力筋连成整体后,经水平千斤顶施力,使梁体在各墩滑道上逐段向前滑动,直至全联连绑安装就位(图 8-34)。

1.顶推法施工的特点

(1)顶推法施工的优点

①由于顶推力远比梁体自重小,所以顶推设备轻型简便,不需大型吊运机具;

②不影响桥下通航或行车,对紧急施工,寒冷地区施工,架设场地受限制等特殊条件下,其优点更为明显;

③仅需一套模板周转,节省材料,施工工厂化,易于质量管理;

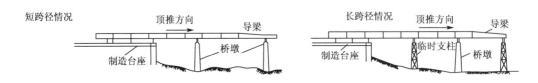

图 8-34 顶推法施工概貌

④施工安全干扰少;

⑤节约劳力,减轻劳动强度,改善工作条件。

(2)顶推法施工的缺点

①由于顶推过程中各截面正负弯矩交替变化,致使施工临时预应力筋增多,且装拆与张拉繁杂,梁体截面高度比其他施工方法大;

②由于顶推悬臂弯矩不能太大,且施工阶段的内力与营运阶段的内力也不能相差太大,所以顶推只适用于较多跨(少跨不经济),且跨径不大于 50 m 的桥型,以 42 m 跨径最佳。

③对于多孔长桥,因工作面(最多两岸对顶)有限,顶推过长,施工工期相对较长。

2.顶推法施工程序

顶推法施工程序如图 8-35 所示。

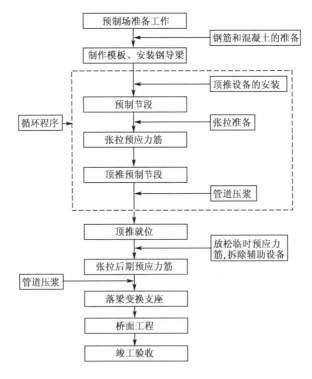

图 8-35 顶推法施工程序图

8.2.3.7 转体施工法

转体施工法一般适用于各类单孔拱桥的施工,其基本原理是:将拱桥或整个上部结构分为两个半跨,分别在河流两岸利用地形或简单支架现浇或预制装配半拱,然后利用动力装置将其两半跨拱体转动至桥轴线位置(或设计标高)合拢成拱。

采用转体法施工拱桥的特点:结构合理,受力明确,节省施工用材,节省安装架设工序,变复杂的、技术性强的水上高空作业为岸边陆上作业,施工速度快。不但施工安全,质量可靠,而且不影响通航,节省施工费用和机具设备,它是具有良好技术经济效益的拱桥施工方法之一。

根据转体施工法转动方位的不同,分为平面转体、竖向转体和平竖结合转体三种。

1. 平面转体

平面转体施工就是按照拱桥设计标高,先在两个岸边预制半拱,当结构混凝土达到设计强度后,借助设置于桥台底部的转动设备和动力装置,在水平面内将其转动至桥位中线处合拢成拱。通常需要在岸边适当位置先做模架,模架可做成支架,也可做成土牛胎模。

2. 竖向转体

竖向转体施工就是在桥台处先竖向或在桥台前俯卧预制半拱,然后在桥位平面内绕拱脚将其转动合拢成拱。

3. 平竖结合转体

由于受到河岸地形条件的限制,对拱桥采用转体施工时,可能遇到既不能按设计标高处预制半拱,也不可能在桥位竖平面内预制半拱的情况(如在平原区的中承式拱桥)。此时,拱体只能在适当位置预制后,既需平转、又需竖转才能就位。这种平竖结合转体基本方法与前述相似,但其转轴构造较为复杂。

复习思考题

1. 路基的特点及类型有哪些?
2. 路基的施工作业包括哪些内容?
3. 路基的基本施工方法有哪些?
4. 路基土料的选择有哪些要求?
5. 路基填筑的施工方法有哪些?
6. 路面结构构造组成有哪些? 路面基层组成有哪些?
7. 路面等级和适用范围如何划分?
8. 路面常用材料有哪些?
9. 简述水泥稳定土的施工方法。
10. 沥青路面有哪些类型?
11. 简述沥青混凝土路面面层施工过程。
12. 简述沥青贯入式路面面层施工过程。
13. 水泥混凝土路面材料组成有哪些?
14. 简述水泥混凝土路面施工工艺流程。
15. 按结构体系划分桥梁结构有哪些?
16. 简述桥梁结构施工程序。
17. 常用的围堰形式有哪些?

18. 简述沉井基础的特点及施工流程。

19. 桥梁墩台施工方法有哪些?

20. 桥梁上部结构施工方法有哪些?

21. 悬臂浇筑法施工特点有哪些? 简述其梁体浇筑程序。

22. 采用移动模架逐孔施工的主要特点有哪些?

23. 简述移动式模架逐孔浇筑法施工程序。

24. 何为悬臂拼装法? 悬臂拼装法施工有哪些特点?

25. 何为顶推安装法? 顶推安装法施工特点有哪些?

26. 简述转体施工法的原理和特点。

第9章

防水工程

本章学习要求：熟悉屋面防水与地下防水的种类、特点及适用条件；了解卷材防水屋面的构造组成，掌握卷材防水屋面的材料要求及施工工艺，了解涂膜防水、刚性防水屋面的特点、使用范围及施工要求；了解地下工程防水材料选用及方案选择，了解防水混凝土的配制、使用要求及施工要点；掌握地下卷材防水施工工艺及技术要求；初步具备编制一般工程防水施工方案的能力。

本章学习重点：卷材防水屋面的材料要求及施工工艺；地下防水混凝土的配制、使用要求及施工要点；地下卷材防水施工工艺及技术要求。

建筑工程防水按其部位可分为屋面防水、地下防水两大部分；按其构造做法又可分为结构自防水和防水层防水两大类。结构自防水主要依靠建筑构件材料自身的密实性及其某些构造措施（坡度、埋设止水带等），使结构起到防水作用；防水层防水是指在建筑物构件的迎水面或背水面以及楼缝处，附加防水材料做成防水层，以起到防水作用，如卷材防水、涂膜防水、刚性防水等。防水工程又分为柔性防水（如卷材防水、涂膜防水等）和刚性防水（如细石防水混凝土、结构自防水等）。

9.1 屋面防水工程

屋面防水工程做法主要有卷材防水屋面、刚性防水屋面、涂膜防水屋面、瓦屋面等。

根据建筑物的性质、重要程度、使用功能要求以及防水层合理使用年限等,将屋面防水分为两个等级:一级适用于重要建筑和高层建筑,需要两道防水设防;二级适用于一般建筑,需要一道防水设防。

9.1.1 卷材防水屋面

1. 卷材防水屋面的施工技术要求

卷材防水屋面是用胶结材料粘贴卷材进行防水的屋面。这种屋面具有质量轻、防水性能好的优点,其防水层的柔韧性好,能承受一定程度的结构振动和胀缩变形。卷材防水属于柔性防水,分为沥青防水卷材、高聚物改性沥青防水卷材和合成高分子防水卷材三大系列。

所选用的基层处理剂、接缝胶粘剂、密封材料等配套材料应与铺贴的卷材材性相容。在坡度大于 25% 的屋面上采用卷材做防水层时,应采取固定措施。

卷材防水屋面构造如图 9-1 所示。

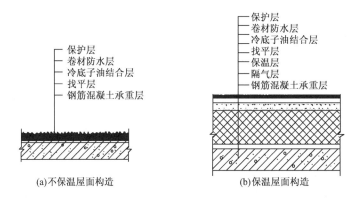

图 9-1   卷材防水屋面构造

卷材的铺贴方法应符合下列规定:卷材防水层上有重物覆盖或基层变形较大时,应优先采用空铺法、点粘法、条粘法或机械固定法,但距屋面周边 800 mm 内以及叠层铺贴的各层卷材之间应满粘;防水层采取满粘法施工时,找平层的分隔缝处宜空铺,空铺的宽度宜为 100 mm。

屋面防水层施工时,应先做好节点、附加层和屋面排水比较集中等部位的处理,然后由屋面最低处向上进行。铺贴天沟、檐沟卷材时,宜顺天沟、檐沟方向,以减少卷材的搭接。铺贴卷材应采用搭接法。平行于屋脊的搭接缝,应顺流水方向搭接;垂直于屋脊的搭接缝,应顺年最大频率风向搭接。叠层铺贴的各层卷材,在天沟与屋面的交接处,应采用叉接法搭接,搭接缝应错开;搭接缝宜留在屋面或天沟侧面,不宜留在沟底。上、下层及相邻两幅卷材的搭接缝应错开,各种卷材搭接宽度应符合表 9-1 的要求。

表 9-1 卷材搭接宽度表　　　　mm

卷材种类		铺贴方法			
		短边搭接		长边搭接	
		满粘法	空铺、点粘、条粘法	满粘法	空铺、点粘、条粘法
沥青防水卷材		100	150	70	100
高聚物改性沥青防水卷材		80	100	80	100
合成高分子防水卷材	胶粘剂	80	100	80	100
	胶粘带	50	60	50	60
	单缝焊	60,有效焊接宽度不小于 25			
	双缝焊	80,有效焊接宽度为 10×20+空腔宽			

2. 沥青卷材防水层施工

沥青卷材防水层的施工必须在屋面其他工程全部完工后进行。

普通沥青卷材防水层施工的一般工艺流程:基层表面清理、修补→喷、涂基层处理剂→测量放线→铺贴附加层→铺贴卷材防水层→淋(蓄)水试验→铺设保护层。

基层必须保证平整干燥,隔气层良好,卷材屋面防水工程施工时,应避免在雨、雾、霜天施工,以保证材料干燥。

沥青卷材的铺贴方法,通常采用浇油法或刷油法,在干燥的基层上涂满沥青玛碲脂,应随浇涂随铺卷材。铺贴时,沥青玛碲脂涂刷应均匀,不得过厚或堆积,这样才能避免由于水汽蒸发或残存空气膨胀而引起卷材防水层起鼓。

卷材铺贴时一般常用实铺法,底层卷材面不留空白地,应满涂沥青玛碲脂,其厚度应严格控制在 2 mm 以内,一般为 1 mm~1.5 mm,热沥青玛碲脂宜为 1 mm~1.5 mm,冷沥青玛碲脂宜为 0~1 mm;面层厚度:热沥青玛碲脂宜为 2 mm~3 mm,冷沥青玛碲脂宜为 1 mm~1.5 mm。卷材要展平压实,使之与下层紧密黏结,卷材的接缝应用沥青玛碲脂赶平封严。在基层屋面板的各端缝处,应干铺宽度为 300 mm 的卷材条一层,以防止防水卷材在端缝处被拉裂;对容易渗漏的薄弱部位(如天沟、檐口、泛水、水落口等),均应加铺 1 层~2 层卷材附加层,以加强防水效果。

卷材铺贴方向:屋面坡度小于 3% 时,卷材宜平行屋脊铺贴;屋面坡度在 3%~15% 时,卷材可平行或垂直屋脊铺贴;屋面坡度大于 15% 或屋面受震动时,卷材应垂直屋脊铺贴;上下层卷材不得相互垂直铺贴。

铺设多跨或高低跨房屋的防水层时,应按先高后低、先远后近的顺序进行;铺设同一跨房屋防水层时,应先铺设排水比较集中的水落口、檐口、斜沟、天沟等部位及卷材附加层,按标高由低到高顺序进行。

卷材防水层铺设完毕经检查合格后,应立即进行绿豆砂保护层的施工,以减少阳光辐射,降低屋面表层的温度,防止沥青流淌、卷材磨损,推迟沥青的老化时间,增加防水层的使用年限。

3. 高聚物改性沥青卷材防水施工

高聚物改性沥青卷材防水是用氯丁橡胶改性沥青胶粘剂(CX-404 胶),将以橡胶或塑料改性沥青的玻璃纤维布或聚酯纤维无纺布为胎芯的柔性卷材(SBS、APP、PVC 等)单层或双层铺设在结构基层上形成的防水层。

　　高聚物改性沥青防水卷材的施工方法一般有热熔法、冷粘法和自粘法等,最常用的是热熔法。

　　高聚物改性沥青卷材的质量应符合表 9-2、表 9-3 的要求。

　　(1)热熔法铺贴卷材

　　热熔法铺贴卷材施工时,火焰加热器的喷嘴距卷材面的距离应适中,幅宽内加热应均匀,以卷材表面熔融至光亮黑色为度,不得过分加热卷材。对厚度小于 3 mm 的高聚物改性沥青防水卷材,严禁采用热熔法施工。卷材表面热熔后应立即滚铺卷材,滚铺时应排除卷材下面的空气,使之平展并粘贴牢固。搭接缝部位宜以溢出热熔的改性沥青为度,溢出的改性沥青以 2 mm 左右均匀顺直为宜。采用条粘法时,每幅卷材与基层黏结面不应少于 2 条,每条宽度不应小于 150 mm。搭接宽度应符合表 9-1 的要求。

表 9-2　　　　高聚物改性沥青卷材的物理性能

项　目		性　能　要　求		
		聚酯毡胎体	玻纤胎体	聚乙烯胎体
拉力/[N·(50 mm)$^{-1}$]		≥450	纵向≥350 横向≥250	≥100
延伸率/%		最大拉力时,≥30	—	断裂时,≥200
耐热度/(℃,2 h)		SBS 卷材 90,APP 卷材 110,无滑动、流淌、滴落		PEE 卷材 90,无流淌、起泡
低温柔度/℃		SBS 卷材—18,APP 卷材—5,PEE 卷材—10,3 mm 厚 $r=15$ mm;4 mm 厚 $r=25$ mm;弯 180°无裂纹		
不透水性	压力/MPa	≥0.3	≥0.2	≥0.3
	保持时间/min	≥30		

　　注:SBS—弹性体改性沥青防水卷材;APP—塑性体改性沥青防水卷材;PEE—改性沥青聚乙烯胎防水卷材。

表 9-3　　　　高聚物改性沥青卷材的外观质量要求

项　目	质　量　要　求
孔洞、缺边、裂口	不允许
边缘不整齐	不超过 10 mm
胎体露白、未浸透	不允许
撒布材料粒度、颜色	均匀
每卷卷材的接头	不超过 1 处,较短的一段不应小于 1 000 mm,接头处应加长 150 mm

　　(2)冷粘法铺贴卷材

　　冷粘法是采用胶粘剂对基层与卷材、卷材与卷材进行黏结。施工时应根据胶粘剂的性能,控制好胶粘剂涂刷与卷材铺贴的间隔时间。铺贴卷材时应平整顺直,搭接尺寸准确,不得扭曲、皱折。搭接部位的接缝应满涂胶粘剂,滚压以排除卷材下面的空气并使其粘贴牢固,随即刮平溢出的胶粘剂并封口,接缝口应用密封材料封严。

　　(3)自粘法铺贴卷材

　　自粘法是采用带有自粘胶的防水卷材。铺贴卷材前基层表面应均匀涂刷基层处理剂,干燥后应及时铺贴卷材。铺贴卷材时应将自粘胶底面的隔离纸完全撕净,排除卷材下面的空气,并滚压黏结牢固。铺贴的卷材应平整顺直,搭接尺寸准确,不得扭曲、皱折。低温施工时,立面、大坡面及搭接部位宜采用热风机加热,加热后随即粘贴牢固。接缝口应用密封材料封严。

一般高聚物改性沥青防水卷材的保护层自带。

4.合成高分子卷材防水施工

合成高分子卷材是用氯丁橡胶和叔丁基酚醛树脂制成的基层胶粘剂,用丁基橡胶和氯化丁基橡胶或氯丁橡胶和硫化剂等制成的接缝胶粘剂,用单组分氯磺化聚乙烯或双组分聚氨酯等接缝密封剂,将高分子卷材单层黏结铺设在结构基层上而成的防水层,以达到建筑物的防水目的。

施工方法一般有冷粘法、自粘法、焊接法和机械固定法。

冷粘法、自粘法卷材施工与高聚物改性沥青防水卷材施工相同,但冷粘法施工时,应采用与卷材配套的接缝专用胶粘剂,在搭接缝黏合面上涂刷均匀,不露底,不堆积。根据专用胶粘剂性能,应控制胶粘剂涂刷与黏合间隔时间,并排除缝间空气,滚压粘贴牢固。采用焊接法施工时,卷材的焊接面应清扫干净,无水滴、油污及附着物,先焊长边搭接缝,后焊短边搭接缝。卷材采用机械固定时,固定件应与结构层固定牢固,固定件间距应根据当地的使用环境与条件确定,不宜大于600 mm。距周边800 mm范围内的卷材应满粘。

在合成高分子防水卷材铺贴完成,质量验收合格后,即可在表面涂刷着色剂,起到保护卷材和美化环境的作用。

合成高分子卷材的质量应符合表9-4、表9-5的要求。

表9-4　　合成高分子卷材物理性能表

项　目		性　能　要　求		
		硫化橡胶类	非硫化橡胶树脂类	纤维增强类
断裂拉伸强度/MPa		≥6	≥3　　　　≥10	≥9
扯断伸长率/%		≥400	≥200　　　≥200	≥10
低温弯折/℃		−30	−20　　　　−20	−20
不透水性	压力/MPa	≥0.3	≥0.2　　　≥0.3	≥0.3
	保持时间/min	≥30		
加热收缩率/%		<1.2	<2.0　　　<2.0	<1.0
热老化保持率 (80 ℃,168 h)	断裂拉伸强度	≥80%		
	扯断伸长率	≥70%		

表9-5　　合成高分子卷材外观质量

项目	质　量　要　求
折痕	每卷不超过2处,总长度不超过20 mm
杂质	大于0.5 mm颗粒不允许,每1 m²不超过9 mm²
胶块	每卷不超过6处,每处面积不大于4 mm²
凹痕	每卷不超过6处,深度不超过本身厚度的30%,树脂类深度不超过15%
每卷卷材的接头	橡胶类每20 m超过一处,较短的一段不应小于3 000 mm,接头处应加长150 mm;树脂类20 m长度内不允许有接头

9.1.2　刚性防水屋面

刚性防水层所用材料易得、价格便宜、耐久性好、维修方便，广泛应用于上人层面的基层防水。刚性防水层一般包括普通细石混凝土防水层、补偿收缩混凝土防水层和钢纤维混凝土防水层。在非松散材料保温层上，宜选用普通细石混凝土防水层；在屋面温差较大地区，宜选用补偿收缩混凝土防水层；在结构变形较大的基层上，宜选用钢纤维混凝土防水层。

1. 刚性防水屋面的一般要求

刚性防水层施工宜整体现浇，混凝土宜用普通硅酸盐水泥或硅酸盐水泥拌制；用矿渣硅酸盐水泥拌制时，水泥强度不小于 42.5 MPa，不得使用火山灰质水泥。混凝土水灰比不应大于 0.55；混凝土水泥用量不得少于 330 kg/m³；砂率宜为 35%～40%；灰砂比宜为 1.0∶2.0～1.0∶2.5；混凝土强度等级不应低于 C20。刚性防水层与山墙、女儿墙以及突出屋面结构的交接处应留缝隙，并应做柔性密封处理。刚性防水层应设置分格缝，分格缝内嵌填密封材料。分格缝应设在屋面板的支撑端、屋面转角处、防水层与突出屋面结构的交接处，并应与板缝对齐。普通细石混凝土和补偿收缩混凝土防水层的分格缝，其纵横间距不宜大于 6 m，宽度宜为 5 mm～30 mm。细石混凝土防水层与基层间宜设置隔离层。细石混凝土防水层厚度不小于 40 mm，并应配置直径为 4 mm～6 mm，间距为 100 mm～200 mm 的双向钢筋网片；钢筋网片在分格缝处应断开，其保护层厚度不应小于 10 mm（钢筋网片应放置在混凝土的上部）。防水层内严禁埋设管线。刚性防水屋面的坡度宜为 2%～3%，并应用材料找坡。

2. 刚性防水层施工

普通细石混凝土应采用机械搅拌，搅拌时间不应少于 2 min。混凝土运输过程中应防止漏浆和离析；每个分格板块的混凝土应一次浇筑完成，不得留施工缝；抹压时不得在表面洒水、加水泥浆或撒干水泥，混凝土收水后应进行二次压光。混凝土浇筑后应及时进行养护，养护时间不宜少于 14 d，养护初期屋面不得上人。

用膨胀剂拌制补偿收缩混凝土时，应按配合比准确计量；搅拌投料时膨胀剂应与水泥同时加入，混凝土搅拌时间不应少于 3 min。

钢纤维混凝土宜采用强制式搅拌机搅拌，当钢纤维体积率较高或拌和物稠度较大时，一次搅拌量不宜大于额定搅拌量的 80%。搅拌时宜先将钢纤维、水泥、粗细骨料干拌 1.5 min，再加入水湿拌，也可采用在混合料拌和过程中加入钢纤维拌和的方法。搅拌时间应比普通混凝土长 1.0 min～2.0 min。

9.2　地下防水工程

地下结构埋置在土中，尤其是超过地下正常水位时，皆会受到地下水或土中水分不同程度的侵蚀；因此必须选择合理的防水方案，采取有效措施以确保地下结构的正常使用。目前，常用的防水方案有以下三类：

结构自防水、设防水层及防排结合。

防排结合即采用防水加排水措施,排水方案可采用盲沟排水、渗排水、内排水等。

地下工程的防水等级,应根据工程的重要性和使用中对防水的要求按表 9-6 选定。各级标准应符合表 9-7 的规定。

表 9-6　　　　　　　　　　　不同防水等级的适用范围

防水等级	适 用 范 围
一级	人员长期停留的场所; 因有少量湿渍会使物品变质、失效的贮物场所及严重影响设备正常运转和危及工程安全运营的部位; 极重要的战备工程
二级	人员经常活动的场所; 在有少量湿渍的情况下不会使物品变质、失效的贮物场所及基本不影响设备正常运转和工程安全运营的部位; 重要的战备工程
三级	人员临时活动的场所;一般战备工程
四级	对渗漏水无严格要求的工程

表 9-7　　　　　　　　　　　地下工程防水等级标准

防水等级	标　　　准
一级	不允许渗水,结构表面无湿渍
二级	不允许漏水,结构表面可有少量湿渍。工业与民用建筑:总湿渍面积不应大于总防水面积(包括顶板、墙面、地面)的 1‰;任意 100 m² 防水面积上的湿渍不超过 1 处,单个湿渍的最大面积为 0.1 m² 其他地下工程:总湿渍面积不应大于总防水面积的 6‰;任意 100 m² 防水面积上的湿渍不超过 4 处,单个湿渍的最大面积为 0.2 m²
三级	有少量漏水点,不得有线流和漏泥砂的现象,任意 100 m² 防水面积上的漏水点数不超过 7 处,单个漏水点的最大漏水量为 2.5 L/d,单个湿渍的最大面积为 0.3 m²
四级	有漏水点,不得有线流和漏泥砂的现象,整个工程平均漏水量不大于 2 L/(m²·d);任意 100 m² 防水面积的平均漏水量不大于 4 L/(m²·d)

9.2.1　防水混凝土(结构自防水)

防水混凝土是通过调整混凝土配合比或掺外加剂,提高混凝土自身的密实性、抗渗性和抗侵蚀性,达到防水的目的。

防水混凝土结构具有取材容易、施工简便、工期短、造价低、耐久性好等优点,因此是目前地下工程防水的一种主要方法。

目前常用的防水混凝土有普通防水混凝土、外加剂防水混凝土。

1.防水混凝土的一般规定

(1)材料

水泥:水泥强度等级不应低于 32.5 级,不得使用过期或受潮结块的水泥;品种应按设计要求选用,在不受侵蚀性介质和冻融作用时,宜采用普通硅酸盐水泥、硅酸盐水泥、火山灰质水泥、粉煤灰硅酸盐水泥或矿渣硅酸盐水泥拌制;用矿渣硅酸盐水泥拌制时,水泥强度不小于 42.5 MPa,并必须加入高效减水剂。

骨料:其碎石或卵石的粒径宜为 5 mm～40 mm,含泥量不得大于 1.0%,泥块含量不得大于 0.5％；砂宜用中砂，含泥量不得大于 3.0％，泥块含量不得大于 1.0 ％。

水：拌制混凝土所用的水，应采用不含有害物质的洁净水（饮用水）。

外加剂：外加剂的技术性能，应符合国家或行业标准一等品及以上的质量要求；粉煤灰的级别不应低于二级，掺量不宜大于 20％；硅粉掺量不应大于 3％，其他掺和料的掺量应通过试验确定。

（2）配合比

抗渗水压值：试配要求的抗渗水压值应比设计值高 0.2 MPa。

水泥：水泥用量一般不少于 300 kg/m³；掺有活性掺和料时，不得少于 280 kg/m³。

砂：砂率宜为 35％～40％，泵送时可增至 45％；灰砂比宜为 1.0∶2.0～1.0∶2.5。

水灰比：不宜大于 0.55。

坍落度：普通防水混凝土坍落度不宜大于 50 mm，泵送时入泵坍落度宜为 100 mm～140 mm，入泵前坍落度每小时损失值不应大于 30 mm，坍落度总损失值不应大于 60 mm。

2. 防水混凝土的种类

（1）普通防水混凝土

普通防水混凝土通过调整配合比、控制材料的选择、混凝土的拌制、振捣质量来提高混凝土自身的密实性、抗渗性以达到防水目的。

（2）外加剂防水混凝土

外加剂防水混凝土是向混凝土拌和物中加入少量改善混凝土抗渗性的有机或无机物，如减水剂、防水剂、引气剂、膨胀剂等外加剂；以增加混凝土密实性、抗渗性、抗裂性及抗侵蚀性，以达到防水的目的。

防水混凝土中的外加剂可单掺，也可以复合掺用。其外加剂掺量、特点及其适用范围可参见表 9-8。

表 9-8　　　　　　　　　　　　　　外加剂适用范围

种类		特点	适用范围	掺量（外加剂占水泥比重/％
三乙醇胺防水混凝土		早强、抗渗标号高	工期紧迫，早强、抗渗要求高的工程	0.05 左右
加气剂防水混凝土		抗冻性好	有抗冻要求、低水化热要求的工程	0.03～0.05
减水剂防水混凝土	木钙、糖蜜	混凝土流动性好，抗渗标号高	钢筋密集、薄壁结构、泵送混凝土、滑模结构等，或有缓凝与促凝要求的工程	0.2～0.3
	NNO、MF			0.5～1.0
氯化铁防水混凝土		抗渗性最好	水中结构、无筋、少筋结构、砂浆修补抹面	3.0 左右

3. 防水混凝土的施工

防水混凝土结构工程质量的优劣，施工质量是决定性因素。

防水混凝土所用的模板应表面平整，拼缝严密不漏浆，吸水性小，有足够的承载力和刚度。模板固定不宜用穿墙螺栓、铁丝对穿，以免造成引水通路，影响防水效果。如必须采用对拉螺栓固定模板时，应在螺栓或套管上加焊止水环或加焊 100 mm×100 mm 的止水钢板，具体做法如图 9-2 所示。

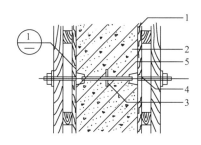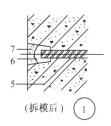

（拆模后）①

图 9-2 固定模板用螺栓的防水做法
1—模板；2—结构混凝土；3—止水环；4—工具式螺栓；5—固定模板用的螺栓；6—嵌缝材料；7—聚合物水泥砂浆

防水混凝土应严格按配合比进行配料、准确称量。计量允许偏差不应大于下列规定：水泥、水、外加剂、掺和料为±1%；砂、石为±2%。使用减水剂时，减水剂宜预溶成一定浓度的溶液。

为了增强混凝土的均匀性，必须采用机械搅拌，搅拌时间不应小于 2 min。掺外加剂时，应根据外加剂的技术要求确定搅拌时间。

防水混凝土在运输、浇筑过程中，应防止漏浆、离析和坍落度损失；一旦坍落度损失后不能满足施工要求时，应加入原水灰比的水泥浆或二次掺加减水剂进行搅拌，严禁直接加水。浇筑时应严格做到分层进行，必须采用高频机械振捣密实，振捣时间宜为 10 s～30 s，以混凝土泛浆和不冒气泡为准，应避免漏振、欠振和超振。

掺加引气剂或引气型减水剂时，混凝土含气量应控制在 3%～5%。

防水混凝土浇筑时应连续进行，宜少留施工缝。当留设施工缝时，应遵守规范规定：①墙体水平施工缝不应留在剪力与弯矩最大处或底板与侧墙的交接处，应留在高出底板表面不小于 300 mm 的墙体上。拱（板）墙结合的水平施工缝，宜留在拱（板）墙接缝线以下 150 mm～300 mm 处。墙体有预留孔洞时，施工缝距孔洞边缘不应小于 300 mm；②垂直施工缝应避开地下水和裂隙水较多的地段，并宜与变形缝相结合。施工缝防水的基本构造如图 9-3 所示。

防水混凝土终凝后应立即进行养护，养护时间不得少于 14 d。

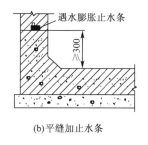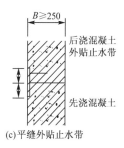

(a)平缝加止水钢板 　(b)平缝加止水条 　(c)平缝外贴止水带

图 9-3 施工缝防水基本构造图

水泥砂浆防水层

9.2.2　卷材防水层

卷材防水层是用防水材料和与其配套的胶结材料胶合而成的防水层，属于柔性防水层，具有较好的韧性和延伸性，能适应一定的结构振动和微小变形，防水效果好，目前在地下结构的防水方案中仍被广泛采用。

根据卷材铺贴在地下结构的内侧或外侧，可分为外防水和内防水两种。外防水，即将卷材铺贴在地下防水结构的迎水面上，采用全外包，其防水效果较好，因其可借助土压力压紧卷材并与承重结构一起抵抗地下水的渗透侵蚀作用，因而应用广泛。外防水卷材的铺贴方法有外防外贴法和外防内贴法两种。

1. 外防内贴法(内贴法)

内贴法施工是在地下防水结构墙体未做之前，先砌筑保护墙，然后将卷材防水层铺贴在保护墙上，再进行墙体结构施工(图9-4)。内贴法的施工顺序如下：在底板垫层边缘上做永久性保护墙，然后在保护墙及垫层上抹水泥砂浆找平层，找平层干燥后，涂刷基层处理剂，再铺贴卷材防水层(先贴立面，后贴水平面，先贴转角，后贴大面)，铺贴完毕后做保护层，最后进行构筑物底板和墙体施工。

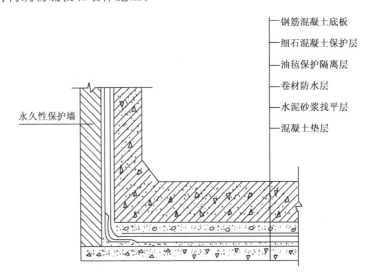

永久性保护墙

- 钢筋混凝土底板
- 细石混凝土保护层
- 油毡保护隔离层
- 卷材防水层
- 水泥砂浆找平层
- 混凝土垫层

图9-4　外防内贴法

内贴法的优点是防水层的施工比较方便，不必留接头；施工占地面积小。缺点是构筑物与保护墙发生不均匀沉降时，对防水层的影响较大；保护墙稳定性差；竣工后如发现漏水较难修补。一般只有当施工场地受限制时才采用这种方法。

2. 外防外贴法(外贴法)

外贴法是在地下构筑物墙体砌好之后，把卷材防水层直接铺贴在墙面上，然后砌筑保护墙(图9-5)。施工顺序为：待底板垫层上的水泥砂浆找平层干燥后，铺贴底板卷材防水层并伸出与立面卷材搭接的接头，在此之前，为避免伸出的卷材接头受损，先在垫层周围砌保护墙，其下部为永久性的，高度为 $b+(200 \text{ mm} \sim 500 \text{ mm})$($b$ 为底板厚度)，上部为临时性的保护墙，高度按卷材搭接长度而定，一般为 $450 \text{ mm} \sim 600 \text{ mm}$，用石灰砂浆砌筑。

然后在保护墙上抹石灰砂浆找平层并将卷材接头贴于墙上;为避免卷材受损,在底板卷材上铺设 30 mm~50 mm 厚的 1:3 水泥砂浆或细石混凝土,在立面卷材上抹低标号砂浆保护层;然后进行底板和墙身施工,在做墙身防水前,拆临时保护墙,在墙面上抹找平层,刷基层处理剂,将接头清理干净后逐层铺贴墙面防水卷材,此处卷材可错缝接槎,上层卷材盖过下层卷材不应小于 150 mm。最后砌筑永久性保护墙。

外贴法的优点是构筑物与保护墙有不均匀沉降时,对防水层影响较小;防水层做好后即可进行漏水试验,修补也方便。缺点是工期较长,占地面积大;底板与墙身接头处卷材易受损。在施工现场条件允许时,多采用此法施工。

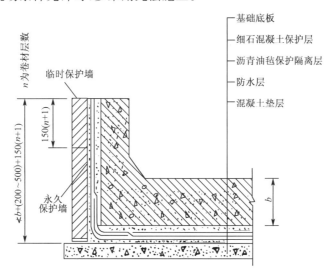

图 9-5　外防外贴法

//////// **复习思考题** ////////

1.何为结构自防水?举例说明柔性防水与刚性防水。

2.屋面防水做法有哪些?卷材防水屋面的特点及适用范围有哪些?其铺贴方法有哪些?

3.简述卷材防水屋面的施工顺序与技术要求。

4.简述沥青卷材防水屋面施工对基层的要求,卷材铺贴方向对屋面坡度的要求。

5.何为高聚物改性沥青卷材防水?高聚物改性沥青卷材防水的施工方法有哪些?

6.何为合成高分子卷材防水?合成高分子卷材防水的施工方法有哪些?

7.刚性防水屋面对材料有哪些要求?屋面节点如女儿墙等应如何处理?

8.刚性防水层如何施工?

9.地下防水等级如何划分?

10.防水混凝土的种类有哪些?简述防水混凝土施工有哪些要求。

11.简述地下工程卷材防水层的外防外贴法与外防内贴法的特点及适用范围。

12.简述地下工程卷材防水层的外防外贴法的施工顺序。

13.简述地下工程卷材防水层的外防内贴法的施工顺序。

第10章

装饰装修工程

　　本章学习要求：了解装饰装修的作用与涵盖的工作内容；掌握一般抹灰的构造组成、做法与质量要求；掌握装饰抹灰的构造组成、做法与质量要求，了解饰面砖、饰面板的安装工艺。

　　本章学习重点：建筑装饰装修工程的工作内容；内墙、外墙抹灰的施工方法、工艺流程和质量验收标准；装饰抹灰的施工方法；饰面砖、饰面板的材料要求和施工方法。

10.1 　概　述

10.1.1　装饰装修的基本概念

　　随着社会和科学技术的发展，建筑装饰装修的内容越来越广，涉及的行业和学科领域也更加广泛。因此，建筑装饰是一个综合性很强的、多学科相结合的学科。研究建筑装饰装修工程施工技术的内在规律，掌握先进的施工方法和工艺，对促进建筑装饰装修行业的健康发展有着重要的意义。

　　1.建筑装饰装修的定义

　　根据 GB 50210—2018《建筑装饰装修工程质量验收标准》的规定，建筑装饰装修可定义为：为保护建筑物的主体结构，完善建筑物装饰装修和美化建筑物，采用装饰装修材料或饰物，对建筑物的内外表面及空间进行的各种处理。建筑是技术与艺术相结合的产物，建筑创造了建筑物的功能和空间,而建筑装饰是对建筑物使用功能的完善,是对建筑物的美化,使其成为美化环境的艺术品。

2.建筑装饰装修的工程内容

建筑装饰装修工程是建筑工程的重要组成部分,是建筑工程中一个重要的分部工程。GB 50300—2013《建筑工程施工质量验收统一标准》,将建筑装饰装修分部工程划分为地面、抹灰、外墙防水、门窗、吊顶、轻质隔墙、饰面板、饰面砖、幕墙、涂饰、裱糊与软包、细部12个子分部工程,基本上包含建筑装饰装修工程所涉及的项目。而每个子分部工程按施工部位、使用功能、使用材料及施工工艺可划分为不同的分项工程。

(1)地面工程:基层铺设、整体面层铺设、板块面层铺设、竹地板面层铺设。

(2)抹灰工程:一般抹灰、装饰抹灰、保温层薄抹灰、清水砌体勾缝。

(3)外墙防水:外墙砂浆防水、涂膜防水、透气膜防水。

(4)门窗工程:木门窗制作与安装;金属门窗安装;塑料门窗安装;特种门窗安装;门窗玻璃安装。

(5)吊顶工程:整体面层吊顶、板块面层吊顶、格栅吊顶。

(6)轻质隔墙工程:板材隔墙;骨架隔墙;活动隔墙;玻璃隔墙。

(7)饰面板工程:石板、陶瓷板、金属板、塑料板、木板安装。

(8)饰面砖工程:外墙、内墙饰面砖粘贴。

(9)幕墙工程:玻璃幕墙、金属幕墙、石材幕墙、陶板幕墙。

(10)涂饰工程:水性涂料涂饰;溶剂型涂料涂饰;美术涂饰。

(11)裱糊与软包工程:裱糊;软包。

(12)细部工程:橱柜制作与安装;窗帘盒;窗台板和暖气罩制作与安装;门窗套制作与安装;护栏和扶手制作与安装;花饰制作与安装。

10.1.2 建筑装饰装修工程与相关工程的关系

建筑工程包括了建筑结构、水、电、暖、通信、设备等多方面的工程,而建筑装饰装修工程作为建筑工程的深化和再创造,必然与建筑、结构、设备等各方面有着密切的联系。

1.与建筑的关系

建筑装饰是对建筑物的装扮和修饰,因此对建筑要有一个准确的理解和认识,如对建筑的属性、艺术风格、建筑空间性质和特性、建筑时空环境的意境和气氛等应有较好的把握。建筑装饰是再创造过程,只有对所要进行装饰的建筑物有了正确的理解和把握,才能搞好装饰工程的设计和施工,使建筑艺术与人们的审美观协调一致,从而在精神上给人们以艺术享受。

2.与建筑结构的关系

建筑装饰与建筑结构的关系有两个方面:一是建筑结构给建筑装饰再创造提供了充分发挥的舞台,建筑装饰在充分发挥结构空间的同时,又保护了建筑结构;二是建筑装饰与建筑结构矛盾时的处理,结构是传递荷载的构件,在设计时要充分考虑其受力情况,经过严格的设计计算而确定。装饰需要改变结构或在结构构件上开洞、固定较大的建筑装饰构件,这样必然会影响到建筑结构的安全,故规范规定不得在结构上任意开洞或取舍,如必须改变时,应进行计算核实。

3. 与设备的关系

建筑装饰不仅要处理好装饰与结构的关系,而且还必须认真解决好装饰与设备的关系,如果处理不当必然影响建筑装饰空间的美观,同时也影响设备的正常运行和使用。因此,必须协调好与建筑设备中的空调、水暖、监控、消防、强电、弱电、管线及照明设备等各方面的关系。

4. 与环境的关系

建筑装饰装修工程与环境的关系应从两个方面考虑。一是建筑装饰的设计和材料选用应与建筑物的使用功能、建筑物周边自然环境、生态环境相协调。在给人们提供一个良好的生活、学习、工作环境的同时,还要符合自然环境、生态环境的要求。二是不能因装饰工程而给自然环境造成污染或破坏生态环境。建筑装饰虽然能给人们提供一个良好的生活、学习、工作环境,但如果选择材料和施工工艺不当,也会造成环境的二次污染。因此装饰施工必须严格执行国家规范,控制因建筑装饰材料选择不当而造成室内外环境污染。

10.2　抹灰工程

10.2.1　抹灰工程的种类

装饰基层抹灰,通常按照建筑工程中一般抹灰的施工方法及质量要求进行施工。根据使用要求及装饰效果的不同,抹灰工程可分为一般抹灰、装饰抹灰、保温层薄抹灰和清水砌体勾缝。

1. 一般抹灰

一般抹灰通常是指用石灰砂浆、水泥砂浆、水泥混合砂浆、聚合物水泥砂浆和粉刷石膏等材料进行抹灰。根据质量要求和主要工序的不同,抹灰一般又分为高级抹灰和普通抹灰两个级别。其适用范围、主要工序及对外观质量的要求,见表10-1。

表 10-1　　　　　　一般抹灰的适用范围、主要工序及对外观质量的要求

级　别	适用范围	主要工序	外观质量要求
高级抹灰	适用于大型公共建筑、纪念性建筑物(如影剧院、礼堂、宾馆、展览馆和高级住宅等)以及有特殊要求的高级建筑等	一层底层、数层中层和一层面层。阴阳角找方,设置标筋,分层赶平,表面压光	表面光滑、洁净、颜色均匀,无裂纹,灰线平直方正,清晰美观
普通抹灰	适用于一般居住、公共和工业建筑(如住宅、宿舍、办公楼、教学楼等)以及高级建筑物中的附属用房等	一层底层、一层中层和一层面层(或一层底层和一层面层)。阴阳角找方,分层赶平、修整,表面压光	表面光滑、洁净,接槎平整,灰线清晰顺直

2. 装饰抹灰及其他抹灰

装饰抹灰是指应用不同施工方法和不同面层材料形成不同装饰效果的抹灰。装饰抹

灰包括水刷石、干粘石、斩假石和假面砖等。

保温薄层抹灰包括保温层外面聚合物砂浆薄抹灰;清水砌体勾缝包括清水砌体砂浆勾缝和原浆勾缝。

10.2.2 一般抹灰工程

1. 一般抹灰的组成

一般抹灰应分层施工,由底层、中层、面层组成。其目的是保证抹灰牢固,抹面平整,避免收缩过大,造成墙面开裂。

(1)底层。底层主要起抹面层与基体黏结和初步找平的作用,采用的材料与基层有关,厚度一般为 5~7 mm。室内砖墙常用石灰砂浆或水泥砂浆;室外砖墙常用水泥砂浆;混凝土基层常采用素水泥浆、混合砂浆或水泥砂浆;硅酸盐砌块基层应采用水泥混合砂浆或聚合物水泥砂浆;板条基层抹灰常采用麻刀灰和纸筋灰。因基层吸水性强,故砂浆稠度应较小,一般为 10~20 mm。若有防潮、防水要求,则应采用水泥砂浆抹底层。

(2)中层。中层的作用是找平墙面,厚度一般为 5~12 mm。中层主要起保护墙体和找平作用,采用的材料与底层相同,但稠度可大一些,一般为 70~80 mm。

(3)面层。面层使抹灰表面光滑细致,起装饰作用,厚度为 2~5 mm。室内墙面及顶棚抹灰常采用麻刀灰、纸筋灰或石膏灰,也可采用大白腻子。室外抹灰可采用水泥砂浆、聚合物水泥砂浆或各种装饰砂浆,砂浆稠度为 100 mm 左右。

各抹灰层厚度根据基层材料、砂浆种类、墙面平整度、抹灰质量要求,以及气候、温度条件而定。每遍抹面厚度:水泥砂浆为 5~7 mm,石灰砂浆和混合砂浆为 7~9 mm,石膏灰为 2 mm。

抹灰层平均总厚度应根据基层材料和抹灰部位而定(一般不大于 35 mm,如大于 35 mm 应采取处理措施)。现浇混凝土顶棚、板条棚总厚度不大于 15 mm;预制混凝土板顶棚及金属网顶棚不大于 20 mm;内墙普通抹灰为 18 mm,高级抹灰为 25 mm;外墙抹灰总厚度不大于 20 mm;勒脚及突出墙面部分抹灰总厚度不大于 25 mm;石墙抹灰总厚度不大于 35 mm。

抹灰材料、砂浆种类和配合比的选用,应考虑抹灰部位、基层材料、工程质量及取材方便。

2. 一般抹灰对材料的要求

材料质量是保证抹灰工程质量的基础,对水泥、石灰膏、石膏、砂和有机聚合物等应符合设计要求及国家现行产品标准的规定,并应有出厂合格证。

(1)水泥

常用的水泥有硅酸盐水泥、普通硅酸盐水泥和矿渣硅酸盐水泥以及白水泥、彩色硅酸盐水泥。白水泥和彩色硅酸盐水泥主要用于制作各种颜色的水磨石、水刷石、斩假石以及花饰等。水泥的品种、强度等级应符合设计要求。不同品种的水泥不得混用,不得采用未做处理的受潮、结块水泥,出厂已超过 3 个月的水泥应经试验后,方可使用。

(2)石灰膏

抹灰用的石灰膏一般用于高级抹灰或抹灰龟裂的补平。在抹灰工程中,采用的石灰为块状生石灰经熟化沉浮后淋制成的石灰膏。为保证过火生石灰的充分熟化,以避免后期熟化引起抹灰层的起鼓和开裂,生石灰的熟化时间,一般应不少于 15 d,如用于拌制罩面灰,则应不少于 30 d。抹灰用的石灰膏可用优质块状生石灰磨细而成的生石灰粉代替,可省去淋灰作业而直接使用,但为保证抹灰质量,其细度要求过 800 孔每平方厘米的筛。但用于拌制罩面灰时,生石灰粉仍要经一定时间的熟化,熟化时间不少于 3 d,以避免出现干裂和爆灰现象。

(3)石膏

抹灰用的石膏一般用于高级抹灰或抹灰龟裂的补平。石膏是在建筑石膏(β 型半水石膏)中掺入缓凝剂及掺和料制作而成。在抹灰过程中如需缓凝,可在其中掺入适量的石灰浆或明胶。

(4)砂

一般抹灰砂浆中采用的为普通中砂(细度模数为 3.0～2.6),或与粗砂(细度模数为3.7～3.1)混合掺用。抹灰用砂要求颗粒坚硬洁净,含黏土、淤泥不超过 3%,在使用前需过筛,去除粗大颗粒及杂质。应根据现场砂的含水率及时调整砂浆拌和用水量。

3. 内墙抹灰

内墙抹灰施工工艺流程:

基层处理→设置标筋→抹门窗护角→抹底层灰、中层灰→抹面层灰

(1)抹灰前基层表面处理

①为使抹灰砂浆与基层表面黏结牢固,防止抹灰层产生空鼓、脱落,抹灰前应对基层表面的灰尘、污垢、油渍、碱膜、跌落砂浆等进行清除。

②对墙面上的孔洞、剔槽等用水泥砂浆进行填嵌。门窗框与墙体交接处的缝隙应用水泥砂浆或混合砂浆分层嵌堵。

③光滑的混凝土基层表面,应凿毛或涂刷 1∶1 水泥砂浆(加适量胶粘剂)。

④轻质砌块墙表面应清扫干净,并刷涂界面剂一道,提高黏结强度。

⑤不同材质相接处(如木结构与砌石砌体、混凝土结构等相接处),应先铺设金属网并绷紧牢固,金属网与各基层间的搭接宽度每侧不应小于 100 mm,如图 10-1 所示。

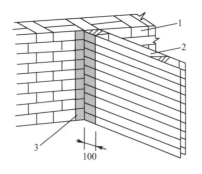

图 10-1　不同材料基体相接处的处理
1—砖墙;2—板条墙;3—钢丝网

⑥室内抹灰,应待上下水、煤气等管道安装后进行。抹灰前必须将管道穿越的墙洞和楼板洞填嵌密实。

⑦外墙抹灰施工前,应安装好门窗框、阳台栏杆和预埋铁件等,并将墙上的孔洞堵塞密实,然后洒水湿润,但不能过湿,以防抹灰脱落。

⑧灰板条隔断和顶棚板条间的缝隙不能过小,应使抹灰砂浆能挤入并咬住板条,一般以 8~10 mm 为宜。

(2)设置标筋

为了有效地控制墙面抹灰层的厚度与垂直度,使抹灰面平整,抹灰层涂抹前应设置标筋(又称冲筋),作为底层、中层抹灰的依据。

设置标筋时,先用托线板检查墙面的平整垂直程度,据以确定抹灰厚度(最薄处不宜小于 7 mm),再在墙两边上角距阴角边 100~200 mm 处,按抹灰厚度用砂浆做一个四方形(边长约 50 mm)标志块,称为“灰饼”。然后根据这两个灰饼,用托线板或线锤吊挂垂直,做出墙面下角的两个灰饼(高低位置一般在踢脚线上口)。随后以左右两灰饼面为准,分别拉线,每隔 1.2~1.5 m 上下加做若干灰饼。待灰饼稍干后,在上下灰饼之间用砂浆抹一条宽 100 mm 左右的垂直灰埂,此即为标筋,作为抹底层及中层的厚度控制和赶平的标准,如图 10-2 和图 10-3 所示。

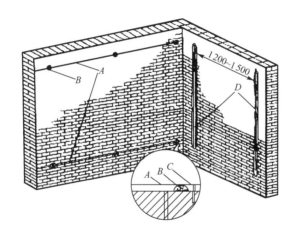

图 10-2　挂线做标志块及标筋

A—引线;*B*—灰饼(标志块);*C*—钉子;*D*—标筋

顶棚抹灰一般不做灰饼和标筋,而是在靠近顶棚四周的墙面上弹一条水平线,以控制抹灰层厚度,并作为抹灰找平的依据。

(3)抹门窗护角

为保护墙面转角处不易遭碰撞损坏,在室内抹面的门窗洞口及墙角、柱面的阳角处应做水泥砂浆护角。护角高度一般不低于 2 m,每侧宽度不小于 50 mm,如图 10-4 所示。

图 10-3　用托线板挂垂直做标志块

(4)抹底层灰、中层灰

底层与中层抹灰在标志块、标筋及门窗口做好护角后即可进行,这道工序也叫装档。其方法是将砂浆抹于墙面两标筋之间,底层要低于标筋,待收水后立即进行中层抹灰,其厚度以略高于标筋为准,随即用木杠(或铝合金方管)按标筋刮平(图 10-5),紧接着用木抹子搓压一遍,使表面平整密实。

一般情况下,标筋抹完就可以装档刮平。但如果标筋过软,则易将表面刮坏而产生墙面凹凸现象;若在标筋具有一定强度后再装档刮平,会因砂浆收缩不一致,而出现标筋高于墙面和开裂的现象,产生抹灰面不平、裂缝等质量通病。

如果后做地面、墙裙或踢脚时,应在距墙裙、踢脚准线上口 5~10 cm 处将砂浆切成直槎,待墙裙或踢脚完工后再行补抹。抹灰后墙面要清理干净,并及时清理落地灰。

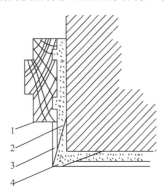

图 10-4 护角抹灰
1—门框;2—缝砂浆;3—墙面砂浆;
4—1∶2 水泥砂浆护角

图 10-5 装档刮杠示意图

为使底层砂浆与基体黏结牢固,抹灰前基体一定要浇水湿润,以防止基体过干而吸去砂浆中的水分,使抹灰层产生空鼓或脱落。砖基体宜浇水两遍,使水渗入 8~10 mm 深。混凝土基体宜在抹灰前一天就浇水,使水渗入混凝土表面 2~3 mm。如果各层抹灰相隔时间较长,已抹灰砂浆层较干时,也应浇水湿润,才可抹下一层砂浆。

底层和中层抹灰也可利用机械喷涂,再由人工刮杠和抹平。机械喷涂抹灰能将砂浆的搅拌、运输和喷涂通过一套喷涂抹灰机组进行机械化施工,可大大减小劳动强度,加快施工进度,并可提高黏结强度。

(5)罩面压光

室内抹灰常用的面层材料有麻刀灰、纸筋灰、石膏灰等。罩面灰应待找平层五六成干后进行,如过干应先浇水湿润。抹灰时应分纵横 2 遍涂抹,每遍厚度为 1~2 mm。经赶平压实后的面层总厚度,对于麻刀灰不得大于 3 mm;对于纸筋灰或石膏灰不得大于 2 mm。收水后用钢抹子压光,不得留抹纹。

室外抹灰常用 1∶2.5 的水泥砂浆罩面,厚度为 5~8 mm。由于面积较大,为了不显接茬,防止抹灰层收缩开裂,一般应设有分格缝。每格要一次抹完,留茬位置应在分格缝处。在底层及中层抹完后的第二天即可抹面层砂浆。首先将墙面润湿,按图纸尺寸弹线分格,粘分格条、滴水槽,再抹面层砂浆。为了黏结牢固,抹灰时先薄刮一层素水泥膏,紧跟着抹罩面砂浆,然后用杠尺按分格条横竖刮平,木抹子搓毛,铁抹子溜光、压实。待其表面无明水时,用软毛刷蘸水按垂直于地面的同一方向,轻刷一遍,以保证面层灰的颜色一致,避免和减少收缩裂缝。随后,将分格条起出,待灰层干后,用素水泥膏将缝子勾好。面层成活 24h 后,要浇水养护不少于 3 d,以防止开裂和强度不足。

(6)刮大白腻子

内墙面的面层可以不抹罩面灰,而采用刮大白腻子。其优点是操作简单、节约用工。面层刮大白腻子,一般应在中层砂浆干透,表面坚硬呈灰白色,没有水迹及潮湿痕迹,用铲刀刻画显白印时进行。

面层刮大白腻子一般不得少于两遍,总厚度在 1 mm 左右。头道腻子刮后,在基层已修补过的部位应进行复补找平,待腻子干透后,用 0 号砂纸磨平,扫净浮灰。待头道腻子干燥后,再进行第二遍。

4. 外墙抹灰

外墙抹灰施工工艺流程为:

基层处理→设置标筋→抹底灰、中灰→弹线、黏结分格条→抹面层灰。

(1)设置标筋

外墙面抹灰与内墙面抹灰一样,也要挂线做标志块、标筋。其方法与内墙基本相同,但要在相邻两个抹灰面相交处挂垂线。

由于外墙抹灰面积大,另外还有门窗、阳台、明柱、腰线等。因此外墙抹灰设置标筋比内墙更加重要,要在四角先挂好自上而下的垂直线(多层及高层楼房应用钢丝线垂下),然后根据抹灰的厚度弹上控制线,再拉水平通线,并弹水平线做标志块,然后做标筋。标志块和标筋的做法与内墙相同。

(2)弹线、黏结分格条

室外抹灰时,为了增加墙面的美观,避免因罩面砂浆收缩而产生裂缝,或大面积膨胀而空鼓脱落,要设置分格缝,分格缝处粘贴分格条。分格条在使用前要用水泡透,这样既便于施工粘贴,又能防止分格条在使用中变形,同时也利于本身水分蒸发收缩,易于起出。

水平分格条宜粘贴在垂线下口,垂直分格条宜粘贴在垂线的左侧。黏结一条横向或竖向分格条后,应用直尺校正平整,并将分格条两侧用水泥浆抹成八字形斜角。当天抹面的分格条,两侧八字斜角可抹成 45°。当天不抹面的"隔夜条",两侧八字形斜角应抹得陡一些,可抹成 60°。分格条要求横平竖直、接头平整,不得有错缝或扭曲现象,分格缝的宽窄和深浅应均匀一致。

(3)抹面层灰

外墙抹灰层要求具有一定的耐久性。若采用水泥石灰混合砂浆,配合比为水泥∶石灰膏∶砂=1∶1∶6;若采用水泥砂浆,配合比为水泥∶砂=1∶3。底层砂浆具有一定强度后,再抹中层砂浆,抹时要用木杠、木抹子刮平压实、扫毛、浇水养护。在抹面层时,先用 1∶2.5 的水泥砂浆薄抹一遍;第二遍再与分格条抹平,然后按分格条厚度刮平、搓实、压光,再用刷子蘸水按同一方向轻刷一遍,以达到颜色一致,并清刷分格条上的砂浆,以免起条时损坏抹面。起出分格条后,随即用水泥砂浆把缝勾齐。

室外抹灰面积比较大,不易压光罩面层的抹纹,所以一般用木抹子搓成毛面。在常温情况下,抹灰完成 24 h 后,开始淋水养护,养护时间以 7 d 为宜。

外墙抹灰时,在窗台、窗楣、雨棚、阳台、檐口等部位应做流水坡度。设计无要求时,流水坡度以 10% 为宜,流水坡下面应做滴水槽,滴水槽的宽度和深度均不应小于 10 mm。

要求棱角整齐、光滑平整,起到挡水的作用。

5.一般抹灰的质量验收

(1)主控项目

①抹灰前基层表面的尘土、污垢、油渍等应清除干净,并应洒水湿润。

②一般抹灰所用材料的品种和性能应符合设计要求。水泥的凝结时间和安定性复验以及砂浆的配合比应符合设计要求。

③抹灰工程应分层进行。当抹灰总厚度大于或等于 35 mm 时,应采取加强措施。不同材料基体交接处表面的抹灰,应采取防止开裂的措施,当采用加强网时,加强网与各基体的搭接宽度不应小于 100 mm。

④抹灰层与基层之间及各抹灰层之间必须黏结牢固,抹灰层应无脱层、空鼓,面层应无爆灰和裂缝。

(2)一般项目

①一般抹灰工程的表面质量应符合下列规定。

a.普通抹灰表面应光滑、洁净、接槎平整,分格缝应清晰。

b.高级抹灰表面应光滑、洁净、颜色均匀、无抹纹,分格缝和灰线应清晰美观。

②护角、孔洞、槽、盒周围的抹灰表面应整齐、光滑;管道后面的抹灰表面应平整。

③灰层的总厚度应符合设计要求;水泥砂浆不得抹在石灰砂浆层上;罩面石膏灰不得抹在水泥砂浆层上。

④抹灰分格缝的设置应符合设计要求,宽度和深度应均匀,表面应光滑,棱角应整齐。

⑤有排水要求的部位应做滴水线(槽)。滴水线(槽)应整齐顺直,滴水线应内高外低,滴水槽的宽度和深度均不应小于 10 mm。

⑥一般抹灰工程质量的允许偏差和检验方法应符合表 10-2 的规定。

表 10-2　　　　一般抹灰的允许偏差和检验方法

项目	允许偏差(mm)		检验方法
	普通抹灰	高级抹灰	
立面垂直度	4	3	用 2 m 垂直检测尺检查
表面平整度	4	3	用 2 m 靠尺和塞尺检查
阴阳角方正	4	3	用直角检测尺检查
分格条(缝)直线度	4	3	拉 5 m 线,不足 5 m 拉通线,用钢直尺检查
墙裙、勒角上口直线度	4	3	拉 5 m 线,不足 5 m 拉通线,用钢直尺检查

10.2.3　装饰抹灰工程

装饰抹灰是指利用材料的特点和工艺处理,使饰面具有不同的质感、纹理及色泽效果的抹灰类型和施工方式。装饰抹灰饰面种类很多,目前装饰工程中常用的主要有水刷石、斩假石、干黏石、假面砖等。装饰抹灰饰面若处理得当、制作精细,其抹灰层既能保持抹灰的相同功能,又可取得独特的装饰艺术效果。

1.装饰抹灰的一般要求

装饰抹灰工程施工的检查与交接、基体和基层处理等,同一般抹灰的要求基本相同,针对装饰抹灰的一些特殊之处,应注意以下要点。

(1)对所用材料的要求

装饰抹灰所采用的材料,必须符合设计要求并经验收和试验确定合格后方可使用;同一墙面或设计要求为同一装饰组成范围的砂浆(色浆),应使用同一产地、同一品种、同一批号,并采用同一配合比、同一搅拌设备及专人操作,以保证色泽一致、装饰效果相同。

(2)对基层处理的要求

抹灰前应将基层表面的尘土、污垢、油渍等清除干净,并应洒水润湿。装饰抹灰面层应做在已经硬化、较为粗糙并平整的中层砂浆面上;面层施工前检查中层抹灰的施工质量,经验收合格后洒水湿润。

(3)对分格缝的要求

装饰抹灰面层有分格要求时,分格条应宽窄厚薄一致,粘贴在中层砂浆上应横平竖直,交接严密,完工后应全部取出。

(4)对施工缝的要求

装饰抹灰面层的施工缝,应留在分格缝、墙面阴角、落水管背后或是独立装饰组成部分的边缘处。

(5)对施工分段的要求

对于高层建筑的外墙装饰抹灰,应根据建筑物实际情况,划分若干施工段,其垂直度可用经纬仪控制,水平通线可用常规做法。

(6)对抹灰厚度的要求

由于材料特点,装饰抹灰饰面的总厚度通常要大于一般抹灰,当抹灰总厚度≥35 mm时,应按设计要求采取加强措施(包括不同材料基体交接处的防开裂加强措施)。当采用加强网时,加强网与各基体的搭接宽度≥100 mm。

2.斩假石装饰抹灰

斩假石又称"剁斧石",是用水泥和白石屑加水拌和,抹在建筑物或构件表面,待硬化后,用斩斧(剁斧)、单刃或多刃斧、凿子等工具剁成天然石那样有规律的石纹的一种人造装饰石材。

(1)斩假石对材料的要求

①对骨料的要求

斩假石所用的骨料(石子、玻璃、粒砂等)应颗粒坚硬,色泽一致,不含杂质,使用前必须过筛、洗净、晾干,防止污染。

②对水泥的要求

斩假石应采用强度等级为32.5 MPa的普通硅酸盐水泥、矿渣硅酸盐水泥,所用水泥应是同一强度等级、同一批号、同一厂家、同一颜色、同一性能。

③对颜料的要求

对有颜色要求的墙面,应挑选耐碱、耐光的矿物颜料,并与水泥一次干拌均匀,过筛装袋备用。

(2)斩假石的施工工艺

斩假石的施工工艺流程为:

中层灰搓毛验收→弹线、粘贴分格条→抹面层水泥浆→养护→试剁→斩剁。除了抹面层水泥石粒浆和斩剁面层外,其余均同水刷石抹灰。

3. 假面砖装饰抹灰

假面砖装饰抹灰是指采用彩色砂浆和相应的工艺处理,将抹灰面制成陶瓷饰面砖分块形式及表面效果的装饰抹灰做法。假面砖装饰抹灰的施工工艺主要包括以下几个方面。

(1)配制彩色砂浆

按设计要求的饰面色调配制出多种彩色砂浆,并做出样板与设计对照,以确定合适的配合比。配制彩色砂浆,这是保证假面砖装饰抹灰表面效果的基础,既要满足设计的装饰性,又要满足设计的其他功能。

(2)准备施工工具

假面砖装饰抹灰施工,除了拌制彩色砂浆的工具外,其操作工具主要有靠尺板(上面划有面砖分块尺寸的刻度)、划缝用的铁皮刨、铁钩、铁梳子或铁辊等。用铁皮刨或铁钩划制模仿饰面砖墙面的宽缝效果,用铁梳子或铁辊划出或滚压出饰面砖的密缝效果。

(3)假面砖的施工

假面砖装饰抹灰的底层和中层,一般采用 1∶3 的水泥砂浆,其表面要达到平整、粗糙的要求。待中层凝结硬化后,洒水湿润养护,并可进行弹线。先弹出宽缝线,用以控制面层划沟(面砖凹缝)的顺直度;然后抹 1∶1 的水泥砂浆垫层,厚度为 3 mm;紧接着抹面层彩色砂浆,厚度为 3~4 mm。

待面层彩色砂浆稍微收水后,即用铁梳子沿靠尺板划纹,纹深 1 mm 左右,划纹方向与宽缝线相互垂直,作为假面砖的密缝;然后用铁皮刨或铁钩沿靠尺板划沟(也可采用铁辊进行滚压划纹),纹路凹入深度以露出垫层为准,随手扫净飞边砂粒。

4. 装饰抹灰的质量验收

(1)主控项目

①抹灰前基层表面的尘土、污垢、油渍等应清除干净,并应洒水润湿。

②装饰抹灰工程所用材料的品种和性能应符合设计要求。水泥的凝结时间和安定性复验应合格。砂浆的配合比应符合设计要求。

③抹灰工程应分层进行。当抹灰总厚度大于或等于 35 mm 时,应采取加强措施。不同材料基体交接处表面的抹灰,应采取防止开裂的加强措施,当采用加强网时,加强网与各基体的搭接宽度不应小于 100 mm。

④各抹灰层之间及抹灰层与基体之间必须黏结牢固,抹灰层应无脱层、空鼓和裂缝。

(2)一般项目

①斩假石表面剁纹应均匀顺直、深浅一致,应无漏剁处;阳角处应横剁并留出宽窄一致的不剁边条,棱角应无损坏。

②假面砖表面应平整、沟纹清晰、留缝整齐、色泽一致,应无掉角、脱皮、起砂等缺陷。

③装饰抹灰分格条(缝)的设置应符合设计要求,宽度和深度应均匀,表面应平整光滑,棱角应整齐。

④有排水要求的部位应做滴水线(槽)。滴水线(槽)应整齐顺直,滴水线应内高外低,

滴水槽宽度和深度均不应小于 10 mm。

⑤装饰抹灰工程质量的允许偏差和检验方法应符合表10-3的规定。

表 10-3　　　　　　　装饰抹灰的允许偏差和检验方法

项次	项　目	允许偏差（mm）				检 验 方 法
		水刷石	斩假石	干黏石	假面砖	
1	立面垂直度	5	4	5	5	用2米垂直检测尺检查
2	表面平整度	3	3	5	4	用2米靠尺和塞尺检查
3	阳角方正	3	3	4	4	用直角检测尺检查
4	分格条(缝)直线度	3	3	3	3	拉5米线,不足米拉通线,用钢尺检查
5	立面垂直度	3	3	—	—	拉5米线,不足米拉通线,用钢尺检查

10.3　饰面板(砖)工程

10.3.1　饰面砖粘贴

饰面砖装饰工程适用于内墙、柱面粘贴工程和建筑高度不大于100m、抗震烈度不大于8度,采用满粘法施工的外墙饰面,见《建筑装饰装修工程质量验收标准》(GB 50210—2018)。

1. 施工准备

(1)选砖

对于釉面瓷砖和外墙面砖,应根据设计要求,挑选规格一致、形状平整方正、不缺楞掉角、不开裂、不脱釉、无凸凹扭曲、颜色均匀的砖块,分类堆放待用。

(2)浸泡

釉面瓷砖和外墙面砖,在镶贴前应清扫干净,放入清水中浸泡。釉面瓷砖要浸泡到不冒泡为止,且不少于2 h;外墙面砖则要隔夜浸泡,然后取出阴干备用。

(3)基层处理

① 光滑的基层表面应凿毛,其深度为5～15 cm,间距为3 cm左右。基层表面残存的灰浆、尘土、油渍等应清洗干净。

② 基层表面明显凸凹处,应事先用1:3水泥砂浆找平或剔平。不同材料的基层表面相接处,应先铺钉金属网。门窗口与立墙交接处,应用水泥砂浆嵌填密实。

③ 为使基层能与找平层黏结牢固,可在抹找平层前事先洒聚合物水泥浆处理。

基层为加气混凝土时,应在清净基层表面后,先刷108胶水溶液一遍,然后满钉钢丝网,抹1:1:4水泥混合砂浆黏结层及1:2.5水泥砂浆找平层,找平层抹后及时浇水养护。

(4)预排

铺贴前应进行放线定位和排砖,非整砖应排在次要部位或墙的阴角处。每面墙不宜有两列非整砖,非整砖宽度不宜小于整砖的1/3。

2. 釉面砖镶贴

(1)在清理干净的找平层上,依照室内标准水平线,找出地面标高,按贴砖面积,计算纵横的皮数,并弹出釉面砖的水平和垂直控制线。

(2)铺贴釉面砖时,应先贴若干块废釉面砖作为标志块,上下用托线板挂直,作为粘贴厚度的依据。

(3)镶贴釉面砖宜从阳角处开始,并由下向上进行。铺贴一般用1:2水泥砂浆,用铲刀在釉面砖背面刮满刀灰,厚度为5~6 mm,砂浆用量以铺贴后刚好满浆为止,贴于墙面的釉面砖应用力按压,并用铲刀木柄轻轻敲击,使釉面砖紧密粘于墙面。然后依次往上铺贴,铺贴时应与相邻釉面砖保持平整。

(4)镶贴墙面时,应先贴大面,后贴阴阳角和凹槽等费工多、难度大的部位。瓷砖镶贴完毕后,用清水或布、棉纱清洗干净,用同色水泥浆擦缝。全部工程完成后,要根据不同污染情况,用棉纱清理或用稀盐酸刷洗,并用清水紧跟冲刷。

3. 外墙面砖镶贴

(1)根据设计要求统一弹线分格、排砖。根据弹线分格在底灰上,从上到下弹上若干水平线,竖向要求阳角窗口都是整砖,并在底灰上弹上垂直线。

(2)用面砖做灰饼,找出墙面、柱面、门窗套等横竖标准,阳角处要双面排直,灰饼间距不大于1.5 m。

(3)镶贴时,在面砖背面满铺黏结砂浆,镶贴后,用小铲把轻轻敲击,使之与基层黏结牢固。贴完一皮后,需将砖上口灰刮平,清理干净。

(4)缝子的米厘条(嵌缝条)应在镶贴面砖次日取出,在面砖镶贴完成一定流水段落后,立即用1:1水泥砂浆勾缝。

(5)整个工程完工后,可用浓度为10%稀盐酸刷洗表面,并随即用水清洗。

4. 饰面砖粘贴工程的质量要求

(1)主控项目

①面砖的品种、规格、图案、颜色和性能应符合设计要求。

②饰面砖粘贴工程的找平、防水、黏结和勾缝材料及施工方法应符合设计要求、国家现行产品标准和工程技术标准的规定。

③饰面砖粘贴必须牢固。

④满粘法施工的饰面砖工程应无空鼓、裂缝。

(2)一般项目

①饰面砖表面应平整、洁净、色泽一致,无裂痕和缺损。

②阴阳角处搭接方式、非整砖使用部位应符合设计要求。

③墙面突出物周围的饰面砖应与整砖套割吻合,边缘应整齐。墙裙、贴脸突出墙面的厚度应一致。

④饰面砖接缝应平直、光滑;填嵌应连续、密实;宽度和深度应符合设计要求。

⑤有排水要求的部位应做滴水线(槽)。滴水线(槽)应顺直,流水坡向应正确,坡度应符合设计要求。

⑥饰面砖粘贴的允许偏差和检验方法应符合表 10-4 的规定。

表 10-4　　　　　　　饰面砖粘贴的允许偏差和检验方法

项次	项目	允许偏差（mm）		检验方法
		外墙面砖	内墙面砖	
1	立面垂直度	3	2	用 2 m 垂直检测尺检查
2	表面平整度	4	2	用 2 m 靠尺和塞尺检查
3	阴阳角方正	3	3	用直角检测尺检查
4	接缝直线度	3	2	拉 5 m 线,不足 5 m 拉通线,用钢直尺检查
5	接缝高低差	1	0.5	用钢直尺和塞尺检查
6	接缝宽度	1	1	用钢直尺检查

10.3.2　大理石和花岗岩饰面板安装

建筑饰面用的天然石材主要有大理石和花岗岩两大类。天然石材是大块荒料经过锯切、研磨、酸洗、抛光,最后按所需规格、形状切割加工而成。饰面板装饰工程适用于内墙、柱面安装工程和外墙饰面。

1. 施工准备

（1）做好施工大样图

饰面板材安装前,首先应根据建筑设计图纸要求,认真核实饰面板安装部位的结构、实际尺寸及偏差情况,如墙面基体的垂直度、平整度以及由于纠正偏差所增减的尺寸,绘出修正图。超出允许偏差的,则在保证基体与饰面板表面距离不小于 50 mm 的前提下,重新排列分块。在确定排板图时应做好以下工作。

①测量出柱的实际高度,柱子中心线、柱与柱之间的距离,柱子上部、中部、下部拉水平线后的结构尺寸,以确定出柱饰面板看面边线,以此计算出饰面板排列分块尺寸。

②对外形变化较复杂的墙面,特别是需要异型饰面板镶嵌的部位,尚需进行实际放样,以便确定实际的规格尺寸。

③根据上述墙、柱校核实测的规格尺寸,并将饰面板间的接缝宽度包括在内（设计无规定时,按表 10-5 进行计算）,计算出板块的排列,按安装顺序编上号,绘制出分块大样图以及节点大样图,作为加工饰面板以及安装施工的依据。

（2）基层处理

与"饰面砖镶贴"中的基层处理相同。

（3）测量放线

柱子饰面板的安装,应按设计轴线距离,弹出柱子中心线和水平标高线。其他与"饰面砖镶贴"中的内容相同。

（4）选板、预拼、排号

对照排板图编号,检查复核所需板的几何尺寸,并按误差大小归类;检查板材磨光面的疵点和缺陷,按纹理和色彩选择归类。对有缺陷的板,应改小使用或安装在不显眼的部位。在选板的基础上进行预拼工作。尤其是天然板材,由于其具有天然纹理和色差,因此必须通过预拼,使上下左右的颜色花纹一致,纹理通顺,接缝严密吻合。预拼好的石材应编号,然后分类,竖向堆放待用。

（5）防碱背涂处理

用传统的湿作业安装天然石材，由于水泥砂浆在水化时析出大量的氢氧化钙，析到石材表面产生不规则的花斑，俗称返碱现象，严重影响建筑物室内外石材饰面的装饰效果。为此，在天然石材安装前，必须对石材饰面采用防碱背涂处理剂进行背涂处理。

2. 大理石饰面板安装

大理石饰面板有井面、光面和细琢面。其安装方法，小规格（边长小于 400 mm）可采用粘贴法；大规格则可采用传统安装方法或改进的新工艺。本节仅介绍传统安装方法。

（1）按设计要求事先在基层表面绑扎好钢筋网，与结构预埋件绑扎牢固。在基层结构内预埋铁环，与钢筋网绑扎。

（2）装前先将饰面板按设计要求进行修边打眼，其方法是：当板宽在 500 mm 以下时，每块板上、下边的打眼数量均不得少于 2 个，超过 500 mm 时应不少于 3 个。打眼的位置应与基层上钢筋网的横向钢筋位置相对应。钻孔直径以能满足穿线即可，一般为 5 mm。钻好孔后，必须将铜丝伸入孔内，然后加以固结，以起到连接的作用。可以用环氧树脂固结，也可以用铅皮挤紧铜丝来固结。

（3）安装前要按照事先找好的水平线和垂直线进行预排，然后在最下一行两头用板材找平找直，拉上横线，再从中间或一端开始安装。并用铜丝（或不锈钢丝）把板材与结构表面的钢筋骨架绑扎固定，随时用托线板靠直靠平，保证板与板交接处四角平整。

（4）板材与基层间的缝隙（即灌浆厚度）一般为 20～50 mm。在拉线找方、挂直找规矩时，要注意处理好与其他工种的关系，门窗、贴脸、抹灰等厚度都应考虑留出饰面板材的灌浆厚度。

（5）饰面板安装时，用纸或石膏将底及两侧缝隙堵严，上、下口用石膏临时固定。固定后用 1∶2.5 水泥砂浆分层灌注，每次灌注高度一般为 20～30 cm，待初凝后再继续灌注，直至距上口 10～15 cm 停止。然后将上口临时固定的石膏剔除，清理干净缝隙，再安装第二块板材，这样由下往上依次安装固定、灌浆。

（6）每日安装固定后，需将饰面清理干净，全部板材安装完毕后，清净表面。然后用调制的与板材相同颜色的水泥砂浆，边嵌边擦，使缝隙嵌浆密实，颜色一致。

3. 饰面板施工质量要求

（1）主控项目

① 饰面板的品种、规格、颜色和性能应符合设计要求，木龙骨、木饰面板和塑料饰面板的燃烧性能等级应符合设计要求。

② 饰面板孔和槽的数量、位置和尺寸应符合设计要求。

③ 饰面板安装工程的预埋件（或后置埋件）、连接件的数量、规格、位置、连接方法和防腐处理必须符合设计要求，饰面板安装必须牢固。

（2）一般项目

① 饰面板表面应平整、洁净、色泽一致，无裂痕和缺损，石材表面应无返碱等污染。

② 饰面板嵌缝应密实、平直，宽度和深度应符合设计要求，嵌填材料色泽应一致。

③ 采用湿作业法施工的饰面板工程，对石材应进行防碱背涂处理。饰面板与基体之间的灌浆材料应饱满、密实。

//////////////////////// **复习思考题** ////////////////////////

1.何为建筑装饰装修工程？建筑装饰装修工程包括哪些分项工程？

2.建筑装饰装修工程与建筑、结构、设备和环境各专业有何关系？

3.普通抹灰与高级抹灰的工序、质量和适用范围有何不同？

4.一般抹灰的材料有哪些？装饰抹灰分为哪几类？

5.室内底层抹灰的作用是什么？室内抹灰与室外抹灰所用材料有何不同？墙体基层材料不同,所用材料有何区别？

6.中层及面层抹灰的作用及厚度有何要求？抹灰层平均总厚度有何要求？为什么？

7.简述一般抹灰对水泥、石灰膏、石膏及砂有何技术要求？

8.简述内墙抹灰的施工工艺流程。

9.内墙与外墙抹灰前应对墙体基层表面做哪些处理？

10.标筋的作用是什么？如何施工标筋？

11.门窗护角如何施工？底层抹灰、中层抹灰如何施工？

12.外墙抹灰是否要设置分隔缝？为什么？

13.简述外墙抹灰的施工工艺流程。

14.外墙抹灰应在哪些部位做流水坡度和滴水槽？有何要求？

15.外墙抹灰何时需要养护？养护时间有何要求？

16.内墙不同材料交接处如何防止开裂？

17.应采用哪些方法检查一般抹灰的质量允许偏差？

18.装饰抹灰的特殊要求有哪些？

19.何为斩假石、假面砖装饰抹灰？

20.饰面砖施工材料包括哪些？其准备工作包括哪些？

21.釉面砖和外墙砖粘贴前在选砖时应注意哪些问题？施工前浸泡有何要求？

22.釉面砖工程如何进行镶贴？

23.外墙砖工程如何进行镶贴？

24.饰面砖工程粘贴质量要求的主控项目有哪些？

25.大理石与花岗岩的区别是什么？

26.大理石与花岗岩饰面板粘贴前应做好哪些准备工作？

27.如何处理饰面板的返碱现象？

28.简述大理石饰面板工程的安装工艺。

29.饰面板工程安装质量的主控项目有哪些？

30.饰面板工程安装质量的一般项目有哪些？

附　录

附表 1　　　　　　　　　　　　　　　**平面模板截面特征**

1	模板宽度 b(mm)	300		250		200		150		100	
2	模板使用钢板厚度 δ(mm)	2.3	2.5	2.3	2.5	2.3	2.5	2.3	2.5	2.3	2.5
3	中间肋厚度 δ_1(mm)	2.8	2.5	2.8	2.5	—	—	—	—	—	—
4	净截面面积 A_j(cm^2)	9.78	10.40	8.63	9.15	6.39	6.94	5.24	5.69	4.09	4.44
5	中性轴位置 Y_{oj}(cm)	1.00	0.96	1.11	1.07	0.95	0.96	1.13	1.14	1.42	1.43
6	净截面惯性矩 I_{xj}(cm^4)	26.39	26.97	25.38	25.98	16.62	17.98	15.64	16.91	14.11	15.25
7	净截面抵抗矩 W_{xj}(cm^3)	5.86	5.94	5.78	5.86	3.65	3.96	3.58	3.88	3.46	3.75

附表 2　　　　　　　　　　　　　　　**钢桁架截面特征表**

项目	杆件名称	杆件规格 （mm）	毛截面积 A(cm^2)	杆件长度 L(mm)	惯性矩 I(cm^4)	回转半径 r(mm)
平面可调桁架	上弦杆	L63×6	7.2	600	27.19	1.94
	下弦杆	L63×6	7.2	1 200	27.19	1.94
	腹杆	L36×4	2.72	876	3.3	1.1
		L36×4	2.72	639	3.3	1.1
曲面可变桁架	内外弦杆	25×4	2×1=2	250	4.93	1.57
	腹杆	∅18	2.54	277	0.52	0.45

附表 3　　　　　　　　　扣件允许荷载

项　目	型　号	容许荷载（kN）
蝶形扣件	26 型	26
	18 型	18
3 形扣件	26 型	26
	12 型	12

附表 4　　　　　　　　　对拉螺栓的规格和性能

螺栓直径（mm）	螺纹内径（mm）	净面积（mm²）	容许拉力（kN）
M12	10.11	76	12.90
M14	11.84	105	17.80
M16	13.84	144	24.50
M18	15.29	174	29.60
M20	17.29	225	38.20
M22	19.29	282	47.90

附表 5　　　　　　　常用各种型钢钢楞的规格和力学性能

规格（mm）		截面积 A（cm²）	重量（kg/m）	截面惯性矩 I_x（cm⁴）	截面最小抵抗矩 W_x（cm³）
轻型槽钢	80×40×3.0	4.50	3.53	43.92	10.98
	100×50×3.0	5.70	4.47	88.52	12.20
内卷边槽钢	80×40×15×3.0	5.08	3.99	48.92	12.23
	100×50×20×3.0	6.58	5.16	100.28	20.06
轧制槽钢	80×43×5.0	10.24	8.04	101.30	25.30
圆钢管	⌀48×3.0	4.24	3.33	10.78	4.49
	⌀48×3.5	4.89	3.84	12.19	5.08
	⌀51×3.5	5.22	4.10	14.81	5.81
矩形钢管	60×40×2.5	4.57	3.59	21.88	7.29
	80×40×2.0	4.52	3.55	37.13	9.28
	100×50×3.0	8.64	6.78	112.12	22.42

附表 6　　　　　　　　常用柱箍的规格和力学性能

材料	规格（mm）	夹板长度（mm）	截面积 A（mm²）	截面惯性矩 I_x（mm⁴）	截面最小抵抗矩 W_x（mm³）	适用柱宽范围（mm）
扁钢	−60×6	790	360	10.80×104	3.60×103	250×500
角钢	L75×50×5	1 068	612	34.86×104	6.83×103	250～750
轧制槽钢	80×43×5	1 340	1 024	101.30×104	25.30×103	500～1 000
	100×48×5.3	1 380	1 074	198.30×104	39.70×103	500～1 200
钢管	⌀48×3.5	1 200	489	12.19×104	5.08×103	300～700
	⌀51×3.5	1 200	522	14.81×104	5.81×103	300～700

参考文献

[1] 建筑施工手册.5版.北京:中国建筑工业出版社,2013

[2] 建筑工程施工质量验收统一标准(GB 50300—2013.11).北京:中国建筑工业出版社,2013

[3] 建筑基坑支护技术规程(JGJ 120—2012).北京:中国建筑工业出版社,2012.4

[4] 建筑桩基技术规范(JGJ 94—2008).北京:中国建筑工业出版社,2008.4

[5] 建筑基桩检测技术规范(JGJ 106—2014).北京:中国建筑工业出版社,2014.4

[6] 建筑地基基础工程施工质量验收标准(GB 50202—2018).北京:中国建筑工业出版社,2018.3

[7] 砌体工程施工质量验收规范(GB 50203—2011).北京:中国 建筑工业出版社,2011.2

[8] 混凝土小型空心砌块和混凝土砖砌筑砂浆(JC/T 860—2008).北京:中国建材工业出版社,2008.6

[9] 建筑工程冬期施工规程(JGJ 104—2011).北京:中国建筑工业出版社,2011.4

[10] 混凝土结构工程施工质量验收规范(GB 50204—2015).北京:中国建筑工业出版社,2014.12

[11] 钢筋混凝土用钢热轧带肋钢筋(GB/T1499.2—2018).北京:中国建筑工业出版社,2018.2

[12] 钢结构工程施工质量验收标准(GB 50205—2020).北京:中国建筑工业出版社,2020.1

[13] 屋面工程质量验收规范(GB 50207—2012).北京:中国建筑工业出版社,2012.5

[14] 地下防水工程质量验收规范(GB 50208—2011).北京:中国 建筑工业出版社,2011.4

[15] 建筑装饰装修工程质量验收标准(GB 50210—2018).北京:中国建筑工业出版社,2018.2

[16] 公路路基施工技术规范(JTG/T3610—2019.9).北京:人民交通出版社,2019.9

[17] 组合钢模板技术规范(GB/T 50214—2013).北京:中国建筑工业出版社,2013.8

[18] 钢框胶合板模板技术规程(JGJ 96—2011).北京:中国建筑工业出版社,2011.1

[19] 施工脚手架通用规范(GB 55023—2022).北京:中国建筑工业出版社,2022.3

[20] 建筑施工扣件式脚手架安全技术规范(JGJ 130—2011.1).北京:中国建筑工业出版社,2011.1

[21] 建筑业10项新技术(2017).北京:中国建筑工业出版社,2017

[22] 穆静波、侯敬峰.土木工程施工.3版.北京:建筑工业出版社,2020